应用型本科 汽车类专业系列教材

汽车检测与试验技术

李学智　李广华　编著

陈庆樟　主审

西安电子科技大学出版社

内 容 简 介

　　本书系统地介绍了汽车检测的基础知识，检测方法与标准，现代汽车检测设备的原理和应用，以及汽车试验的目的与意义、产生和起源、形成和发展、实施途径等。全书共 10 章，主要内容包括汽车检测与试验基础知识、汽车检测和试验的设备与设施、整车技术参数检测、汽车技术状况检测、汽车环境保护特性测量、汽车基本性能试验与汽车整车出厂检验、汽车可靠性试验、汽车碰撞试验、汽车总成与零部件试验及汽车虚拟试验技术。

　　本书整合了汽车试验与检测技术，是一种新的尝试与探索；书中引入具体的工程实例，重点突出，具有较强的针对性。本书既可作为高等院校本科生汽车类专业的教材，也可供从事汽车试验与检测的技术人员参考。

图书在版编目(CIP)数据

　　汽车检测与试验技术/李学智，李广华编著. —西安：西安电子科技大学出版社，2019.7(2023.11 重印)
　　ISBN 978 - 7 - 5606 - 5327 - 3

　　Ⅰ. ① 汽⋯　Ⅱ. ① 李⋯　② 李⋯　Ⅲ. ① 汽车—故障检测　② 汽车试验
　　Ⅳ. ① U472.9　② U467

　　中国版本图书馆 CIP 数据核字(2019)第 087067 号

策　　划　高　樱
责任编辑　王　瑛
出版发行　西安电子科技大学出版社(西安市太白南路 2 号)
电　　话　(029)88202421　88201467　　邮　　编　710071
网　　址　www.xduph.com　　　　　　电子邮箱　xdupfxb001@163.com
经　　销　新华书店
印刷单位　陕西天意印务有限责任公司
版　　次　2019 年 5 月第 1 版　2023 年 11 月第 3 次印刷
开　　本　787 毫米×1092 毫米　1/16　印　张 15
字　　数　353 千字
印　　数　3001～4000 册
定　　价　39.00 元
ISBN 978 - 7 - 5606 - 5327 - 3/U

XDUP 5629001 - 3

前　　言

当前我国汽车工业快速稳步地发展，汽车产量年均增长 15％，汽车保有量不断提高。伴随汽车工业的发展，汽车产品呈现出几个特点：一是汽车产品多样化，从传统汽车到新能源汽车、智能汽车等种类众多，产品的性能、结构发生了很大的变化；二是汽车产品复杂化，汽车上高新技术应用广泛，电子化、智能化程度不断提升；三是汽车产品质量、可靠性大幅提高，国家法律规定家用车要符合"保修期不低于三年或 6 万公里"的要求。

汽车产品的这些变化，对汽车检测与试验技术提出了更高的要求；同时，汽车检测与试验技术的进步也推动着汽车产品的发展。汽车试验能力和水平是汽车制造公司从事新产品研发能力的象征，服务于"前市场"；汽车检测是对汽车技术状况的检测与诊断，服务于"后市场"。汽车检测与试验技术有联系也有区别，但由于分别服务于两个市场，因此二者往往被分离开来。然而在汽车从产品到使用直至报废的全周期、全过程中，都离不开汽车检测与试验技术，以此来提高和保障汽车的性能、质量和可靠性等。

从未来发展趋势看，打造我国自主品牌、开发核心技术是我国汽车工业的必然选择，但当前我国汽车工业还处于以技术引进、加工制造为主的阶段，这就要求在人才培养时既要具有前瞻性，又要与我国实际情况相结合。要在注重培养具有自主开发能力的研究型人才的同时，大力培养知识、能力、素质结构具有鲜明的"理论基础扎实，专业知识面广，实践能力强，综合素质高，有较强的科技运用、推广、转换能力"特点的应用型人才。这也对我国高等教育的办学体制、机制、模式和人才培养理念等提出了全新的要求。

为了满足新形势下对汽车类高等工程技术人才培养的需要，解决高等教育应用型人才培养中教材短缺、滞后等问题，我们组织编写了本书。

本书在学科体系上适应普通高等院校培养应用型人才的需求，在内容上将汽车检测技术与试验技术整合在一起，力求结构合理，既有较强的理论基础又加强了针对性和应用性，突出新设备、新技术和新标准的应用，注重汽车试验学理论的正确应用，侧重检测结果的分析、汽车试验的实施方法，有利于培养学生分析问题和解决问题的能力。此外，本书力求做到以下几点：

（1）取材合适，深度适宜，篇幅适中。

（2）内容由浅入深，循序渐进，符合学生的认知规律；条理清晰，语言流畅，图文并茂。

本书由常熟理工学院汽车工程学院李学智、李广华主笔，常熟理工学院汽车工程学院许广举、杨保成、孟杰、吕正兵参与了编写。具体编写分工为：许广举编写第 1 章；杨保成编写第 2 章、第 3 章；李广华编写第 4 章、第 5 章；孟杰编写第 6 章、第 7 章；吕正兵编写第 8 章；李学智编写第 9 章、第 10 章。

本书由常熟理工学院汽车工程学院陈庆樟教授主审，他对全书进行了认真审阅，并提出了许多宝贵意见，在此表示衷心的感谢。

本书在编写过程中得到了许多专家、汽车生产与维修企业和汽车检测站技术人员的大力支持，作者还参阅了许多国内公开出版、发表的文献和试验与检测设备使用说明书，在此一并致谢。

　　由于作者水平所限，本书难免存在不当和疏漏之处，恳请读者批评指正。

作　者

2019 年 2 月

目 录

第1章 汽车检测与试验基础知识

1.1 概　　述

现代汽车是一种大批量生产、产品性能质量要求高、结构复杂、使用条件多变的产品。影响汽车质量的因素多，所涉及的技术领域也极为广泛。任何设计制造缺陷都可能造成严重的后果，即使在设计和制造上考虑得非常周密，也都必须经过试验来检验。通过试验可以发现汽车在制造和使用过程中的缺陷和薄弱环节，深入了解汽车在实际使用中各种现象的本质及其规律，保证产品性能，提高汽车的品质和市场竞争力，并推动其技术进步。可见，汽车试验对汽车制造业、检测维修服务业具有举足轻重的作用。

汽车在使用过程中，随着行驶里程的增加，汽车技术状况逐渐变差，出现动力性、经济性下降，排放污染物增加，使用的可靠性降低，故障率上升等现象，严重时汽车不能正常运行。汽车技术状况是定量测得的，是表征某一时刻汽车外观和性能的参数值的总和。及时检测影响汽车技术状况的原因，排除汽车故障，是提高汽车完好率、延长汽车使用寿命的重要措施。

汽车检测是在整车不解体条件下，运用检测工具和仪器对汽车技术状况或工作能力进行的检查和测量；汽车试验则是通过试验的设备、设施及手段，对产品、总成部件的性能、可靠性等进行的测量与检验。

1.1.1　汽车检测与试验发展概述

汽车检测技术是现代化生产发展的产物，它是随着汽车技术的不断多功能化和自动化而发展起来的。随着技术的发展，汽车的结构越来越复杂，电子化程度越来越高，汽车的诊断、排除难度也越来越大，为此人们对检测不断提出新要求，刺激着汽车检测与诊断技术的向前发展，同时发展了的汽车检测技术，不仅减少维修汽车所需要的劳动量，提高维修汽车的经济效益，而且能对汽车产品质量或维修质量作出客观评价，为汽车设计技术、制造技术和维修技术的合理改进提供基础数据，促进汽车工业和维修业的发展。汽车检测技术则跟随汽车技术的发展而不断提出新的要求，以适应汽车维修市场的需要。汽车检测技术的发展远景是智能化寻找故障，提高检测的准确程度，以最小的劳动消耗实现高的可靠性。

我国的汽车检测技术起步较晚。在20世纪六七十年代，国家有关部门虽然从国外引进过少量的检测设备，国内不少科研单位和企业对检测设备也组织过研制，但由于种种原因，该项技术一直发展缓慢。

1.1.2 汽车检测与试验的目的、分类

1. 汽车检测的目的

汽车检测的目的是确定在用汽车的技术状况是否良好或有无故障，并根据检测的结果维护或修理汽车，使其恢复正常。

2. 汽车检测的分类

汽车检测分为汽车安全与环境性能检测、汽车综合性能检测、汽车故障的检测诊断以及汽车维修时的检测。

3. 汽车试验的目的

汽车试验通常是指在专用试验场、其他专用场地或试验室内，使用专用设备、设施，依照试验大纲及有关标准，对汽车或总成部件进行各种测试的工作过程；也可根据需要在常规道路上或典型地域进行相关试验，如限定工况的实际行驶试验、地区适应性试验等。

汽车试验的目的是对产品的性能进行考核，使其缺陷和薄弱环节得到充分暴露，以便进一步研究并提出改进意见，提高汽车性能。

4. 汽车试验的分类

1）按试验目的分

按试验目的的不同，汽车试验可分为研究性试验、新产品定型试验和品质检查试验。

（1）研究性试验。为了改进现有产品或开发研制新产品，必须对车辆的新部件、新结构及采用的新材料、新工艺等进行广泛深入的研究性试验，试验采用较先进的仪器设备。此外，新的试验方法与测试技术的探讨、试验标准的制定也是研究性试验的目的之一。

（2）新产品定型试验。在新型车辆投产之前，要按照规程进行全面性能鉴定试验，同时在不同地区（如热带、高原、寒区等）进行适应性和实用性试验。

（3）品质检查试验。此类试验一般是指对汽车产品品质的定期检查试验。对目前生产的车辆产品，要定期进行品质检查试验，考核产品品质的稳定性，以便及时检查出产品存在的问题。

2）按试验对象分

按试验对象的不同，汽车试验可分为整车试验、总成与大系统试验和零部件试验。

汽车由若干个不同的总成、数万个零部件组成。要想制造出性能优良的整车，就必须确保每一个零部件及各大总成的质量。但在此需特别指出的是，即使全部采用质量上乘的汽车零部件也不一定能组装出性能优良的汽车整车。由此可见，不仅汽车整车应进行全面而苛刻的试验，汽车零部件及各大总成均应进行大量的各类试验。

3）按试验特征分

按试验特征的不同，汽车试验可分为室内台架试验、试验场试验和室外道路试验。

（1）室内台架试验。室内台架试验（见图1-1）的重要特征在于试验不受环境的影响，且可24小时不停地进行，因此它特别适合于汽车性能的对比试验和可靠性、耐久性试验。室内台架试验的突出特点是试验效率高。室内台架试验不仅适用于汽车的总成部件，也适用于汽车整车。

图 1-1　室内台架试验

（2）试验场试验。试验场试验（见图 1-2）越来越受到汽车界的重视，其原因是汽车试验场上可以设置各种不同的路面，如扭曲路面、比利时砌石路面、高速环道、汽车性能试验专用跑道等。在汽车试验场上可在不受道路交通影响的情况下完成汽车各项性能试验，尤其是汽车的可靠性、耐久性试验及环境适应性试验。由于在汽车试验场上可以进行高强化水平的试验，因此可以大大地缩短试验周期。

图 1-2　试验场试验

（3）室外道路试验。汽车产品最终都要交到用户手中，到不同气候、不同交通状况的地区、不同道路条件的各种路面上行驶。要想汽车的各项性能都能满足实际使用要求，就必须到实际的道路上进行考核，即室外道路试验（见图 1-3）。

图 1-3　室外道路试验

因此，任何一种新开发出来的汽车产品都必须经历室内台架试验、试验场试验及室外道路试验这一复杂的试验过程。

由于试验场试验和室外道路试验均在道路上进行，因此业内常将二者统称为道路试验。

1.2 汽车检测与试验基础

1.2.1 汽车检测参数

对于汽车的性能检测，不仅要求有完善的检测、分析、判断的手段和方法，而且要求有正确的理论指导。为此，在检测汽车技术状况时，必须选择合适的检测参数，确定合理的检测参数标准。

汽车检测参数是指供检测用的、表征汽车、总成及机构技术状况的参数。在不解体条件下直接测量汽车结构参数常常受到限制，需要找出一组与汽车结构参数有联系并能足够表达汽车技术状况的直接或间接参数，并通过对这些参数的测量来确定汽车技术状况的好坏。汽车诊断参数按形成的方法可分为三大类：工作过程参数、伴随过程参数和几何尺寸参数。

1. 工作过程参数

工作过程参数是指汽车工作时输出的一些可供测量的物理量和化学量，或指体现汽车或总成功能的参数，例如发动机功率、油耗、汽车制动距离等。它常用于汽车或总成的初步诊断，是深入诊断的基础。

2. 伴随过程参数

伴随过程参数是指系统工作时伴随工作过程输出的一些可测量，例如发热、声响、振动等。它具有很强的通用性，能反映有关诊断对象技术状况的局部信息，常用于复杂系统的深入诊断。

3. 几何尺寸参数

几何尺寸参数是指由各机构零件尺寸间的关系决定的参数，例如间隙、自由行程、车轮定位参数等。它是诊断对象的实在信息，能反映诊断对象的具体结构要素是否满足要求。几何尺寸参数与其他参数配合使用，无论是初步诊断还是深入诊断，均可对汽车技术状况的评价或故障诊断起到重要的作用。

1.2.2 汽车检测与试验标准

汽车检测参数标准是指对汽车检测参数限值的统一规定。它是从技术、经济的观点出发，表示汽车处于某种工作能力状态下所测的参数界限值。

1. 汽车检测参数标准

汽车检测参数标准一般应包括初始标准、许用标准和极限标准。这些检测参数标准既可以是一个值，也可以是一个范围。

1) 初始标准

初始标准相当于无技术故障的新车所对应的诊断参数值，该值往往是最佳值，可作为新车和大修车的诊断标准。

2）许用标准

许用标准是指汽车无需维修可继续使用时，诊断参数的允许界限。它是汽车维修工作中定期诊断的主要标准。

3）极限标准

极限标准是指汽车即将失去工作能力或技术性能即将变坏时所对应的诊断参数值。当汽车技术状况低于极限标准时，汽车技术经济性能将严重下降，甚至不能继续使用。

2. 检测与试验标准类型

1）国际标准

国际标准是由国际标准化组织（International Organization for Standardization，ISO）制定的。ISO 是世界上最大的、非官方工业和技术合作国际组织，是联合国的高级咨询机构。我国于 1978 年 9 月加入 ISO，成为该组织的正式成员，其英文代号为 CSBS（China State Bureau of Standards，中国国家标准局）。凡是由 ISO 制定的标准，开头都有"ISO"标记，如 ISO 2631《人体承受全身振动的评价指南》。

2）国际区域性标准

国际区域性标准是由若干成员国共同参与制定并共同遵守的标准，最典型的有欧洲经济委员会（Economic Commission of Europe，ECE）和欧洲经济共同体（European Economic Community，EEC）。EEC 是联合国理事会的下属机构，1958 年开始制定汽车安全法规。ECE 法规不是强制性法规，各成员国可选择采用。各国通常在 ECE 法规基本要求下制定本国法规。EEC 汽车安全法规是由欧洲经济共同体的成员国讨论制定的，它具有绝对权威性，一旦发布，各成员国必须强制执行。EEC 标准号由年份、编号和 EEC 代号三部分组成。例如："70/156EEC"是指 1970 年发布的第 156 号 EEC 指令。

3）国家标准

国家标准是指由国家标准化主管机构批准发布，对全国经济、技术发展具有重大意义，且在全国范围内统一执行的标准。国家标准又分为强制性标准（GB）和推荐性标准（GB/T）。

4）行业标准

行业标准是指由国家行业主管部、委（局）批准发布的，在行业范围内统一执行的标准。例如，我国汽车行业标准简写为 QC，交通行业标准简写为 JT 等。

5）地方标准

地方标准是指由省、自治区、直辖市标准化行政主管部门制定并发布的，在地方范围内贯彻执行的标准。

6）企业标准

企业标准是汽车制造厂商或维修企业根据自己实际情况制定的标准。

3. 汽车道路试验方法通则

汽车道路试验的最大特点是接近实际使用情况，试验结果最具真实性。由于道路试验的影响因素很多，如气象条件、道路条件、驾驶操作等都会影响试验结果，从而导致试验结果比较离散。如果不控制好试验条件，将降低试验结果的可比性和重复性，甚至会使试验结果失真。因此，GB/T 12534—1990《汽车道路试验方法通则》（以下简称《通则》）对道路试验的试验条件、车辆准备工作等影响汽车试验结果的因素作了统一规定，以保证试验结果的真实性、重复性和可比性。

1）试验条件

《通则》规定的试验条件包括汽车装载质量，轮胎气压，燃料油、润滑油(脂)、制动液，气象、道路条件，试验仪器、设备等。

（1）汽车装载质量。一般地，汽车装载质量按设计任务书要求，货车、客车、越野车均应达到厂定最大装载质量；有的车型(如专用汽车、改装汽车)，因其自身质量不是其基型车的质量，试验时应使之处于厂定最大总质量。轿车因使用工况的特点，一般情况取半载状态。有的试验需空载进行，如称量自身质量、测定质心位置等。

为避免试验中因载物位置移动或质量变化而改变质心位置和车辆载荷分布情况，要求装载质量应分布均匀，必要时加以固定，不能因为雨淋或洒漏使货物质量发生变化。

车上乘员的质量应计入汽车装载质量，乘员质量按表1-1计算，乘员可用相同质量的重物代替。

表 1-1 各种车辆中乘员质量及其分布　　　　　　　　　　　　kg

车　型			每人平均质量	行李质量	代替重物分布			
					座椅上	座椅前的地板上	吊在车顶的拉手上	行李舱(架)
货车、越野车、专用汽车、自卸汽车、牵引汽车			65	—	55	10	—	—
客车	公共	长途	60	13	50	10	—	13
		坐客	60		50	10	—	
		站客	60		55(地板上)	5		
		旅游	60	22	50	10		22
轿车			60	5	50	10	—	5

（2）轮胎气压。轮胎气压对汽车各项性能有重要影响，因此要求试验车轮胎的种类、型号规格、花纹深度、轮胎气压均应符合试验车技术条件的规定。试验用轮胎应使用新轮胎或磨损不大于原花纹深度20％的轮胎，胎压偏差不超过±10 kPa。

试验证明，新旧轮胎的阻力系数不同；轮胎气压不足，滚动阻力增加，滑行距离缩短，油耗上升；子午胎较常规斜交胎滚动阻力低，油耗可降低7％～8％。

（3）燃料油、润滑油(脂)、制动液。汽车使用的燃料油、润滑油(脂)、制动液等的牌号和规格应符合试验车的技术条件要求或现行国家标准规定。除可靠性试验、耐久性试验及使用试验外，同一试验的各项性能在测量时必须使用同一批号燃料油、润滑油(脂)、制动液。使用不同的燃料油、润滑油(脂)将影响动力性和燃料经济性的试验结果。不同的制动液对制动性能的影响也有所不同。应当注意，市场上供应的燃料油，不同炼油厂、不同时间供应的同一标号汽油，其辛烷值、密度、馏分均有差异，对汽车性能有一定的影响，使用时尽量使用同一批油。试验证明，辛烷值相差1个单位，油耗将相差1％。

（4）气象、道路条件。

① 试验时应是无雨无雾天气，相对湿度小于95%。

② 气温为0℃～40℃。

③ 风速不大于3 m/s。

对气象有特殊要求的试验项目，由相应试验方法规定。

除另有规定外，各项性能试验应在清洁、干燥、平坦的沥青或混凝土铺装的直线道路上进行。道路长2～3 km，宽不小于8 m，纵向坡度在0.1%以内。

气象和道路条件要求不严格，将会使试验结果出现较大偏差。油耗试验对风速和道路坡度特别敏感；若风速过大，即便采用往返试验的方法也不能完全消除风的影响，侧向风的影响更不易消除；若道路纵向坡度过大，将使往返两条燃料经济性曲线相差较大；试验证明，纵向坡度达到0.3%时，测取的等速油耗结果已不能真实反映汽车的燃料经济性。

（5）试验仪器、设备。试验仪器、设备须经计量检定，在有效期内使用，并在使用前进行调整，确保功能正常，符合精度要求。如设备过重，应计入汽车载重量。

当使用汽车上安装的速度表、里程表测定车速和里程时，试验前必须进行误差校正。具体方法是：用距离测量仪记录试验开始至终了时的实际里程数（精确到±0.05 km），而后用下式计算里程表校正系数C，即

$$C = \frac{s}{s'} \tag{1-1}$$

式中：s——实际里程，km；

　　　s'——里程表指示里程数，km。

2）试验车辆准备

（1）试验前车辆检查。试验前车辆检查主要包括两方面：记录试验样车生产厂名、牌号、型号、发动机号、底盘号、各主要总成号及出厂日期；检查车辆装备的完整性及调整情况，使之符合该车装配调整技术条件及GB 7258—2017《机动车运行安全技术条件》的有关规定。

（2）行驶检查。行驶检查主要检查汽车的技术状况，行驶里程不大于100 km。

行驶检查在汽车磨合行驶之后，基本性能试验之前进行。行驶道路为平坦的平原公路，交通流量小，有里程标志，单程行驶不少于50 km，风速不大于5 m/s，车速为汽车设计最高速度的55%～65%，不允许空挡滑行，尽量保持匀速行驶。行驶前，应在出水管、发动机主油道（或曲轴箱放油螺塞）、变速器及后桥主减速器等的加油螺塞处安装0℃～150℃量程的远程温度传感器（热电偶）；各总成冷却液及润滑油必须加到规定量。检查行驶时，每5 km测一次各点温度并记录当时时间、里程及车速等试验结果，绘制温升曲线，从而找出各总成的平衡温度和达到平衡温度时的行驶里程及时间。

行驶中还应检查各总成工作状况、噪声及温度，密切注意转向器、制动器等零部件的性能，发现异常应及时找出原因并排除，排除后方可继续行驶。

在行驶检查的同时，还可以进行里程表校正、平均技术车速测量及平均燃料消耗量测定等，这些内容可根据要求选做。

（3）车辆磨合。根据试验要求进行磨合，除另有规定外，磨合试验按该车使用说明书规定进行。

（4）预热行驶。试验前，试验车辆必须进行预热行驶，使汽车发动机、传动系及其他部

件预热到规定的温度状态。

1.3 汽车检测站

汽车检测站是从事汽车检测的企业。它运用现代检测技术，对汽车实施不解体检测、诊断。它具有现代的检测设备和检测方法，能在室内检测出车辆的各种参数并诊断出可能出现的故障，为全面、准确地评价汽车的使用性能和技术状况提供可靠的依据。

1.3.1 检测站的任务和类型

1. 检测站的任务

按照中华人民共和国交通部令第 29 号《汽车运输业车辆综合性能检测站管理办法》的规定，汽车检测站的主要任务如下：

（1）对在用运输车辆的技术状况进行检测诊断。

（2）对车辆维修竣工质量进行检测。

（3）接受委托，对车辆改装、改造、延长报废期及其有关新工艺、新技术、新产品、科研成果鉴定等项目进行检测，提供检测结果。

（4）接受公安、环保、商检、计量、保险和司法机关等部门委托，为其进行有关项目检测，提供检测结果。

2. 检测站的类型

1）按服务功能分

根据服务功能的不同，检测站可分为安全检测站、维修检测站和综合检测站。

（1）安全检测站：按照国家规定的车检法规，定期检测车辆中与安全和环保有关的项目，以判别受检车辆的安全技术状况和排放状况是否符合相关法规要求。检测合格的车辆凭检测结果报告单办理年审签证，在有效期内准予车辆行驶。

（2）维修检测站：主要是从车辆使用和维修的角度出发，担负车辆维修前、后的技术状况检测。它检测车辆的主要使用性能，并进行故障分析与诊断。

（3）综合检测站：既能担负安全环保检测，又能担负车辆使用、维修企业的技术状况诊断，还能承接科研或教学方面的性能试验和参数测试。

2）按工作职能分

根据工作职能的不同，检测站可分为 A 级站、B 级站和 C 级站。

（1）A 级站：能全面承担检测站的任务，即能检测车辆的制动、侧滑、灯光、转向、前轮定位、车速、车轮动平衡、底盘输出功率、燃料消耗、发动机功率和点火系统状况以及异响、磨损、变形、裂纹、噪声、废气排放等状况。

（2）B 级站：能承担在用车辆技术状况和车辆维修质量的检测，即能检测车辆的制动、侧滑、灯光、转向、车轮动平衡、燃料消耗、发动机功率和点火系统状况以及异响、变形、噪声、废气排放等状况。

（3）C 级站：能承担在用车辆技术状况的检测，即能检测车辆的制动、侧滑、灯光、转向、车轮动平衡、燃料消耗、发动机功率以及异响、噪声、废气排放等状况。

1.3.2　检测站的组成

1. 检测站的组成

检测站主要由一条至数条检测线组成。对于独立而完整的检测站，除检测线外，还应包括停车场、清洗站、泵气站、维修车间、办公区和生活区等设施。

（1）安全检测站一般由一条至数条安全环保检测线组成。

（2）维修检测站一般由一条至数条综合检测线组成。

（3）综合检测站一般由安全环保检测线和综合检测线组成，可以各为一条，也可以各为数条。

2. 检测线的工位设置

检测线工位的设置、工位检测项目的安排以及检测顺序的确定并无标准规定，但设计时最好遵循"三最原则"，即检测时全线综合效率最高、所需人员最少、对现场的污染最小。根据其基本要求和"三最原则"，重点考虑检测项目及参数的数量、检测时间、使用设备台数、人员配置、排放污染、车辆行驶路线及停放等因素，通常将检测线设置成多工位。检测线的布置形式多为直线通道式，其检测工位按一定顺序分布在直线通道上，检测时各工位同时有一辆车处于测试过程，各工位互不干涉，汽车检测工艺是循序渐进、流水作业式的。

手动和半自动的安全环保检测线一般由外观检查（人工检查）工位（带有地沟）、排气车速表工位、轴重制动工位和前照灯噪声侧滑工位四个工位组成，如图 1-4 所示。全自动安全环保检测线一般由汽车资料输入及安全装置检查工位、侧滑制动车速表工位、灯光尾气工位、车底检查工位（带有地沟）、综合判定及主控制室工位五个工位组成。

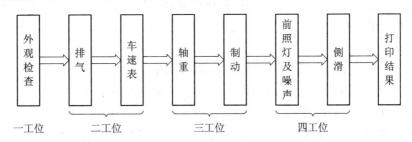

图 1-4　四工位安全环保检测线

1.3.3　汽车检测站的设备与检查项目

1. 安全环保检测线

下面以五工位全自动安全环保检测线为例介绍安全环保检测线。

1）汽车资料输入及安全装置检查工位（简称 L 工位）

汽车资料输入及安全装置检查工位除将汽车资料输入登录微机并发送给检测线主控制微机外，还进行汽车上部的灯光和安全装置等项目的外观检查（Lamps and Safety Device Inspection）。

（1）主要设备：进线指示灯、汽车资料登录微机、键盘及显示器、工位测控微机、检验程序指示器、轮胎自动充气机、轮胎花纹测量器、检测手锤、不合格项目输入键盘、电视摄像机、光电开关等。

（2）检查项目：主要进行车辆唯一性确认、整车装备完整有效性检查等。

2）侧滑制动车速表工位（简称 ABS 工位）

侧滑制动车速表工位承担侧滑检测（Alignment Inspection）、轴重检测（Weight Inspection）、制动检测（Brake Test）和车速表检测（Speedometer Test）等检测项目。

（1）主要设备：双滑板式侧滑试验台、制动试验台、轴重计或带有轴重检测功能的制动试验台、车速表校验试验台等。

（2）检查项目：检测前轮侧滑量、各轴重、各轮制动拖滞力和制动力、驻车制动力、车速表指示误差等。

3）灯光尾气工位（简称 HX 工位）

灯光尾气工位承担前照灯检测（Head Light Test）、排气检测（Exhaust Gas Test）、烟度检测（Diesel Smoke Test）和喇叭声级检测（Noise Test）等检测项目。

（1）主要设备：汽车前照灯检测仪、排气分析仪、烟度计、声级计等。

（2）检查项目：检测前照灯发光强度和光轴偏斜量、汽油车怠速排放污染物或柴油车自由加速烟度、喇叭声级等。

4）车底检查工位（简称 P 工位）

车底检查工位承担车底检测（Pit Inspection）项目。

（1）主要设备：地沟内举升平台、检测手锤、电视摄像机等。

（2）检查项目：检查车辆底部的外观。

5）综合判定及主控制室工位

（1）主要设备：主控制微机、键盘及显示器、打印机、监视器、控制台及主控制键盘、稳压电源、不间断电源等。

（2）检查项目：汽车到达本工位时检测项目已全部检测完毕，主控制微机对各工位检测结果进行综合判定后，由打印机集中打印机动车安全检验记录单，交给车辆送检人。

2. 综合检测线

下面以三工位全能综合检测线为例介绍综合检测线。

1）外观检查及车轮定位工位（包括车上、车底外观检查和前轮定位检测）

（1）主要设备：轮胎自动充气机、轮胎花纹测量器、检测手锤、地沟内举升平台、地沟上的举升器、就车式车轮平衡机、侧滑试验台、四轮定位仪或车轮定位检测仪、转向盘自由转动量检测仪、转向盘转向力检测仪、传动系游动角度检测仪、底盘间隙检测仪等。

（2）检查项目：检查车上、车底的外观以及检测车轮定位参数。

2）制动工位

（1）主要设备：轴重仪、制动试验台等。

（2）检查项目：检测各轴轴重、各轮制动拖滞力和制动力、驻车制动力等。

3）底盘测功工位

底盘测功工位能够模拟汽车道路行驶，因而可组织较多的检测设备同时或交叉地对汽车发动机、底盘、电气设备和车身等进行动态综合检测诊断。

（1）主要设备：底盘测功试验台、发动机综合参数测试仪、电控系统检测仪、电器综合测试仪、汽缸漏气量测试仪、真空测试仪、油耗计、五气体分析仪、烟度仪、声级计等。

（2）检查项目：检测驱动车轮的输出功率或驱动力，模拟车辆各种行驶速度行驶，进行加速性能、等速性能和滑行性能等性能试验，检测百公里耗油量和经济车速等。

1.4 汽车试验管理与实施

汽车试验工作的成败在很大程度上取决于管理工作的水平，如果管理工作做不好，就会影响试验的顺利进行、结果的置信水平，使之达不到预期的目的。

1.4.1 试验管理

1. 试验管理的概念

试验管理是指一个组织(或单位)为实现预期的试验目的所进行的有计划、有组织的一切活动。试验管理包含技术活动和组织活动两方面的管理工作。

技术活动包括：制订试验大纲，设计试验方案，编制试验程序；调查、研究并收集资料，分析资料和学习有关文件；安排人员的技术培训；选择、研制试验设备和仪器；采集、处理数据，编写试验报告等。

组织活动是指为有效地实现技术活动所进行的一切保障与监督管理活动。

2. 试验过程的管理

车辆过程一般分为 3 个阶段：试验准备阶段、试验实施阶段和试验结束阶段。

1) 试验准备阶段的管理

试验准备阶段要完成的主要任务如下：

(1) 成立领导小组或试验组，指派负责人，对其他人员进行分工。

(2) 做好调查研究，了解受试车辆的研制情况、技术情况，搜集有关技术资料。

(3) 对技术资料进行分析研究和制订试验大纲，在调查研究熟悉测试车辆的基础上，对研制或承制单位提供的图样、主要总成部件的台架试验报告、设计任务书等资料和调研收集的资料进行分析研究，并根据技术指标要求和有关试验标准制订大纲、试验方案和绘制试验流程图等。

(4) 试验保障工作的准备：试验场地、设施设备、仪器等的选择、检查清理、标定等；试验器材和辅助车辆的调拨入库；试验维修设备、设施和机具的检查、维护工作；试验人员的培训等。

2) 试验实施阶段的管理

试验实施阶段的管理工作是根据试验准备阶段所制订的大纲、试验方案和流程图进行的，是试验工作能否达到预期目的的关键环节。

3) 试验结束阶段的管理

试验结束阶段的管理工作主要有：编写试验报告；拆检和修复受试车辆；移交受试车辆；对试验用设备设施、仪器仪表等进行清理、维修后入库及总结。

1.4.2 试验实施

1. 全面深入地了解被试对象

全面深入地了解被试对象是进行试验设计的前提。若对被试对象的结构、材料、功能、用途和作用缺少一个全面的认识，则不可能知道该做些什么试验。全面深入地了解被试对象最直接且最有效的方法是从被试对象的设计研究者那里获取相关的信息，或邀请设计研究者参与试验设计工作。若无法做到这一点，则试验设计人员应深入研究、分析被试对象的全部技术资料。

2. 充分了解试验要求

试验要求通常包括两个层面：其一是精度要求；其二是通过试验获取必要的有用信息。

对于任何一项试验，所要求的试验精度不同，需用的试验仪器、试验方法、试验周期和试验费用将存在很大差异。试验精度要求越高，所需的试验仪器系统会越复杂，试验周期会越长，试验费用亦会越高。汽车试验是一项纯消耗性的工作，因此无论什么类型的试验都需遵循这样一个原则，即：在满足试验精度要求的前提下，尽可能降低试验费用。

通过试验获取必要的有用信息，是指应避免做一些无用的试验。如某一新机构的开发，显然离不开试验的支持，但任何一种新机构的开发都需经历一个复杂的过程，即：第一步，实现功能；第二步，完善其性能；第三步，探寻最经济的制造方法；第四步，产品正式投产的稳定性研究等。不同的阶段需要安排不同的试验。如在产品开发的第一阶段仅安排功能试验；第二阶段主要安排性能试验；第三阶段主要安排工艺性试验；在产品开发的最后阶段，则需对产品进行全方位的试验考核。

3. 研究相关的试验标准及试验规范

尽管所要进行的试验没有现成的试验标准或试验规范，但相近的产品或相近的研究可能已有了相关的试验标准或试验规范，其中或许绝大多数内容与本试验无关，但相近产品或相近研究的已有试验标准或试验规范的思想和内容一定会有可借鉴的部分。

广泛研究相关试验标准或试验规范至少可以做到少走弯路、缩短试验设计的周期。值得注意的是，参照相关试验标准及试验规范并不等于简单的照抄照搬。试验设计是一项创造性的工作，一定要充分反映本试验的特点。

4. 对已有的试验条件及试验仪器、设备进行深入分析

充分利用已有的试验条件和试验仪器、设备，尽可能少地采用本单位没有的仪器、设备，力争避免采用待开发的设备，是试验设计过程中应遵循的一项重要原则。因为购买新仪器需要时间，开发新的试验仪器、设备所需的时间更长。充分利用已有试验条件和试验仪器、设备的突出优点是可以缩短产品的研发周期。但不是所有新的试验项目都可借助于已有试验仪器、设备来完成。进行科研性试验时，往往不可避免地需要不断地补充一些新的试验仪器、设备。

5. 明确试验目的

试验目的是指通过此次试验希望获取哪些信息，解决什么问题。对于一项全新的试验而言，试验目的可能需要一个逐步明确的过程。在开始进行试验之前，或许只有部分试验目的是明确的。有些试验目的需等到一些试验数据出来之后才能逐渐清楚。事实上，这是科研试验的一种普遍规律，即科研性试验需在试验过程中去逐渐完善。

6. 根据试验目的确定试验内容

根据试验目的确定试验内容是指应对症下药，既要避免做一些无谓的试验而白白浪费宝贵的时间和金钱，又要不漏掉一些重要的试验项目而影响科研的进展。

7. 根据试验内容和试验要求选择试验仪器、设备

试验仪器、设备的选用，首先应满足试验所必需的功能要求，即应保证能有效地检测出试验内容中所涉及的所有被测量。第二，应确保试验的精度要求。试验仪器、设备的精度与仪器的复杂程度和价格直接相关，通常精度高的仪器、设备，其结构亦较复杂，价格将会成倍增加。因此正确选择仪器、设备的原则是"在满足试验要求的前提下，不要片面地追求高精度"。那么，如何才能有效地保证试验的精度呢？工程实践告诉我们，试验仪器、设备的精度比试验所要求的精度高一个精度等级就可以很好地满足上面所述的仪器、设备选用原则。我国相关标准规定，测试仪器的精度按引用误差的大小共分为 7 级，分别是0.1、0.2、0.5、1.0、1.5、2.5 和 5.0。在此需特别指出的是，仪器的精度是指在满量程范围内可能产生的最大误差，并不等于在每次测量中都会出现这么大的误差。第三，应合理地组建试验用仪器系统(一项复杂的汽车试验，往往需要将多种不同功能的仪器组合起来才能完成试验工作)，充分注意传感器的接入对测试系统动态特性的影响及仪器、设备级联所带来的负载效应。

8. 分析和研究试验条件对试验结果的可能影响

对于汽车试验而言，尤其是那些需在室外所进行的试验，由于室外的环境和气候条件不可控，且不同地区、不同季节和不同时段的环境和气候条件差异很大，若所要进行的试验对环境和气候的变化敏感，则应对其作出严格的规定，以避免试验条件的变化对试验结果带来不利的影响。

9. 制定试验规范

试验规范应对如下内容作出明确而详细的规定。当然并不是所有试验项目的试验规范都包括如下 6 项内容。不同的试验项目，试验规范所涉及的内容会有差异。

（1）试验对象的维修规范。

（2）试验过程中，试验对象出现异常情况的处理(例如：中断试验，处理后继续试验，加倍重新进行试验等)。

（3）试验前的磨合与预热。

（4）试验如何进行，仪器和试验对象的操控。

（5）试验数据的处理和修正。

（6）试验结果的评价。

1.4.3 实施条件和程序

1. 汽车实施条件

样车进行试验前应具备以下实施条件：

（1）研制单位应确认试验车辆是否符合设计任务书、设计图样及技术条件的要求。

（2）为保证定型试验的准确，研制单位需向试验单位提供规定数量的样车。

（3）研制单位应提供试验样车的技术文件。

2. 试验的实施程序

试验的实施一般按以下程序执行：

（1）申请试验。具备实施条件后，研制单位可按有关规定向主管定型委员会提出申请，由该委员会批准并指定已由国家汽车工业主管部门确认的汽车新产品鉴定单位,组织实施定型试验。

（2）组织试验。试验单位根据定型委员会批准的文件和相应标准的规定,接受研制单位提交的试验样车、技术文件图样,然后制订试验大纲和实施计划,并征求研制单位的意见后,呈报主管定型委员会批准。试验的具体实施内容按批准后的大纲和计划执行。

（3）执行试验。试验单位按试验大纲和计划进行试验。试验期间发现下列情况之一时,试验单位有权中止试验,并上报主管定型委员会,待研制单位改进后方可恢复试验。

① 转向系、制动系的效能不能确保行车安全。

② 样车性能指标与设计任务书的要求相差较大。

③ 主要零部件损坏,研制单位又不能及时提供合格配件。

④ 零件损坏频繁,影响试验工作的正常进行。

⑤ 试验中重点考核的主要总成及关键零部件如在正常试验中损坏,则需要更换。

⑥ 试验结束,书写报告。

1.4.4 试验报告

试验报告的主要内容如下:

（1）前言,即介绍试验任务的来源、研制单位、试验单位及试验基本情况。

（2）目录。

（3）能反映试验车基本外形特征的照片两张。

（4）试验仪器及设备的名称、型号、产地、精度等。

（5）试验依据。

（6）试验车的技术指标。

（7）试验条件。

（8）试验内容和结果。

（9）试验结论与改进意见。

（10）附件,包括图表、曲线、照片、各种专项和台架试验报告,以及必要的技术资料、试验人员及其职务等。

（11）试验日期。

思　考　题

1. 何谓汽车检测与试验? 简述汽车试验的必要性。

2. 简述汽车试验的发展趋势。

3. 简述汽车检测与试验的类型。

4. 简述汽车检测与试验标准的分类。

5. 汽车试验一般分为哪几个阶段进行?

第 2 章　汽车检测和试验的设备与设施

2.1　典型检测和试验设备

2.1.1　车速测量仪

汽车的行驶速度、时间和位移是汽车多项使用性能试验和评价中必不可少的测量参数，虽然车辆里程表能够指示行驶里程和速度，但受车轮滚动半径、机械传递系统磨损、指示仪表精度等影响，仍然需要专用的高精度仪器测量。测量并记录汽车的行驶速度、时间和位移的仪器称为车速测量仪（简称车速仪）。

常见的车速测量仪有五轮仪、光电式车速测量仪和 GPS 定位车速测量仪。

1. 五轮仪

早期的汽车通常只有四个车轮，早期用来测试汽车行驶距离和时间的设备是利用挂在汽车上的第五个车轮，故称其为五轮仪。

1）五轮仪的组成

一般五轮仪由第五轮、显示器、传感器、脚踏开关等组成，如图 2-1 所示。

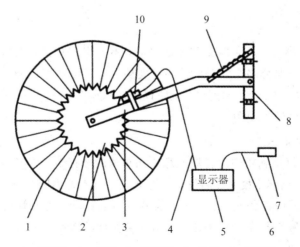

1—第五轮；2—齿圈；3—连接臂；4—导线；5—显示器；
6—开关导线；7—脚踏开关；8—安装盘；9—加力弹簧；10—传感器

图 2-1　五轮仪组成示意图

2）工作原理

试验时，五轮仪固定在试验车尾部或侧面（如图2-2所示），当其随汽车运动而转动时，磁电传感器由于齿圈的齿顶、齿谷的交替变化，产生电脉冲，脉冲数与齿数成比例。脉冲数与汽车行驶距离成正比，脉冲频率与车速成正比，这一比例关系是一个常量，通常称之为"传递系数"或"传感器系统"。当显示器收到由传感器传递过来的一定频率和数量的脉冲信号时，便自动与"传递系数"相乘得到相应的距离，再与由晶振器控制的时间相比得出车速，并显示、存储或打印出来。以上过程在试验中隔一定的时间进行一次，直至试验结束，即完成试验过程中车速、距离、时间的适时测量。

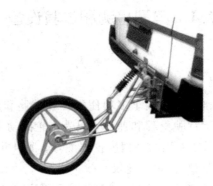

图2-2　五轮仪安装车上示意图

传递系数与第五轮的周长和齿盘齿数有关，若第五轮实际周长为 $L(m)$，齿盘有 n 齿，传感器每感受到一次齿顶齿谷的变化便发送2个脉冲信号，则传递系数为 $\frac{L}{2n}$（m/脉冲）。传递系数为固定值的，在标定时，应使第五轮实际周长尽可能符合使用说明书的"标准值"。传递系数可变的五轮仪，传递系数标定并输入内存后，试验过程中便不允许关机，否则要重新标定传递系数。

3）使用注意事项

试验过程中要求第五轮必须时刻与地面接触，不能出现打滑，因而限制了试验道路种类的选择范围，不利于非公路车辆对应试验的实施。由于设备精度限制，这种接地式车速仪不能进行大于180 km/h的车速测量。五轮仪的体积相对较大，不利于携带，仪器安装的便捷性也不好，目前已较少使用。

2．光电式车速测量仪

光电式车速测量仪是利用空间滤波原理检测车速的非接地式车速仪。非接地式五轮仪的工作原理如图2-3所示。投光器将强光射于地面，由于地面凹凸不平，形成明暗对比度不同的反射，由受光器中梳状光电管接收。随着车辆的移动，光电管接收地面反射光的明暗变化脉冲，此脉冲频率与车速成正比。明暗交替变化的频率信号经过一定的信号处理即可获得汽车的行驶速度。

如图2-4所示，空间频率传感器主要由投光器和受光器组成。空间频率传感器的工作原理是以一定间距 P 排列的一排透光格子，当点光源以一定速度相对格子移动时，经过格子列后光的强度就变成了忽明忽暗、反复出现的脉冲状态，此脉冲与光穿过格子的次数相对应，即每移动一个 P 距离变换一次。假设点光源移动速度为 v，光学系统的放大率为 m，

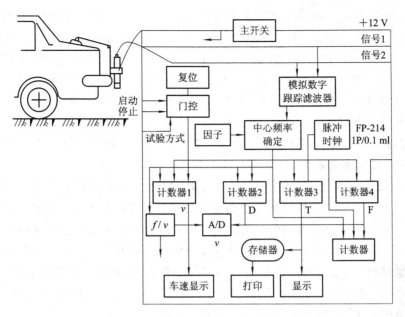

图 2-3 非接地式五轮仪的工作原理框图

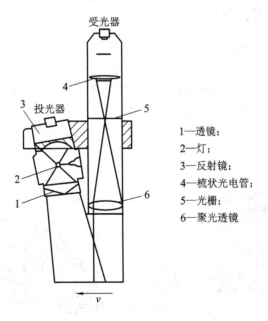

1—透镜;
2—灯;
3—反射镜;
4—梳状光电管;
5—光栅;
6—聚光透镜

图 2-4 空间频率传感器

则在格子列上移动的光点速度为 mv。这样,一明一暗的脉冲列的周期为 P/mv,即频率 $f = mv/P$ 与速度 v 成正比。速度 v 的变化则通过频率 f 的变化表现出来。

与点光源相比,一般的光学投影则稍有差异。这种光学投影(凹凸不均的形状)可以看作是许多不同强度的点光源不规则地集中,不改变相互位置,向着一定的方向平行移动的状况。

由此得来的光量,就是从这些点光源一个一个地测量的光量总和。然而,由于点光源的分布和强度都不同,其结果导致相位和亮度的全然不同。但因频率完全相同,结果组成了许多仅仅相位和振幅不同的信号，其平均频率为 mv/P，从而可得到相位和振幅均随机平稳变化的信号(窄带随机信号)。通过推测此中心频率可解出移动速度和移动距离。

光电式车速测量仪的特点：与接地式五轮仪相比，光电式车速测量仪安装方便、测量精度高，适用于高速测量，最高测量车速可达 250 km/h。但其光源耗电量大，并且在车速很低时，测量误差大，车速小于 1.5 km/h 时不能测量。在冰雪路面和潮湿的 ABS 性能测试路面上，由于光电式车速测量仪是靠内部的空间滤光片传感器接受地面反射来的光进行信号采集的，而湿的低附着系数路面无法实现光线的良好反射，因此信号会丢失，仪器会失效。

3. GPS 定位车速测量仪

GPS 定位车速测量仪由卫星接收器、主机和多种外接模块及传感器组成，包括一套专业测量、记录和分析显示车辆行驶数据的测试设备，可直接获得汽车的速度和移动距离，横(纵)向加减速度值，充分发出的平均减速度，时间以及制动、滑行、加速等距离。附加模块和传感器可采集油耗、温度、加速度、角速度及角度、转向角速度及角度、转向力矩、制动踏板力、制动踏板位移、制动风管压力等，完成动力性、经济性和操纵稳定性等试验内容。

GPS 定位车速测量仪的突出特点是使用十分方便，但由于 GPS 的位置精度通常只能达到 20 cm，因此其测试精度比非接地式五轮仪稍低。

2.1.2　燃料消耗量测量仪

燃料消耗量测量仪又称油耗仪，用于测量某一段时间间隔或某一里程内流体通过管道的总体积或总质量。油耗仪按其测量方法的不同可分为容积式油耗仪和质量式油耗仪。这两种油耗仪都能连续、累计地测量油耗，都可用于汽车燃料消耗量台架试验。目前最常用的汽车油耗仪是活塞式流量计，其传感器由滤清器、转换器和转数传感器等组成。转换器可以将燃料的体积转换为便于计量的旋转件的转动圈数，它由在一个水平面的 4 个活塞中心曲柄连杆结构组成，如图 2-5 所示。

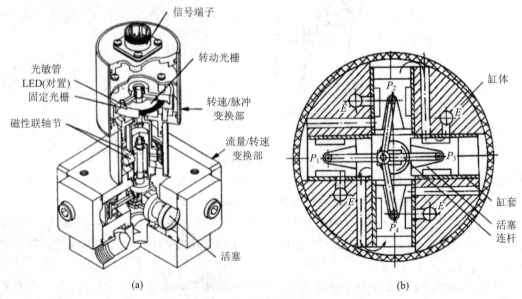

(a)　　　　　　　　　　　　　　　　(b)

图 2-5　活塞式流量计

1．容积式油耗仪

容积式油耗仪有容量式和定容式两种。容量式油耗仪通过累计发动机工作中所消耗的燃料总容量，用时间和里程来计算油耗量。容积式油耗仪在用于多工况循环试验时可能会出现以下问题：高燃料流量时，过大的压力降可能会影响发动机的供油性能；流速低时，由于通过传感器元件泄漏，测量准确度有下降趋势，尤其是急速泄漏，将导致测量准确度下降。它可以连续测量，其结构有行星活塞式、往复活塞式、膜片式、油泡式等，现以行星活塞式油耗仪为例予以说明。

行星活塞式油耗仪的流量检测装置由流量变换机构及信号转换机构组成。流量变换机构将一定容积的燃料流量变为曲轴的旋转运动，它是由十字形配置的 4 个活塞和旋转曲柄构成的，其工作原理如图 2-6 所示。

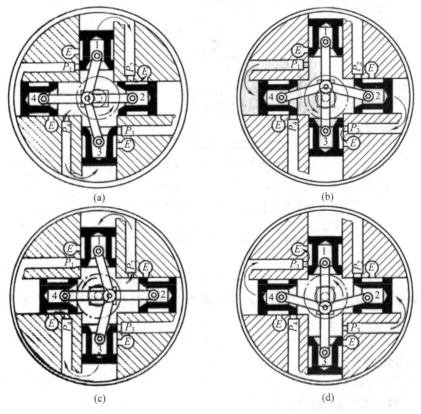

(a)　　　　　　　　　　　　(b)

(c)　　　　　　　　　　　　(d)

1、2、3、4—活塞；P_1、P_2、P_3、P_4—油道；E—排油口

图 2-6　行星活塞式油耗仪工作原理图

转换器将燃料的体积转换为便于计量的旋转件的转动圈数。四个活塞夹角 90°，共用一个曲柄，每个活塞开有环形槽，用来控制相邻缸的进油和排油。每缸直径和活塞行程一定，因此每缸工作一次排出的燃料容积一定，即曲柄轴旋转一周，油耗仪排出的油体积一定，从而将燃料流量转换为曲柄转数。曲柄旋转一周，各缸分别排油一次，其排油量可由下式确定：

$$V = 4 \times \frac{\pi d^2}{4} \times 2h = 2h\pi d^2 \qquad (2-1)$$

式中：V——四缸排油量，cm^3；

$\pi d^2/4$——活塞截面积，cm^2；

$2h$——2倍的曲轴偏心距，cm。

活塞式油耗仪用于电控燃料喷射式发动机时需处理从调压器回流的多余燃料。小排量发动机，让燃料回流到油耗仪的输出端；大排量发动机，必须采用具有返回燃料处理功能的活塞式油耗仪。

2. 质量式油耗仪

质量式油耗仪由称量装置、计数装置、控制装置组成，如图2-7所示。

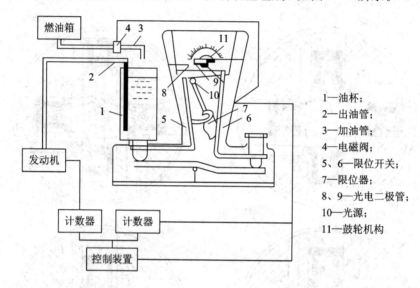

图2-7 质量式油耗仪

通过测定消耗一定质量燃料所用的时间或测量规定时间内消耗的燃料质量来计算耗油量：

$$G = 3.6 \times \omega/t \qquad (2-2)$$

式中：ω——燃料质量，g；

t——测量时间，s；

G——燃料消耗量，kg/h。

称量装置通常利用台秤改制，量程为 10 kg，称量误差为 $\pm 0.1\%$，其测量准确度不受发动机供油系燃料回流的影响。在测量具有回油管路供油系的汽车时，只要将发动机回油管路中的燃料流入称量容器即可排除发动机回油管路中的燃料蒸汽或空气对油量准确度的影响。质量油耗仪不适用于动态测试，一般不能用于道路试验，多用于台架试验。

2.1.3 陀螺仪

在汽车操纵稳定性试验中，经常要在汽车运动状态下测定某些动态运动参数，如汽车前进方位角、汽车横摆角速度、车身侧倾角及纵倾角（俯仰角）等，这些运动参数通常用陀螺仪进行测量。

1. 测量原理

陀螺仪是一个安装在内、外框架上能高速旋转的转子，并且该转子还能在框架内绕自转轴线上的一个固定点向任意方向回转。这种测量装置具有以下两个基本特性：

(1) 定向性：转子高速旋转时，除非受到外力的作用，转子轴线的方向将一直保持不变。

(2) 进动性：当转子不自转时，若把一个重物挂在内框架上，在重力作用下，内框架将向着重物的作用方向翻转(见图 2-8(a))；当转子高速自转时，内框架受外力作用时并不翻转，而外框架将绕其自身的转动轴线发生偏转(见图 2-8(b))。

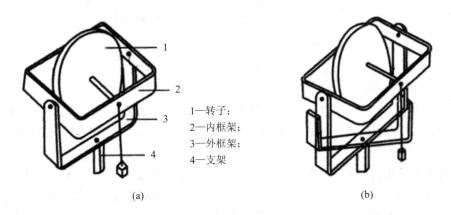

1—转子；
2—内框架；
3—外框架；
4—支架

(a) (b)

图 2-8 陀螺仪进动性原理图

按动量矩定理，陀螺仪运动时存在关系式：

$$\frac{\mathrm{d}\boldsymbol{H}}{\mathrm{d}t} = \boldsymbol{L} \tag{2-3}$$

式中：$\boldsymbol{H}$——转子绕定点转动时的动量矩；

$\boldsymbol{L}$——陀螺仪受的外力矩。

当 $\boldsymbol{L}=\boldsymbol{0}$ 时，$\boldsymbol{H}$ 为常数，即 $\boldsymbol{H}$ 的大小和方向都不变，表现为定向性。当存在外力矩 $\boldsymbol{L}$ 作用时，由于外力矩 $\boldsymbol{L}$ 不能增大转子的自转速度，因此转子以产生绕铅垂轴转动的方式来增大其动量矩，表现为进动性。当改变外力矩的作用方向时，进动方向也随之发生改变。

2. 三自由度陀螺仪和二自由度陀螺仪

1) 三自由度陀螺仪

三自由度陀螺仪由转子、内框架和外框架组成(见图 2-9)。转子在内框架内高速转动，内框架又可以沿其轴线在外框架中转动，外框架则通过支座(外框架转动轴线)安装在被测量物体上。

三自由度陀螺仪可以根据其定向性原理来测量角位移。从图 2-9(a)可以看出，当转子轴线垂直于地平面时，陀螺仪外框架相对底座转角 φ 则能测量汽车的侧倾角，而陀螺仪内框架相对外框架转角则能测量汽车点头角。

图 2-9(b)所示的三自由度陀螺仪，在安装时转子轴线与地面平行，可以用来测定行驶方向角 γ 的变化。

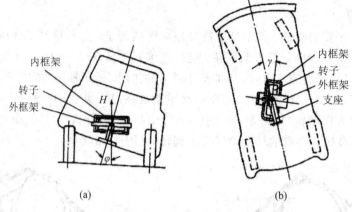

图 2 - 9　三自由度陀螺仪

2）二自由度陀螺仪

二自由度陀螺仪用于测定汽车的横摆角速度，其结构如图 2 - 10 所示。与三自由度陀螺仪相比，二自由度陀螺仪的外框架与被测物体固连在一起，而内框架上安装有弹簧及阻尼系统。

二自由度陀螺仪通常刚性安装在汽车底板上，安装时应保证其敏感轴与地垂线平行，偏差不应大于 1°。汽车在稳态转圈时，车身侧倾角对横摆角速度输出影响很小，通常可忽略不计；在转向和制动联合作用时，应进行修正。为使动态测试值不产生太大的相位滞后，当仪器相对阻尼系数为 0.2 时，其自振频率不应小于 50 Hz。二自由度陀螺仪还应保证输入频率在 0～2.5 Hz 范围内，其输出是线性的。

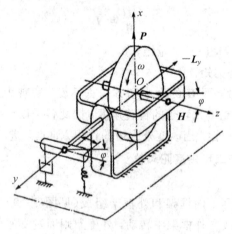

图 2 - 10　二自由度陀螺仪

2.1.4　负荷拖车

负荷拖车用以给试验车辆提供负荷，是一种现代化的车辆测试设备。在进行车辆性能试验时，利用该设备可以在平坦的试验路面上模拟车辆的各种行驶工况。负荷拖车分为有动力负荷拖车和无动力负荷拖车两类。有动力负荷拖车既可以被拖动行驶，也可以自行；

无动力负荷拖车只能被拖动行驶。

1. 负荷拖车的结构

负荷拖车是电子元件和机械部分的组合。无动力电涡流负荷拖车由功率吸收器、力传感器、速度传感器、手控盒、计算机等组成。

1）功率吸收器

功率吸收器提供负荷，从试验车辆吸收能量。吸收能量的多少由供给功率吸收器的电流大小决定，电流大小由 DC/DC 控制器调节。电涡流负荷拖车的功率吸收器由定子和转子两部分组成。负荷拖车的车轮轮轴通过传动系与功率吸收器的转子相连，当拖车由车辆牵引前进时，车轮滚动，带动转子转动。计算机发出指令控制供给功率吸收器电磁线圈的电流，功率吸收器开始吸收能量。

2）力传感器

力传感器在拖车的前部，用于测量拖车施加于被试车辆的负荷。试验时，负荷拖车产生负荷，力传感器受载，它将载荷转换为电信号并输入计算机进行处理。

3）速度传感器

速度传感器安装在负荷拖车的轮轴传动系上，用于测量负荷拖车的速度，即被试车辆的速度。试验时，负荷拖车的车轮转动，速度传感器将产生脉冲信号并输入计算机。

4）手控盒

手控盒是与计算机相连的有线盒子，试验时控制负荷拖车加载与否。手控盒上有两个按钮（绿色的为开始触发按钮，红色的为结束触发按钮）和两个调节开关（用于调节负荷拖车的速度与负荷大小）。

5）计算机

计算机即车载便携式电脑。试验时，计算机接信号线和电源线，启动负荷拖车控制程序，试验人员在被试车辆上可控制拖车模拟各种试验工况。

2. 负荷拖车的工作原理

负荷拖车在试验时作为一个可调负荷拖挂在试验车之后，用以调节试验车的负荷。试验中试验车拖挂负荷拖车后的受力情况如图 2-11 所示，其受力平衡方程式为

$$P_K = P_w + P_f + P_g \tag{2-4}$$

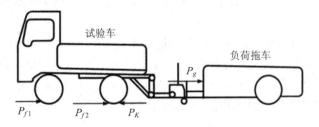

图 2-11　试验车受力状况

式中：P_K——试验车牵引力，N；

　　　P_g——试验车拖钩牵引力，N；

　　　P_w——试验车空气阻力，N；

　　　P_f——试验车轮胎滚动阻力，N。

试验车行驶时，P_K、P_g、P_W、P_f的关系如图 2-12 所示。

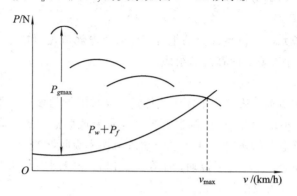

图 2-12　试验车受力关系图

为了测取试验车拖钩牵引力，在负荷拖车上设有传感器。试验时负荷拖车由被测车辆牵引前进，拖车车轮滚动，通过传动系带动交流发电机给车载蓄电池充电；同时还带动功率吸收器，通过功率吸收器吸收能量，对转子产生制动阻力矩，制动阻力矩传到拖车车轮使其制动，由车轮与地面的摩擦所产生的摩擦阻力给前面的被测车辆施加负荷。而负荷拖车的控制单元计算机由蓄电池提供电源，试验人员可以通过操作计算机输入所要求的各种不同的负荷及速度目标值，再由计算机向控制器发出指令，由控制器调节蓄电池供给功率吸收器定子中电磁线圈的电流大小，从而改变负荷拖车的负荷，达到所要求的目标。计算机作为负荷拖车的主控单元，用来选择负荷拖车的控制模式并发出指令，而测力传感器和速度传感器则向计算机传送负荷及速度的反馈信号。一旦计算机选定了负荷/速度参数，它将不断比较控制目标信息和实际的反馈信息，如果两者不相符，它将传给控制器来调整指令，改变负荷拖车的负荷，直到两者一致，达到控制要求。

3. 测功负荷拖车的应用

1) 牵引性能试验

(1) 一般牵引性能试验。用牵引杆连接试验车和负荷拖车，牵引杆应保持平衡。试验时，牵引杆纵轴线和行车方向保持一致，汽车起步，加速换挡至试验需要的挡位，节气门全开，加速至该挡最高车速的 80% 左右，负荷拖车施加负荷，在发动机正常使用的转速范围内，测取 5～6 个间隔均匀的稳定车速和该车速时的拖钩牵引力，测量时车速须稳定 10 s以上，往返各进行一次。

(2) 最大拖钩牵引力试验。试验汽车的传动系统处于最大传动比位置，驱动轮均处于驱动状态，节气门全开，以该工况最高车速的 80% 左右的车速行驶，负荷拖车施加负荷，试验车车速平衡下降，直至熄火或驱动轮完全偏转为止。往返各进行一次相同的试验，以两个方向的最大拖钩牵引力的平均值作为试验结果。

2) 测量滚动阻力及滚动阻力系数

测量滚动阻力及滚动阻力系数时，由负荷拖车牵引试验车，并且为了除掉发动机及传动系统摩擦阻力，还需要将试验车的半轴取出。测定时，负荷拖车以较低的速度等速牵引试验车行驶。由于车速低，并且是等速行驶，因此汽车的空气阻力和加速阻力皆很小，可以忽略不计。这样，牵引力与试验车的滚动阻力很接近，测出的拖钩牵引力可视为滚动阻力。

滚动阻力测出后，可以按下式计算该路段的滚动阻力系数，即

$$f = \frac{P_f}{G_a \cos a} \tag{2-5}$$

式中：f——试验车滚动阻力系数；

P_f——试验车测出的滚动阻力，N；

G_a——试验车重力，N；

a——路面坡度，(°)。

2.1.5 汽车底盘测功机

汽车底盘测功机是一种不解体检测汽车性能的检测设备。它通过在室内台架上模拟汽车道路行驶工况的方法来检测汽车的动力性，而且还可以测量多工况排放指标及油耗，同时能方便地进行汽车的加载调试和诊断汽车负载条件下出现的故障。汽车底盘测功机可分为单滚筒式底盘测功机和双滚筒式底盘测功机，如图 2-13 和图 2-14 所示。

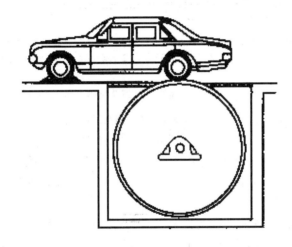

图 2-13　单滚筒式底盘测功机

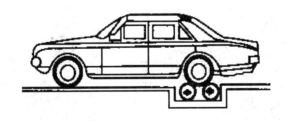

图 2-14　双滚筒式底盘测功机

1. 工作原理

汽车在道路上行驶的空气阻力、坡道阻力及加速阻力均不存在，因此需要用测功机模拟汽车行驶时的空气阻力、坡道阻力及加速阻力。为此，在该测功机上利用惯性飞轮的转动惯量来模拟汽车旋转体；汽车在运行中所受的空气阻力、非驱动轮的滚动阻力及爬坡阻力等，采用功率吸收加载装置来模拟；路面模拟是通过滚筒来实现的，即以滚筒表面取代

路面，滚筒的表面相对于汽车作旋转运动。

2．汽车底盘测功机的构造

汽车底盘测功机主要由道路模拟系统、数据采集与控制系统、反拖装置、安全保障系统及举升与滚筒锁止系统等构成。

1）道路模拟系统

道路模拟系统的组成如图 2−15 所示。

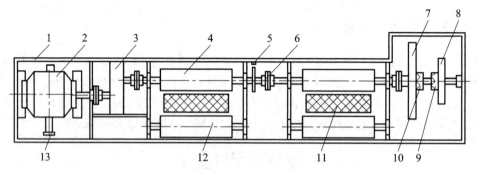

1—框架；2—电涡流测功机；3—变速器；4—主滚筒；5—速度传感器；6—联轴器；7、8—飞轮；
9、10—电磁离合器；11—举升器；12—副滚筒；13—压力传感器

图 2−15　普通型汽车底盘测功机道路模拟系统结构示意图

（1）滚筒。滚筒装置是测功机的基本组成件，其结构和性能将直接影响测功机的测试精度。双滚筒有主、副滚筒之分，与测功机相连的滚筒为主滚筒，左右两个主滚筒之间装有联轴器，左右两个副滚筒处于自由状态。滚筒一般为钢制空心结构，并经动平衡试验，通过滚动轴承安装在框架上。滚筒直径、表面状况、两滚筒的中心距是影响测功机性能的主要结构参数。

（2）功率吸收装置（加载装置）。底盘测功机功率吸收装置的常见类型有水冷式与风冷式电涡流功率吸收装置。电涡流功率吸收装置主要由定子、转子、励磁线圈、支承轴承、冷却室、力传感器等组成，如图 2−16 所示。

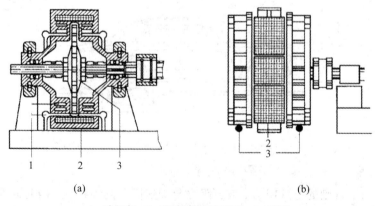

(a)　　　　　　　　　　　　　　　　(b)

1—冷却室；2—带励磁线圈的定子；3—转子

图 2−16　电涡流功率吸收装置

其工作原理：当励磁线圈通过直流电时，两极间产生磁场，转子通过励磁线圈磁场转动，转子盘上产生涡电流，涡电流和外磁场相互作用，对转子盘产生制动阻力矩，调节励磁线圈电流大小，可改变制动阻力矩范围。此时，定子受力，与定子处外壳相连接的力臂将此力引入称量机构，便可进行力矩测量。

（3）转动惯量模拟装置。汽车底盘测功机必须配备转动惯量模拟装置，它是通过飞轮来实现的。为了模拟汽车在非稳定工况运行时的阻力，进行非稳定工况的性能测试（如加速性能、滑行性能等），底盘测功机通常配置模拟汽车质量的机械式转动惯量模拟装置，即飞轮。通过动态调节飞轮的转动惯量，补偿底盘测功机滚筒等旋转件惯量的动能，模拟汽车在道路上非稳定工况行驶的阻力，而没有飞轮的底盘测功机只能测定稳定工况下的汽车性能。为简化结构，底盘测功机通常配置若干个薄圆盘形飞轮组成的飞轮组。

2）数据采集与控制系统

（1）车速信号采集。汽车底盘测功机所采用的车速信号传感器主要有光电式车速信号传感器、磁电式车速传感器、霍尔传感器和测速电机等，如图 2-17 所示。

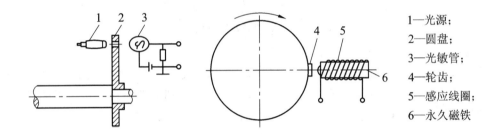

1—光源；
2—圆盘；
3—光敏管；
4—轮齿；
5—感应线圈；
6—永久磁铁

图 2-17　车速信号传感器

（2）驱动力信号。驱动力信号是由安装在吸功装置壳体上的测力装置产生的，如图 2-18 所示。

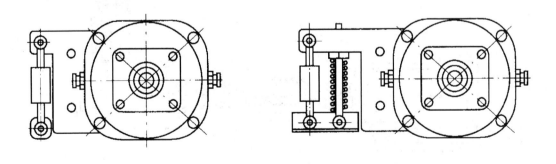

图 2-18　测力装置

（3）汽车底盘测功机控制系统。汽车底盘测功机控制系统用来控制底盘测功机的整个检测过程和显示测量参数或曲线，如图 2-19 所示。

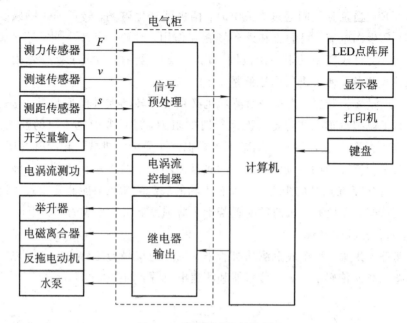

图 2-19 控制系统结构图

3）反拖装置

由于电涡流测功器只能吸收动能，不能输出动力，故采用反拖装置提供原动力以驱动被检汽车与底盘测功机的传动系运转，用来检测底盘测功机滚筒系统的机械损失、汽车传动系的机械损失及车轮在滚筒上的滚动阻力，如图 2-20 所示。

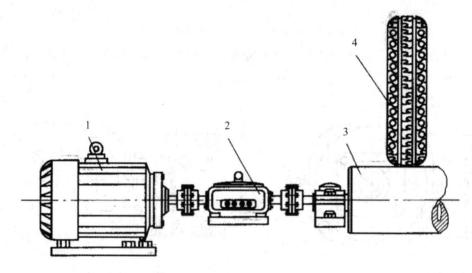

1—反拖电动机；2—转矩计；3—滚筒；4—被测汽车车轮

图 2-20 反拖装置

4）安全保障系统

安全保障系统包括左右挡轮、系留装置、发动机与车轮冷风机等。

5）举升与滚筒锁止系统

（1）举升装置。安装在试验台的主、副滚筒之间。在测试前，将举升器升起，使汽车进入试验台。在测试时，将举升器降下，使车轮接触滚筒并驱动滚筒转动。测试完毕后，升起举升器，使汽车顺利驶出试验台，如图 2 - 21 所示。

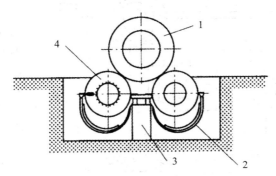

1—车轮；2—滚筒制动器；3—举升器；4—滚筒

图 2 - 21 举升装置

（2）滚筒锁止系统。采用棘轮棘爪式锁止装置。

3. 应用

1）底盘测功机道路行驶阻力的设定

能否正确地测量汽车道路行驶阻力及在底盘测功机上设定和再现汽车行驶阻力，将直接影响底盘测功机的测试结果。因此试验前，首先要测量并设定汽车的行驶阻力。滑行法是目前广泛采用的测量汽车道路行驶阻力的方法。通过底盘测功机自动化系统的调节，使道路上测出的行驶阻力在底盘测功机上得以再现。

2）滑行试验

汽车的滑行性能是指行驶中的汽车将变速器置于空挡，依靠本身惯性克服道路阻力的能力。在底盘测功机上进行滑行试验，可以验证测功机上阻力参数的设定是否正确，检查被试车辆底盘的技术状况和调整状况，为下面的基本性能试验做准备。

3）动力性试验

在底盘测功机上，可以做最高车速、最低稳定车速、起步换挡加速、直接挡加速和汽车牵引等动力性试验。

4）燃料经济性试验

做燃料经济性试验时，直接挡全节气门加速燃料消耗量试验、等速行驶燃料消耗量试验和多工况燃料消耗量试验，外接油耗仪，其数据由计算机数据采集系统采集处理。

2.1.6 道路模拟试验机

如图 2 - 22 所示，将整车或车辆的部分总成、构件置于试验机上，通过激振机构进行加振，所施加的振动应能尽量正确地再现在实际车辆上产生的现象。因为试验机能再现汽车实际行驶中遇到的各种复杂工况，所以称其为道路模拟试验机。其优点是：试验条件恒定，可实施复杂的振动测试，可精确地测定和观察汽车各部分的振动状态。

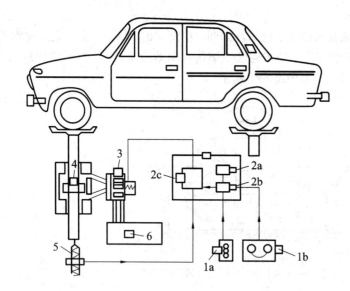

1a—遥控台；

1b—磁带记录仪；

2a—标准信号发生器；

2b—放大器；

2c—校正放大器；

3—电子伺服阀；

4—工作油缸；

5—位移传感器；

6—油压泵

图 2-22　道路模拟试验机

1．道路模拟试验机的试验内容

（1）汽车振动性能研究：主要研究汽车本身的振动特性，如汽车平顺性评价、悬架特性研究评价、模态试验等。

（2）汽车结构耐久性试验：主要给予汽车以苛刻的路面负荷，达到耐久性试验的目的。一般以汽车在实际路面行驶时的期望响应点的响应信号为目标，通过迭代再现汽车在实际路面上行驶的响应。

2．道路模拟试验机的基本组成

道路模拟试验机由信号产生系统、电控系统、伺服控制系统、机械执行系统和动力供给系统组成。

（1）信号产生系统：主要包括计算机及其外围设备、磁带记录仪、函数发生器等。

（2）电控系统：将指令信号变成电驱动信号。

（3）伺服控制系统：将电信号转换成动力液压油的流量及压力输出，主要部件是伺服阀。

（4）机械执行系统：包括作动器、位移传感器、压差传感器、夹具等。

（5）动力供给系统：提供稳定液压驱动力，主要包括液压泵站、储能器、分油器、液压管道等。

3．道路模拟试验机的工作原理

如图 2-23 所示，道路模拟试验机闭环数控系统是实现室内再现技术的关键。试验时，将规定的载荷谱输入到计算机中，由计算机中输出的控制信号经数/模转换器将数字信号转变为模拟信号，通过功率放大器去控制激振器的动作，以进行各种试验。

各种传感器从被试对象上取出各种加载后的信息，经电荷放大器输入到数/模转换器，将模拟量数字化。数字量的信息进行快速傅里叶解析，再将修正的频谱重新传递给加载系统。

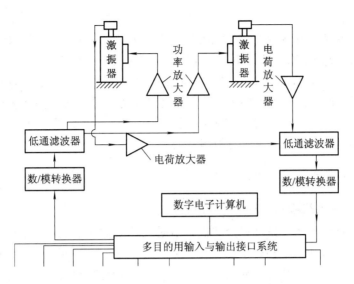

图 2-23 道路模拟试验机闭环数控系统

道路模拟试验机的工作过程如图 2-24 所示。

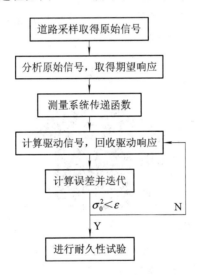

图 2-24 道路模拟试验机的工作过程

4. 有关道路模拟试验的几个问题

1）试验机与汽车的耦合方式

根据试验机对被试车辆的输入形式不同，耦合方式分为轮耦合和轴耦合。

（1）轮耦合：在作动器的活塞杆上有托盘或平面钢带，汽车车轮置于其上，主要模拟道路垂直冲击振动，适用于研究汽车悬架系统的特性，以及考核汽车的行驶系和承载系的可靠性等。

（2）轴耦合：将汽车车轮去掉，用夹具夹住汽车的轴头，再与作动器联结，该耦合方式可对轴头施加 3 个方向的载荷，可以模拟驱动力、制动力、侧向力对汽车的影响，适用于对轻型载货车和轿车的试验。

2）再现方式

（1）时间域再现（波形再现）：在试验室内严格地再现汽车在采样路面上的时间历程，其特点是能准确地描述非平稳随机过程，对被试汽车激振点与响应点之间的线性程度要求较低。

（2）频率域再现（功率谱再现）：在试验机上保持汽车的振动功率谱与期望响应的功率谱相同，对具体的时间历程不作要求。它要求汽车在道路采样时应是平稳的随机过程，激振点与响应点之间的线性程度较好。频率域再现只用于轮胎联结方式中。

（3）期望响应点（反馈点）位置及控制量的拟合。

2.1.7 发动机综合性能检测

1. 发动机综合性能检测的基本内容及特点

发动机综合性能检测与发动机台架试验不同，后者是发动机拆离汽车以测功机吸收发动机的输出功率对诸如功率和转矩以及油耗和排放等最终性能指标进行定量测定，而发动机综合性能检测装置主要是在检测线上或汽车调试站内就车对发动机各系统的工作状态，如点火、喷油、系统和传感元件以及进排气和机械工作状态等静态和动态参数进行分析，为发动机技术状态判断和故障诊断提供科学依据。有专家系统的发动机综合性能检测仪还具有故障自动判断功能，有排气分析元件的综合分析仪还能测定汽车排放指标。图 2-25 为一般结构的发动机综合性能检测仪外形图。

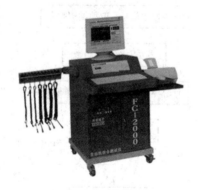

图 2-25 发动机综合性能检测仪外形图

1）发动机综合性能检测仪的基本功能

（1）无外载测功功能，即加速测功法。

（2）检测点火系统的初级与次级点火波形的采集与处理，平列波、并列波与重叠角的处理与显示，断电闭合角和开启角、点火提前角的测定等。

（3）机械和电控喷油过程各参数（压力、波形、喷油、脉宽、喷油提前角等）的测定。

（4）进气歧管真空度波形测定与分析。

（5）各缸工作均匀性测定。

（6）起动过程参数（电压、电流、转速）测定。

（7）各缸压缩压力判断。

（8）电控供油系统各传感器的参数测定。

（9）万用表功能。

（10）排气分析功能。

2）发动机综合性能检测仪的三大特点

（1）动态的测试功能：它的传感器系统和信号采集与记录存储系统能迅速、准确地捕获到发动机各瞬变参数的时间函数曲线，这些动态参数是对发动机进行有效判断的科学依据。

（2）通用性：测试过程不依据被检车辆的数据卡，只针对基本结构及各系统的形式和工作原理进行测试，因此它的检测结果具有良好的普遍性，其检测方法同样也具有广泛的通用性。

（3）主动性：发动机综合性能检测仪不仅能用于采集发动机的动态参数，而且还能主动地发出指令干预发动机工作，以完成某些特定的试验程序，如断缸试验等。

2. 发动机综合性能检测装置的基本组成

发动机综合性能检测装置由信号提取系统、信息预处理系统、采控与显示系统三大部分组成。

（1）信号提取系统：用于拾取汽车被测点的结构和性质参数。信号提取系统必须具有多种形式，以适用不同的测试部位。该系统由一些不同形式的接插头或探头组成。

（2）信号预处理系统：可对发动机的已有传感器信号进行衰减、滤波、放大、整形，并将所有脉冲和数字信号输入，也可转换成交流模拟信号送入高速瞬变信号采集卡。

（3）采控与显示系统：可以显示操作菜单、动态参数和波形，可设置显示范围和图形比例。

2.2 典型试验设施

2.2.1 发动机台架试验系统

发动机是汽车中结构最复杂、要求最高的总成，汽车各项性能直接或间接地受发动机性能的影响，因此在发动机的研发过程中需要做各类大量的试验。发动机台架与道路行驶模拟试验系统，可以完成发动机的速度特性、负荷特性、万有特性、调速特性、可靠性、耐久性及模拟汽车在道路上行驶时发动机的运行工况等试验；发动机台架的噪声试验系统，用于测试或研究发动机的工作噪声；发动机台架的排放试验系统，用于进行发动机的各类排放试验；发动机台架消声器试验系统，用于测试或研究消声器的消声特性；发动机台架转动惯量测试系统，用于检测发动机的转动惯量。图2-26为发动机台架试验系统。

图2-26　发动机台架试验系统

2.2.2　内燃机高海拔(低气压)模拟试验台

高海拔(低气压)模拟试验台可以在平原地区模拟高原环境的大气状况,进行内燃机性能试验,研究及评价内燃机及其附件在不同海拔高度环境的动力性、经济性、排放以及起动性能。图 2-27 为内燃机高海拔(低气压)模拟试验台整体布置结构图。

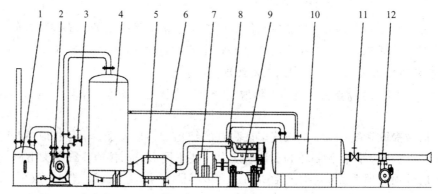

1—气水分离器;2—水循环真空泵;3—排气调压阀;4—排气稳压箱;5—热交换器;6—低压起动连接通管;
7—测功机;8—废气涡轮增压器;9—发动机;10—进气稳压箱;11—进气节流阀;12—空气流量计

图 2-27　内燃机高海拔(低气压)模拟试验台

1. 工作原理

高海拔大气条件对内燃机性能的主要影响因素包括大气压力、大气温度和空气相对湿度,其中大气压力的影响十分显著。试验台重点对高海拔大气压力进行模拟,不对温度、湿度进行模拟。

内燃机高海拔(低气压)模拟试验台通过进气节流,利用发动机运行过程中进气抽吸作用,实现进气低压模拟;在发动机排气管后用真空泵抽吸,实现排气背压模拟;同时通过在发动机曲轴箱内保持同样的真空度来达到模拟高海拔大气压力的精确性。

进气压力的模拟是通过进气节流降压来实现的。空气经过空气流量计和进气节流阀进入进气稳压箱,再经过进气管经涡轮增压器进入发动机。当发动机工作时,由进气节流阀的节流作用在进气稳压箱中产生进气低压。通过调节进气节流阀开度可以控制进气稳压箱中的进气压力,以模拟不同海拔调试的大气压力。进气稳压箱的作用是保证进气压力不受发动机进气气流波动的影响。

排气背压的模拟是通过真空泵从排气稳压箱中抽取真空来实现的。采用真空泵直接抽气式模拟方法,由真空泵从排气稳压箱中抽取真空,通过调节真空泵的进气旁通调压阀的开度,将排气稳压箱内的气压控制在所需模拟的压力。考虑到排气温度较高,会使真空泵内工质升温,致使其相关零件性能降低或受损,排气系统中增加了以水为工质的热交换器,使发动机排放的废气温度降至真空泵允许的范围之内,以确保内燃机高海拔(低气压)模拟试验台的安全运行。

曲轴箱内压力的模拟是通过与进排气稳压箱相连接来实现与模拟大气压力的一致。将曲轴箱机油口与排气稳压箱连接,同时将呼吸器测压口与进气稳压箱连接,将油尺探测口及整个曲轴箱严格密封。

在进行高原环境低压模拟起动时,需先将进气稳压箱与排气稳压箱相连通,发动机起动后关闭进排气稳压箱连通阀，进入正常模拟状态。

2. 主要用途

高海拔（低气压）模拟试验台不仅可以对发动机不同海拔高度下的动力性、经济性及排放性能进行试验研究，还可以通过试验，研究发动机附件在不同海拔高度下的适应性问题，如发动机打气泵在不同海拔高度下压力的变化情况、风扇转速的变化情况以及发动机水箱的压力变化等。

2.2.3 高低温模拟试验室

1. 高温试验室

为使汽车适应高温、高热环境，了解其性能及部件老化情况，各汽车厂家根据各自汽车产品的需要纷纷兴建高温试验室。

1）技术指标

（1）温度的上限温度有许多，如+60℃、+50℃、+40℃等，通常采用+50℃。

（2）湿度有30%～80%、30%～100%、0%～95%、5%～95%几种，其中以5%～95%范围最合适。

（3）风速应尽可能覆盖整个车速范围。

2）结构

（1）日照装置：在试验室顶壁与侧壁均匀安置红外线灯，灯光照射强度及光照区域均可按试验要求进行调节；用以模拟在炎热的阳光下，测试汽车各部位的温升及受热状态。

（2）供风系统：模拟汽车实际行动的迎面行驶风。由大型鼓风机产生，再配以风道及风速调节装置，组成供风系统。

（3）加热装置：采用电加热与蒸汽加热两种形式。一般大型试验室采用蒸汽加热。

（4）路面辐射装置：再现路面热辐射状态，一般使用加热箱，并将它铺装在试验地面上。设定的温度范围为40℃～80℃。

3）试验项目

（1）冷却性试验：在炎热地带和夏季气温很高时，评价汽车主要部件保持适度的温度能力，检测内容包括发动机冷却液温度、发动机及变速器等机油油温、发动机进气温度以及燃油温度和气阻。

（2）动力性试验：评价高温条件下，汽车的动力性能或汽车熄火停车后的再起动性能。

（3）耐热性试验：评价汽车在高温条件下，结构部件的耐热性以及发动机舱内和车身各部位的橡胶件、塑料件的耐热性等。

（4）空调性能试验：在高温、潮湿、强烈日照的条件下，评价车内环境的舒适性，检测内容包括驾驶室内的温度、湿度、凉风、风速、换气及车窗视野等。

2. 低温试验室

低温试验室模拟低温环境状态。与实地寒区试验比较，低温试验室可节约人力、物力、财力，不受外界气候环境的影响，不受季节限制，同时具有环境控制精度高、稳定性好、重复性好的特点。

1）技术指标

（1）温度根据检测标准选择，多为−50℃～−40℃；湿度在5%～95%之间。

（2）风速与高温试验室的相同。

2）结构

（1）低温试验间：要求密封、保温、防腐，有足够的面积和高度，以及足够的地面承载能力。

（2）制冷机房和制冷系统：提供冷源。

（3）换气系统：排除室内有害废气，更换和补充低温试验间的新鲜的低温冷空气。

（4）冷却水系统：制冷系统必需的辅助设施，用以冷却制冷机组。

（5）测控及观察间：放置试验测量仪器、试验数据采集处理系统。

（6）试验数据采集与处理系统：包括温度、电流、电压、时间、转速等各类试验参数。

（7）通用系统及配电动力系统。

3）试验项目

（1）汽车发动机的低温起动性能试验：包括发动机极限起动温度试验、发动机低温起动辅助装置的性能测试与匹配、发动机起动系统各参数的低温匹配等。

（2）发动机低温行驶性能匹配：在低温环境下，发动机冷起动、暖机、起步以及车辆行驶等工况的发动机点火角、点火能量、供油量、节气门开度等参数的匹配。

（3）汽车行驶安全性检验。

（4）汽车寒区适应性试验。

（5）刮水器等总成的低温性能试验。

（6）非金属零件的低温适应性试验。

（7）汽车燃油、润滑油、液压油等的低温性能验证试验。

（8）其他必要的低温性能、低温适应性试验。

3. 高低温试验室

高低温试验室也可称为环境试验室，是狭义上的环境试验室，综合上述高温试验室与低温试验室的技术要求而设立，其结构是将二者合一，可将转鼓试验台放于其中。

2.2.4 雨淋试验室

典型的雨淋试验室示意图如图 2-28 所示，它主要用于对车辆进行耐湿热气候、耐雨试验，其容积为 450 m³，主要参数见表 2-1。

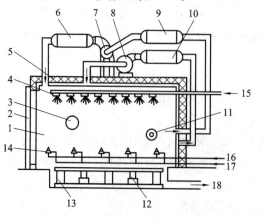

1—试验室；
2—双开双扇门；
3—观察孔；
4—淋雨系统；
5—空气隔离层；
6—润湿室；
7、8—通风机；
9、10—加热器；
11—平衡机轴；
12—液压缸；
13—升降平台；
14—海雾系统；
15—淋雨试验用水；
16—盐水；
17—压缩空气；
18—通向下水道系统

图 2-28　450 m³ 的雨淋试验室

项　　目	技术参数
试验室有效容积/m³	450
试验设备总功率/kW	800
工作温度/℃	20～60
被试验实物最大外形尺寸/(m×m×m)	12×3.5×4
试验室外形尺寸/(m×m×m)	16×6×5.5
相对湿度/(%)	95±5
空气工作压力/kPa	70～140
压缩空气排量/(cm³/s)	66 700
盐浴液排量/(cm³/s)	20.2
处于雾状时的温度/℃	27
淋雨强度/(mm/s)	0.0833～0.133
淋雨方向	45°
淋雨用水温度/℃	15～30

在该试验室内装有 500 kW 的负荷试验台，可对车辆做负载式制动试验；利用在蒸馏中加氯化钠溶液((33±3)g/L)获得海雾，可做耐海雾试验；利用温度为 15℃～30℃ 的水，在斜角 45°下向两个主向喷淋，能进行耐雨淋试验。

2.2.5　汽车风洞

汽车风洞是由航空风洞发展而来的，两者的原理相同。汽车是在地面上行驶而不是在空中飞行，因此汽车风洞与航空风洞有差别。汽车风洞在进行汽车试验时的流场与汽车在实际道路上行驶的气流流动状态相同或接近。

1. 汽车风洞的特性

1）风洞结构形式

风洞结构形式包括回流式和直流式(见图 2－29)。回流式又可细分为单回流式(见图 2－30)和双回流式(见图 2－31)两种。回流式风洞的特点是空气沿封闭路线循环流动，气流不受自然风影响，流态稳定。直流式风洞里的气流受自然风的影响大些，噪声普遍很高。

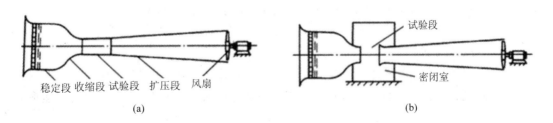

稳定段　收缩段　试验段　扩压段　风扇　　　　试验段　　密闭室

(a)　　　　　　　　　　　　　　　(b)

图 2－29　直流式风洞
(a) 闭口试验段；(b) 开口试验段

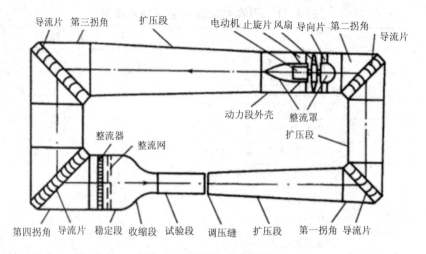

图 2-30　单回流式风洞

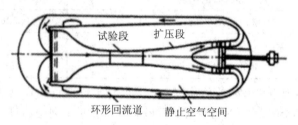

图 2-31　双回流式风洞

2）风洞试验段

试验段形式分开口试验段、闭口试验段和开槽壁试验段（见图 2-32）。闭口试验段的横截面积大多选择在 20 m² 以上；开口或开槽壁试验段的横截面积在 12～20 m² 之间。模型风洞多采用闭口试验段形式，试验段的横截面积在 12 m² 左右。

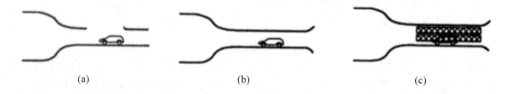

图 2-32　风洞试验段形式

（a）开口试验段；（b）闭口试验段；（c）开槽壁试验段

3）风洞最大风速

实车风洞的最大试验风速一般要求大于或至少不低于汽车的最高车速。现代汽车的最高车速已超过 200 km/h，随着轿车的空气阻力系数愈来愈小，其空气动力特性对风速愈来愈敏感。

4）风洞收缩比

风洞收缩比的选择直接关系到风洞试验段气流的紊流度、均匀度等。现有风洞的收缩比分布很广，从 1.45：1 到 12：1。为将紊流度降低到一定水平，汽车风洞的收缩比通常最低选用 4∶1。

5）地面附面层

风洞试验中试验段下洞壁会产生地面附面，从而影响到试验数据的准确性。常用的装置有附面层吸除装置、吹气装置、移动地板等层（见图 2-33）。

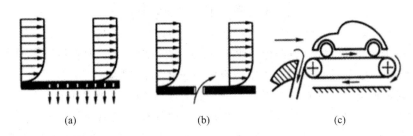

图 2-33　消除地面附面层厚度的方法
（a）吸气法；（b）吹气法；（c）移动带法

2. 汽车风洞的类型

1）空气动力风洞

空气动力风洞分实车风洞和模型风洞。实车风洞主要进行实车或全尺寸模型的空气动力试验；模型风洞进行缩尺模型的空气动力试验。

与实车风洞试验相比，缩尺模型的试验费用低，改动方便，其试验量是实车试验的几倍。随着综合性风洞的日益增多以及对原有实车风洞的改造，实车风洞中也可进行缩尺模型的试验。汽车缩尺模型采用的缩尺比通常为 3/8、1/3、1/4、1/5。模型风洞的风速范围为 30～70 m/s。

2）噪声风洞

噪声风洞用于研究气流造成的车体噪声，如风噪声、漏风噪声等，是现代汽车重要的研究课题。噪声风洞的设计是通过一系列措施，如在风道盖顶和围墙加吸声材料和装置，在转角叶片加吸声材料并整形等，使试验段成为无回声室，从而降低风洞背景噪声，使汽车的风噪声测量成为可能。

3）气候风洞

气候风洞用于汽车的环境适应性试验，其试验段的横截面积为 10～12 m²。气候风洞的阻塞度修正因子需通过在大型风洞或道路上校测来确定，并据此对风洞中的气流速度进行调整。对气流的调整还可采用缓冲板等辅助设备，以使汽车表面上的压力分布尽可能与道路上的表面压力分布一致。

4）气候风室

气候风室又称空调室，其试验段的横截面积为 5 m²，甚至更小。在气候风室中，轿车前部的压力分布能够趋近真实情况，它通过修正风速得到，这样的压力分布可以满足发动机冷却系性能试验要求。气候风室内一般有日照模拟装置，室内温度可以调节，能进行汽车的空调试验。

目前，气候风洞和气候风室的最高风速都能达到 180 km/h，温度调节范围通常为 −50℃～+50℃。

5）小型全尺寸风洞

小型全尺寸风洞试验段的横截面积为 $10 \sim 20 \ m^2$，试验段要么是 3/4 开口的，要么是开槽壁的。通过对试验数据进行修正，可得到令人满意的结果。

2.3 汽车试验场

汽车试验场亦称试车场，是进行汽车整车道路试验的场所。为满足汽车的实际行驶要求，汽车试验场的主要试验设施是集中修筑的各种各样的试验道路，包括汽车能持续高速行驶的高速环形道路、可造成汽车强烈颠簸的凹凸不平路，以及易滑道、陡坡、转向广场等，给汽车提供稳定的路面试验条件。汽车试验场的规模有大有小，试验道路的种类和长短也不尽相同，而且随着汽车技术的发展，会不断提出修筑新的试验设施的要求。

2.3.1 功用与类型

汽车试验场是重现汽车使用中遇到的各种各样的道路条件和使用条件的试验场地。试验道路是实际存在的各种各样的道路经过集中、浓缩、不失真的强化并典型化的道路。汽车在试验场试验比在试验室或一般行驶条件下试验更严格、更科学、更迅速。襄樊汽车试验场布置示意图如图 2-34 所示。

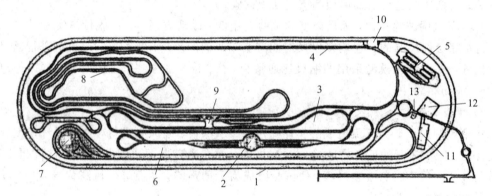

1—高速环道；2—综合试验路；3—比利时环道；4—普通路环道；5—标准坡道；6—综合性能试验道路；
7—转向试验圆广场；8—二号综合路；9、10—停车场；11—中控室；12—油库；13—控制岗

图 2-34 襄樊汽车试验场布置示意图

汽车试验场的主要功用如下：

（1）汽车产品的质量鉴定试验。

（2）汽车新产品的开发、鉴定与认证试验。

（3）为试验室零部件试验或整车模拟试验以及计算机模拟确定工况，提供采样条件。

（4）汽车标准及法规的研究和验证试验等。

汽车试验场从功能上可分为综合性试验场和专用试验场。

2.3.2 试验道路与相关设施

由于规模和功能的差别，各汽车试验场的试验道路和设施的种类、几何形状、路面参数等各有不同，甚至同样的设施有不同的名称。

1. 高速环道

以持续调整行驶为目的的调整环道（见图 2-35(a)）是试车场的主体工程，其形状和大小视场地条件而异，以长圆形居多，其余是电话听筒形、圆形及三角形等，周长从几百米到数千米。

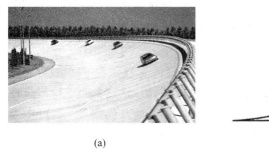
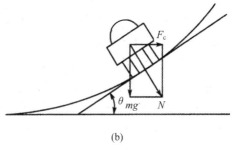

(a)　　　　　　　　　　　　　　　　(b)

图 2-35　高速环道

除长圆形外，一般高速环道由三部分组成，即直线段、圆曲线段和缓和曲线段。高速环道的设计车速和最大允许车速直接受圆曲线段半径和横断面形状控制。

质量为 M 的汽车在半径为 R 的道路上以速度 v 行驶时，除汽车本身的重力外，同时产生离心力 F_c（见图 2-35(b)），即

$$F_c = m \times \frac{v^2}{R} \tag{2-6}$$

为了使汽车不产生侧向力，必须使汽车的重力 G 和离心力 F_c 的合力 N 垂直于路面，此时有

$$v^2 = gR \tan\theta \tag{2-7}$$

行驶车速 v 称为平衡速度。在高速环道的设计中，一般取最外车道的平衡速度为设计车速。

从式(2-7)中可知，提高圆曲线半径 R 和倾斜角 θ 可以提高设计车速，但是半径 R 受场地条件限制，倾斜角也不能过大。过大的倾斜角，不仅施工困难，而且由于离心力引起的汽车附加载荷增加了汽车的负荷和悬架的变形，在持续高速行驶中增加了爆胎的危险，驾驶员也因承受过大的垂直加速度而容易紧张和疲劳。

2. 普通路环道

通常用于试验里程累积和试车场内的交通路，设置各种无超高弯道后，可兼作操纵稳定性试验路。试车场的普通路环道，路旁设有水泥混凝土路面的制动路，这样既可以防止试验时发生追尾事故，又可以减少环道本身的磨损。

3. 综合性能试验道路

综合性能试验道路又称水平直线性能路，一般是电话听筒形，直线部分是试验段，要求路面平坦均匀，长度在 1000 m 以上，宽度大于 8 m，主要进行汽车动力性、经济性、制动性等试验。

4. 回转特性试验广场

回转特性试验广场一般是直径 100 m 左右的圆形广场，内倾坡或外倾坡小于 0.5%，

路面平坦均匀，能长期保持稳定的附着系数，主要用于测量和评价汽车的转向特性。有的设有淋水或溢水设施，用来测试汽车在湿滑路面上的回转特性。

5. 低附着系数试验道路

低附着系数试验道路又称 ABS 性能试验路，用于模拟冰冻、降雪、下雨等易打滑路面，主要进行防抱死制动、防侧滑、牵引力控制、四轮制动驱动控制及操纵稳定性试验。低附着系数通常采用在柏油路面或经特殊材料加工处理后的路面上洒水实现。

6. 操纵性和平顺性试验道路

操纵性和平顺性试验道路由不同半径的弯曲路（包括回头弯和 S 弯）以及存在各种缺陷的路段组成，缺陷路上布置有凸出或凹下去的窨井盖、横沟、铁路岔口、局部修补的补丁和反向超高等，主要用于检验汽车的操纵性、稳定性、平顺性及噪声等，也可作为一种典型的坏路进行汽车可靠性行驶试验。

7. 卵石路

卵石路即将直径 180～310 mm 的鹅卵石稀疏地、不规则地埋入水泥混凝土路槽中，卵石高出地表部分的高度为 40～120 mm，路长几百米。试验时，除引起垂直跳动外，不规则分布的卵石路还对车轮、转向系统和悬架系统造成较大的纵向和横向冲击。卵石路是大中型载货汽车、自卸车等可靠性试验道路之一（见图 2-36）。

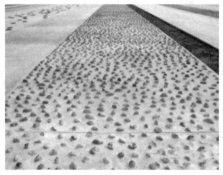

图 2-36　卵石路

8. 扭曲路

扭曲路由左右两排互相交错分布的凸块组成，凸块形状以梯形最简单，也有正弦波形或环锥形，使汽车产生强烈的扭曲，检验车辆的车架、车身结构强度和各系统的连接强度、干涉等，凸块高度一般为 80～200 mm（见图 2-37）。

图 2-37　扭曲路

9. 搓板路

搓板路凸起近似于正弦波，是沙石路上常见的路况，波距以 $500 \sim 900$ mm 不等，行驶车速很高的波距可达到 1000 m。汽车以较高车速在搓板路上行驶时，簧下质量呈高频振动，簧上质量较平稳。搓板路用于汽车的振动特性、平顺性和可靠性试验。

图 2-38 标准坡道

10. 标准坡道

标准坡道用于汽车爬坡性能、驻车制动器驻坡性能、坡道起步和离合器研究开发等试验。常用坡道为 $10\% \sim 60\%$ 并列布置或数条坡道阴阳坡两面布置，坡长不小于 20 m。为满足越野车辆试验要求，坡道的坡度可达到 100%。大于 20% 的坡道需嵌有横木条，以增加附着力（见图 2-38）。

思 考 题

1. 简述光电式车速测量仪的基本结构和工作原理。
2. 简述活塞式油耗仪的基本组成和工作原理。
3. 简述陀螺仪的两个基本特性以及三自由度陀螺仪和二自由度陀螺仪在汽车上的适用测量对象。
4. 简述负荷拖车的工作原理。
5. 底盘测功机常用的测功器有哪几种？其基本结构和工作原理各是什么？
6. 简述汽车风洞的特性与类型。
7. 汽车试验场主要有哪几种试验道路？

第3章 整车技术参数检测

3.1 汽车几何参数测量

3.1.1 测量汽车几何参数的目的

汽车几何参数是表征汽车结构的重要参数，通常包括外廓尺寸、内部尺寸、通过性及机动参数、容量参数等，其测量目的如下：

（1）检验新试制或现生产汽车的结构是否符合设计要求，从中发现设计、制造及装配中的问题。

（2）测定未知参数的样车尺寸，为汽车设计师提供参考数据。

（3）对进行可靠性、耐久性试验的汽车进行主要尺寸参数的测定，评价其尺寸参数在试验过程中保持原技术状态的能力，为进一步提高汽车的可靠性和耐久性提供依据。

3.1.2 基本概念及尺寸编码

1. 三维坐标系

三维坐标系是汽车设计阶段建立的抽象的三个相互垂直的空间平面，分别称为 X 基准面、Y 基准面、Z 基准面。这三个基准面只存在于图纸上，实际车身上不可见，它们是决定汽车外部尺寸和内部尺寸关系的基准。汽车所有被测几何参数都依据该坐标系的三个基准面进行测量和标注。

Y 基准面是汽车的纵向对称面。

X 基准面通常为过车辆前轴中心线且与 Y 基准面和车辆支承平面垂直的平面。

Z 基准面垂直于 Y、X 基准面。有的厂家以车架上表面作为 Z 基准面，有的以地平面作为 Z 基准面，有的选过前后轴中心且垂直于 Y、X 基准面的平面为 Z 基准面。

相对于 X、Y、Z 平面基准点及基准标志的尺寸见图 3-1 和图 3-2。

2. 基准点

为了明确基准平面的位置，通常在车体上明确标出三个或多个实际点（压坑或孔），称其为基准点，它们通常由制造厂自行规定。

有了基准点，三维坐标系在车体上也就明确了，如图 3-2 所示基准点1、基准点2、基准点3。

从我国车辆设计现状看，一般车体上并未表示出基准点的位置，这种情况下可以车架上表面为特征点面，确定 Z 基准面，X 基准面为过前轴中心垂直于 Y 基准的平面。

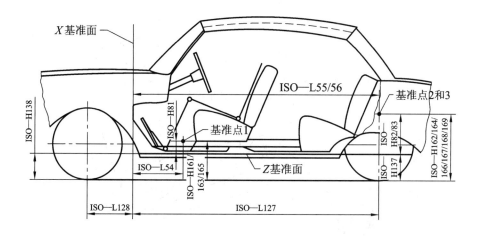

图 3-1　相对于 X 与 Z 平面基准点的尺寸

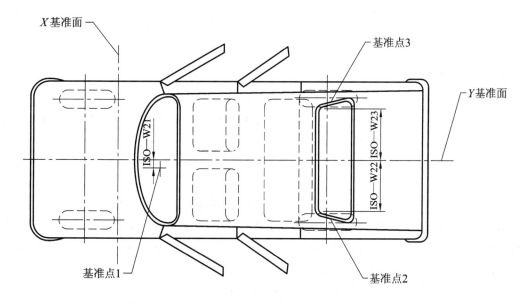

图 3-2　相对于 Y 平面基准标志的尺寸

3. R 点和 H 点

R 点是制造厂确定座椅位置的基准点。它是模拟人体躯干和大腿胯关节中心位置，相对于所设计车结构而建立的坐标点，也称为座位基准点。

H 点指三维 H 点人体模型中人体躯干与大腿的绞接中心点，位于此模型的两侧 H 点标记钮的连线的中点上，如图 3-3 所示。

理论上，座椅的实际 H 点应与 R 点为一点，但由于制造、测量的误差影响，这两个点的位置往往会出现偏差。

当测量的结果是座椅的实际 H 点处于以 R 点为对角线交点，水平边长 30 mm，铅垂边长 20 mm，在座椅纵向中心平面上的矩形内，则合格。

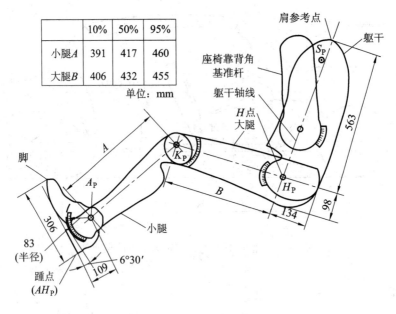

	10%	50%	95%
小腿A	391	417	460
大腿B	406	432	455

单位：mm

图 3-3 H点人体模型

4. 尺寸编码

按标准 ISO 4131—2006 和 GB/T 12673—1990 的规定，汽车内部尺寸和外部尺寸都有统一的编码，它由词首、代号和数字三部分组成。例如，"ISO—H136"中"ISO"为词首，"H"为代号，"136"为数字。

词首分为两类：ISO 表示 ISO 4131—2006 规定的尺寸；QGB 表示 GB/T 12673—1990规定的尺寸。

代号共有四类：L 表示长度；H 表示高度；W 表示宽度；V 表示体积。

数字的表示方式：1~99 表示车身内部尺寸号；100~199 表示车身外部尺寸号；200~299表示货物或行李尺寸号，400~499 表示载货车外部尺寸号，500~599 表示载货车货物尺寸号。

表 3-1 为部分尺寸编码的含义。

表 3-1 部分尺寸编码的含义

编　码	含　义	编　码	含　义
ISO—W101	前轮距	QGB—L411	双后轴间距离
ISO—W102	后轮距	ISO—H106	空车接近角
ISO—W103	车宽	ISO—H117	满载接近角
ISO—H100	空车车辆高	ISO—H107	空车离去角
ISO—H101	满载车辆高	ISO—H118	满载离去角
ISO—H113	最大总重车辆高	ISO—H119	空车纵向通过半径
ISO—L101	轴距	ISO—H147	满载纵向通过半径
ISO—L103	汽车长	ISO—H157	最小离地间隙
ISO—L104	前悬	QGB—H108	前轮胎静力半径
ISO—L105	后悬	QGB—H109	后轮胎静力半径

3.1.3 几何参数测量

测量汽车外部尺寸时,可按 GB/T 12673—1990《汽车主要尺寸测量方法》中规定的测量项目进行;测量汽车内部尺寸时,可按 QC/T 577—1999《轿车客厢内部尺寸测量方法》中规定的测量项目进行。

不在上述两个标准之内的汽车尺寸,尤其是专用汽车尺寸,可以参照这两个标准或根据技术要求自行确定测量项目。

1. 测量场地要求及常规仪器、设备

(1)测量场地:应平整、坚实、清洁,最好是水磨石地面。其平面度应为 1 m^2 范围内小于 $\pm 1 \text{ mm}$,面积应能容纳下被测车辆。

(2)测量设备:最理想的是三维坐标测量仪,能精确地测量三维空间的点、线、面的位置关系。与三维 H 点人体模型配合使用,能实现国际标准中要求的主要尺寸的测量。

常规测量仪器:高度尺、离地间隙仪、角度尺、钢卷尺、水平仪、铅锤、油泥、划针等。

2. 测量前的准备工作

1)将汽车调整到符合技术条件的状态

(1)检查汽车各总成、零部件、备用轮胎及随车工具等是否齐全,是否装配在规定的位置上,燃油、润滑油及冷却液等是否加注足量。

(2)检查下列各项内容,并将其调整到符合技术条件的状态。

① 座椅、各种操纵踏板的行程及前轮定位等;

② 后视镜等汽车外部可动的附件或附属装置所处的状态是否正常,其中收音机天线应处于回收状态;

③ 货箱栏板是否处于关闭状态;

④ 车门、发动机罩、行李舱盖及通风孔盖等是否处于全关闭状态;

⑤ 汽车牌照架是否处于正常位置;

⑥ 内饰件及车内附属设备是否符合本车型规定的标准。

(3)严格检查轮胎气压。轮胎气压是汽车尺寸测定中极为重要的条件,它主要影响铅垂方向的汽车尺寸,对其应严格检查。要求轮胎气压必须符合技术条件的规定,气压误差不允许超过 $\pm 10 \text{ kPa}$。

2)将汽车载荷装载到规定的状态

(1)整备质量状态:指汽车处于装备齐全,燃油、润滑油及冷却水等加注足量,无载荷、无乘员时的状态。

(2)设计载荷状态:指汽车在整备质量状态下乘坐乘员后的状态,乘员质量及分布按 GB/T 12534—1990 中的规定设计。

(3)满载状态:指厂定最大总质量状态,即按规定装载质量加载荷,驾驶室按规定人数乘坐,装备齐全,燃油、润滑油及冷却液等加注足量的状态。

厂定最大总质量是汽车制造厂根据该汽车的使用条件,考虑制造材料的刚度、强度等多方面因素核定出的质量。

GB/T 12534—1990 中对各种车型的乘员质量、行李质量及代替重物的分布等都做了明确规定。

3. 测量步骤

（1）清洗车辆，去除油污、泥土等。

（2）将各车轮分别支起并离开地面，在各车轮轴头处粘上一层油泥，而后依次在车轮轴头处地面上放置划针，旋转车轮，使划针在轴头油泥表面上划出一尽量小的圆圈，每两侧车轮上圆圈的圆心连线即为该车轴中心线。

（3）落下汽车，并将其开上测量平台，而后用钢卷尺分别测量两侧转向轮至参照点的距离，转动转向盘使两个距离相等，此时汽车便以直线行驶状态停放在测量平台上；再分别于汽车的前部和后部下压汽车，使之摇晃数次，以消除悬架内部阻尼对车身位置的影响。

4. 测量方法

1）水平尺寸测量

测量汽车水平尺寸时，可用钢卷尺直接测量，也可用铅锤将测量尺寸两端投影到地面上，并将投影点用笔作明显的"＋"记号，而后测量两投影点距离。

这些投影点如下：

（1）各车轮中心的投影，投影时需要正对油泥圆圈中心投影，利用这些投影能够测量出各轴之间的距离。

（2）各轮胎前、后胎面外缘的中心投影，用以测量各轴的轮距，如图3-4所示。

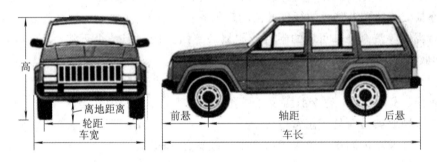

图3-4 车辆测量尺寸

（3）汽车前、后最外点的投影，用以测量汽车总长，并与（1）的投影点相结合，测量汽车的前悬、后悬，如图3-4所示。

（4）汽车左、右侧最外点投影，用以测量汽车宽度，如图3-4所示。

（5）前、后车门开启时最外点投影，用以测量前、后车门开启时的最大宽度。

（6）对开式尾部车门开启时两车门最外点投影，用以测量尾部车门完全开启时的汽车宽度。

（7）各车轮挡泥板外缘投影，用以测量前、后车轮挡泥板汽车宽度。

（8）两外后视镜调整到工作位置时最外点投影，用以测量外后视镜汽车宽度。对于只设置一个外后视镜的汽车，测量其最外点投影至Y基准面的距离。

（9）当汽车行李舱盖开启最大时，如果其最后点超出了该汽车的最后端，则投影，并测量其最后点到汽车最前点的距离，作为行李舱盖开启时汽车的总长。

（10）前翻转式驾驶室未翻转时前保险杠最前端投影及驾驶室翻转最大位置对其前端

的投影，用以测量分别过这两个投影且垂直于 Y 基准面两个铅垂面之间的距离，即驾驶室翻转时前保险杠到驾驶室的距离。

以上十项尺寸测量均在整备质量状态下进行。

2）高度尺寸测量

可借助高度尺、离地间隙仪、钢卷尺及铅锤等对高度进行直接或间接测量。

（1）汽车总高：使用测量架或用平板抵靠在汽车最高固定部位上，再辅以铅锤，用钢卷尺直接测量。

（2）行李舱盖开启车辆总高：在汽车处于整备质量状态下，将行李舱盖开启到最大位置，辅以铅锤，用钢卷尺直接测量。

（3）前大灯、尾灯中心高度：汽车处于整备质量、最大总质量状态下，分别用高度尺直接测量。

（4）前、后轮胎静力半径：在汽车满载状态下，用高度尺对准轴头油泥圆圈中心测量其至地面的距离，分别得到前、后轮胎的静力半径。

（5）最小离地间隙：在汽车最大总质量状态下，用离地间隙仪测量。

（6）前、后保险杠中心离地高度及宽度：在汽车整备质量状态下，用高度尺及钢卷尺直接测量。

（7）前、后拖钩中心离地高度：在汽车整备质量状态下，用高度尺或钢卷尺及铅锤测量。

（8）货厢底板离地高度：在汽车分别处于整备质量、最大总质量状态下，将货厢板放下，用高度尺或钢卷尺、铅锤在 Y 基准面内测量货厢底板尾部到支承平面的距离，即货厢底板离地高度。

3）角度尺寸测量

（1）接近角、离去角（见图 3-5）及纵向通过角（见图 3-6）：在汽车处于整备质量和最大总质量状态下，分别用辅助平板和角度尺直接测量这三个角度。

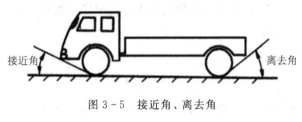

图 3-5 接近角、离去角

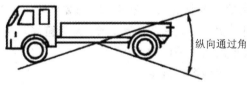

图 3-6 纵向通过角

（2）驾驶室翻转角：汽车在整备质量状态下，用角度尺直接测量驾驶室从原始位置翻转到极限位置时的角度。还可以采用下述方法测量：自制画有角度刻度的纸板，在角度顶点挂一铅锤，使铅锤线原始位置与 0°刻度线对齐，并将铅锤线粘贴在驾驶室外部，然后将驾驶室前翻至极限位置，则铅锤线所对纸板角度即为驾驶室翻转角。

（3）车门玻璃内倾角、风窗玻璃倾角及后窗玻璃倾角等：汽车在整备质量状态下，借助平板和铅锤，用角度尺直接测量。

（4）货厢尺寸及内部尺寸：货厢尺寸可用钢卷尺直接测量；内部尺寸的测量多数涉及 R 点，最好使用三维 H 点人体模型和三维坐标测量仪测量。若没有这两种设备，则只能测量出一部分参数。

4）装货容积测算

（1）行李舱有效容积 V_1。

① 与客厢不相通的封闭式行李舱的体积测量。

行李舱的内部装备（备轮、千斤顶等）应根据制造厂的设计布置。以最多数量的"单位模"（具有最大半径为 10 mm 的圆棱，体积为 8 dm³、长（400±4）mm、宽（200±2）mm、高（100±1）mm 的矩形平行六面体）填满行李舱，"单位模"的堆叠应不影响行李舱的开启。填入行李舱中的"单位模"的体积总和即为行李舱的体积。

② 与客厢相通的行李舱的体积测量。

对制造厂为获得最大装载体积而采取的专门设施应采用分别测量的方法，即对处于正常乘坐位置的后座椅和靠背，体积测量的上限是驾驶员座椅的 R 点上方 400 mm 处的水平平面；对折叠或可卸的后座椅和靠背，体积测量的上限是紧靠行李舱座椅靠背的垂直平面。行李舱的内部装备按制造厂的设计布置。以最多数量的"单位模"填满行李舱，填入行李舱中的"单位模"的体积总和即为行李舱的体积。

（2）旅行车容积 V_2。

旅行车容积 V_2 为

$$V_2 = W_1 \times H_1 \times L_2 \times 10^{-9} (\text{m}^3) \tag{3-1}$$

式中：W_1 为后箱肩部空间，测量内饰表面之间的最小距离，在通过后 R 点的 X 平面内并在该点之上不小于 254 mm 处测量；H_1 为货箱高，在 Y 基准面和过后轴中心线的 X 平面上测量货箱底板上表面到上盖内表面的距离；L_2 为前排座椅肩高处装货长，在 Y 基准面内，从肩高部位水平测量从前排座靠背顶端后面到关闭后尾板或门的内表面的最小距离。

（3）后开舱门客车容积 V_3。

后开舱门客车容积 V_3 为

$$V_3 = \frac{L_1 + L_2}{2} \times W_1 \times H_2 \times 10^{-9} (\text{m}^3) \tag{3-2}$$

式中：L_1 为装货长，在 Y 基准面和过驾驶员座椅靠背顶面的 Z 平面交线上，测量过驾驶员座椅靠背背面 X 平面到后舱门内侧的水平距离；L_2 为装货长，在 Y 基准面内，在货箱底板上测量驾驶员座椅靠背到后舱门内表面的距离；H_2 为货箱高，在过后轴中心线的 X 平面内测量货箱底板表面到货箱挡板上平面的距离。

（4）隐藏载货容积 V_4，按制造厂规定。

（5）半封闭厢式货车容积 V_5。

半封闭厢式货车容积 V_5 为

$$V_5 = L_3 \times W_2 \times H_3 \times 10^{-9} (\text{m}^3) \tag{3-3}$$

式中：L_3 为货箱顶部长；W_2 为货箱底板装货宽；H_3 为货箱高，在过后轴中心线的 X 平面内测量货箱底板表面到货箱挡板上平面的距离。

（6）封闭厢式货车容积 V_6。

封闭厢式货车容积 V_6 为

$$V_6 = L_4 \times W_2 \times H_4 \times 10^{-9} (\text{m}^3) \tag{3-4}$$

式中：L_4 为前排座肩高处装货长；H_4 为货箱高，货箱底板平面到货箱顶部内面的最短距离。

5）玻璃总面积 S

玻璃总面积 S 为车辆风窗玻璃面积 S_1、侧窗玻璃面积 S_2 和后窗玻璃面积 S_3 三者之和，即

$$S = S_1 + S_2 + S_3 \tag{3-5}$$

3.2 汽车质量参数测量

汽车质量参数主要包括整车质量、质心位置等。这些物理参数测量结果的准确性对汽车操纵稳定性、制动性和动力性等性能试验结果的分析和验证有重要影响。

汽车质量参数的测量设备主要有卷尺、重锤、角度尺、车轮负荷计或地秤、摇摆试验台、拉力计等。

3.2.1 整车质量（重量）测量

参照 GB/T 12674—1990《汽车质量（重量）参数测定方法》对整车质量（重量）进行测量。

1. 测量方法

测量汽车的总质量通常通过测量汽车的轴荷来实现。汽车轴荷测量分为空载和满载两种情况。

（1）空载时，汽车先从一个方向低速驶上秤台，依次测量前轴、后轴质量；然后汽车调头，从相反方向低速驶上秤台，依次测量前述几个参数；以两次测得的平均值作为测量结果。

（2）满载时，货厢内的载荷物装载应均匀，驾驶员和乘客座椅上放置 65 kg 的沙袋代替乘员质量，测量方法同（1）。

对于多轴汽车，前轴或后轴质量是指双轴轴载质量；半挂车轴载质量是指挂车全部轴载质量。

2. 数据处理

1）整车质量（重量）

整车质量（重量）G_0 和最大总质量（重量）G 为两个方向质量（重量）测量结果的算术平均值，空载时测得的为整车质量（重量），满载时测得的为最大总质量（重量）。

整车质量（重量）计算式为

$$G_0 = \frac{G_0' + G_0''}{2} \tag{3-6}$$

式中：G_0——整车质量（重量），kg；

G_0'、G_0''——从两个方向驶上秤台分别测得的整车质量（重量），kg。

2）轴载质量（重量）

轴载质量（重量）计算式为

$$\overline{G}_{0i} = \frac{G'_{0i} + G''_{0i}}{2} \tag{3-7}$$

式中：$\overline{G}_{0i}$——第 i 轴轴载质量（重量），kg；

G'_{0i}、G''_{0i}——从两个方向驶上秤台分别测得的第 i 轴轴载质量（重量），kg；

i——取 $i = 1, 2, \cdots, n$（n 为被测汽车的轴数）。

3）轴载质量（重量）修正值

当轴载质量（重量）之和不等于整车质量（重量）时，以整车质量（重量）G_0 为基准，用各轴轴载质量（重量）之比例分配整车质量（重量）G_0，即

$$G_{0i} = \frac{\overline{G}_{0i}}{\sum\limits_{i=1}^{n} \overline{G}_{0i}} G_0 \tag{3-8}$$

式中：G_{0i}——第 i 轴轴载质量（重量）修正值，kg；

$\sum\limits_{i=1}^{n} \overline{G}_{0i}$——各轴轴载质量（重量）之和，kg。

3.2.2 质心位置测量

汽车质心位置由纵向、横向和高度几何参数确定。

1. 质心横向位置测量

如图 3-7 所示，一般认为汽车的质心横向位置处于汽车的纵向对称平面内，但实际上，由于燃料箱、蓄电池等非对称布置，汽车质心横向位置并不在汽车纵向平面内。对于前、后轴距相等的汽车，在地秤上分别测得左、右侧车轮载荷，按如下公式计算质心横向位置：

$$B_1 = \frac{B \times Z_2}{m \times g} \tag{3-9}$$

$$B_2 = \frac{B \times Z_1}{m \times g} \tag{3-10}$$

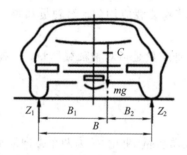

图 3-7　前、后轴距相等时质心横向位置测定示意图

式中：B_1——质心至车轮左侧的距离，mm；

B_2——质心至车轮右侧的距离，mm；

B——汽车轮距，mm；

m——汽车整备质量，kg；

Z_1——左侧车轮载荷总和，N；

Z_2——右侧车轮载荷总和，N；

g——重力加速度，取 9.8 m/s^2。

2. 质心纵向位置测量

使用地秤或其他等效设备测量汽车整备质量及前、后轴轴载质量，计算公式如下：

$$a = \frac{L \times Z_r}{m \times g} = L \frac{m_2}{m} \qquad (3-11)$$

$$b = \frac{L \times Z_f}{m \times g} = L \frac{m_1}{m} \qquad (3-12)$$

式中：a——汽车质心到前轴的距离，mm；

   b——汽车质心到后轴的距离，mm；

   L——汽车轴距，mm；

   Z_f——前轴轴荷，N；

   Z_r——后轴轴荷，N；

   m_1——前轴轴载质量，kg；

   m_2——后轴轴载质量，kg。

3. 质心高度测量

质心高度的测量方法有力矩平衡法、摇摆法、侧倾法等。

1）力矩平衡法

力矩平衡法也称重量反应法。测量时，将汽车的前悬架、后悬架锁死在正常位置上，将汽车的一根车轴放置在地秤上，而将另一根车轴抬高到一个高度 n（见图 3-8、图 3-9）。通过几何关系可以求出距离 b'（后轴抬起后，后轴中心到质心的水平距离），用绘图法可获得汽车的质心位置，质心高度 h_g 可用比例尺量出。利用图 3-9 的几何关系，得到汽车质心高度 h_g 为

$$h_g = r + \frac{L(Z'_f - Z_f)}{mg \, \tan\beta} \qquad (3-13)$$

式中：Z'_f——后轴抬起后，地秤称量的前轴轴荷，N；

   r——车轮静力半径，mm；

   β——后轴抬起后，前后车轮接地点连线与水平面之间的夹角，(°)。

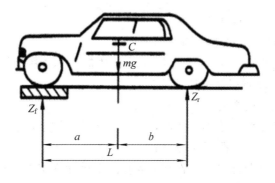

图 3-8　质心纵向位置测量示意图

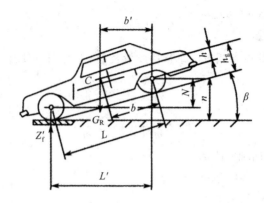

图3-9　用力矩平衡法测量质心高度示意图

2）摇摆法

摇摆法是将被测车辆固定在摆架上使之摆动，测量摆架的摆动周期，利用摆动质量、摆动周期与质心位置的关系求汽车质心的位置（见图3-10）。

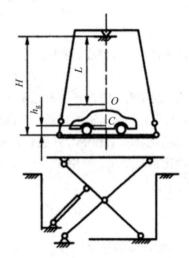

L—平台框架自身质心至刀口的距离；
H—平台台面至试验台刀口的距离；
h_g—汽车质心高度

图3-10　质心纵向位置测量示意图

利用摇摆法测量质心高度的步骤如下：

（1）试验前测量出质心的纵向位置。

（2）将试验车开上摆架平台，使汽车纵向质心对准平台的中心线，偏差不大于±5 mm。拉紧汽车驻车制动器，以防车轮滚动或晃动。

（3）检查摆架平台，使之处于水平位置。

（4）摆动摆架，使之在1°范围内摆振，待摆振稳定后，连续测量10个周期的长摆摆振时间；试验进行3次，每次单摆周期的均值之差应小于0.0005 s。

（5）长摆测定后，举升托架，使平台摆架升高至设计规定的短摆高度，挂上四条短摆钢链，利用短摆架重复以上测量。

（6）计算摆动周期平均值：

$$T_1 = \frac{\sum_{i=1}^{3} T_{10}}{30} \tag{3-14}$$

$$T_2 = \frac{\sum_{i=1}^{3} T_{20}}{30} \tag{3-15}$$

式中：T_1——长摆摆动周期平均值，s；

$\quad\quad T_2$——短摆摆动周期平均值，s；

$\quad\quad T_{10}$——长摆 10 个摆动周期的摆动时间，s；

$\quad\quad T_{20}$——短摆 10 个摆动周期的摆动时间，s。

（7）利用下式计算汽车的质心高度 h_g：

$$h_g = \frac{T_1^2 g(W_{s1}L_1 + mL_{s1}) - T_2^2 g(W_{s2}L_2 + mL_{s2}) + W_{s2}L_2^2 T_{s2}^2 \cdot g - W_{s1}L_1 L_{s1}^2 \cdot g - 4\pi^2 m(L_{s1}^2 - L_{s2}^2)}{mg(T_1^2 - T_2^2) - 8\pi^2 m(L_{s1} - L_{s2})}$$

$$\tag{3-16}$$

式中：m——汽车整备质量，kg；

$\quad\quad W_{s1}$——长摆架自身质量，kg；

$\quad\quad W_{s2}$——短摆架自身质量，kg；

$\quad\quad L_{s1}$——长摆架平台上表面至摆架刀口的距离，mm；

$\quad\quad L_{s2}$——短摆架平台上表面至摆架刀口的距离，mm；

$\quad\quad L_1$——长摆架自身质心至摆架刀口的距离，mm；

$\quad\quad L_2$——短摆架自身质心至摆架刀口的距离，mm；

$\quad\quad T_{s1}$——长摆架摆动周期，s；

$\quad\quad T_{s2}$——短摆架摆动周期，s。

3）侧倾法

（1）试验准备：试验设备有侧倾试验台、车轮负荷计等，试验前应将侧倾试验台调整到水平状态。

（2）试验步骤：

① 用液压举升机构举起试验台面及被试汽车，使其向右倾斜，侧倾角每增大 5°测量一次试验台面和汽车前、后部位的倾斜角度，同时用车轮负荷计测量车轮负荷，如图 3-11 所示。操作时应当缓慢举升试验台，直到汽车左侧车轮负荷为零或左侧车轮脱离试验台面时为止。

② 如果汽车质心位于汽车纵向对称平面内，则根据举升角度直接计算出质心高度 h_g，即

$$h_g = \frac{B}{2}\cot\alpha_{max} \tag{3-17}$$

式中：h_g——质心高度，mm；

$\quad\quad B$——轮距，mm；

$\quad\quad \alpha_{max}$——最大侧倾角，（°）。

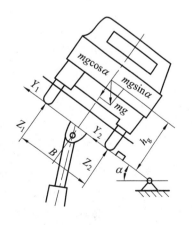

图 3-11　侧倾法测量汽车质心高度

③ 若汽车质心的横向位置不在车辆纵向对称面内，则使汽车再向左倾斜，重复前述试验步骤。

④ 分别取向左、向右侧倾 3 次所测最大倾角的算术平均值作为测量结果，计算质心高度 h_g：

$$h_g \approx \frac{B_1}{\tan\alpha_r} \qquad\qquad (3-18)$$

$$h_g \approx \frac{B_2}{\tan\alpha_l} \qquad\qquad (3-19)$$

式中：B_1——质心距右轮的距离，mm；

B_2——质心距左轮的距离，mm；

α_r——向右倾斜时，所测最大倾角的算术平均值，(°)；

α_l——向左倾斜时，所测最大倾角的算术平均值，(°)。

思 考 题

1. 简述汽车几何参数的测量目的。

2. 在测量汽车几何参数过程中，各种尺寸都要求在一定的载荷下测量，汽车的载荷状态有哪几种？将汽车加载到规定载荷状态时的注意事项有哪些？

3. 简述汽车的接近角、离去角及纵向通过角的定义和测量方法。

4. 简述整车质量的测量方法。

5. 简述常用的汽车质心高度的测量方法。

第4章 汽车技术状况检测

4.1 发动机技术状况检测

4.1.1 发动机功率检测

1. 发动机的稳态测功和动态测功

发动机的有效功率是指曲轴对外输出的净功率，是发动机综合性能评价指标，也是汽车不解体检验最基本的检测诊断参数之一。通过检测发动机的有效功率，可以确定发动机的动力性，判断发动机的技术状况。发动机功率的检测方法有稳态测功和动态测功两种。

1）稳态测功

稳态测功是指发动机在节气门开度一定、转速一定和其他参数都保持不变的稳定状态下，在测功器上测定发动机功率的一种方法。常见的测功器有水力测功器、电力测功器和电涡流测功器三种。测功器能测出发动机的转速和转矩，然后按下式计算发动机的有效功率：

$$P_e = \frac{T_e \cdot n}{9550} \tag{4-1}$$

式中：P_e——发动机的有效功率，kW；

$\quad\quad T_e$——发动机的有效转矩，N·m；

$\quad\quad n$——发动机的转速，r/min。

稳态测定发动机的额定功率是在节气门全开的情况下进行的。利用测功器对发动机的曲轴施加额定负荷，使其在额定转速下稳定运转，测出其对应的转矩，便可据此求出发动机的额定功率。

稳态测功的特点是：测功结果准确、可靠，测功过程费时费力，测试成本高。

2）动态测功

动态测功是指发动机在节气门开度和转速等参数均处于变动的状态下，测定发动机功率的一种方法。检测时，将发动机在怠速或某一空转转速下，突然全开节气门，使发动机加速运转，此时其加速性能的好坏能直接反映发动机功率的大小。

动态测功时，无须对发动机施加外部载荷，因此动态测功又称为无负荷测功或无外载测功。

动态测功的特点是：检测仪器轻便，价格便宜，测功速度快，方法简单，但测功精度较低，多为汽车运输企业、汽车维修企业和汽车检测站所采用。

2. 发动机无负荷测功原理

无负荷测功基于动力学原理，即当发动机与传动系统分开时，将发动机从怠速或某一低转速急加速至节气门最大开度，发动机产生的动力除克服各种机械阻力矩外，其有效转矩将全部用来加速发动机的运动件。对于某一结构的发动机，其运动件及附件的转动惯量可以认为是一定值，通过测出发动机在指定转速范围内急加速时的平均加速度或加速时间，或者通过测量某一定转速时的瞬时角加速度，就可以确定发动机的功率。

根据检测方法的不同，无负荷测功分为瞬时功率检测和平均功率检测两种。瞬时功率是指发动机在加速运转时某一转速所对应的功率；平均功率是指发动机在加速运转时某一指定转速范围内的平均功率。

1）发动机瞬时功率检测

当发动机加速到转速 n 时，在该转速下的瞬时功率为

$$P_t = Cn \frac{\mathrm{d}n}{\mathrm{d}t} \tag{4-2}$$

式中：P_t——发动机的瞬时功率，kW；

C——与发动机当量转动惯量和功率修正有关的常量；

n——发动机的转速，r/min；

$\mathrm{d}n/\mathrm{d}t$——发动机瞬时转速变化率，$\mathrm{r}/(\min \cdot \mathrm{s}^{-1})$。

因此，只要测出发动机在加速过程中的转速 n 及对应的瞬时转速变化率 $\mathrm{d}n/\mathrm{d}t$，即可求出该转速下的有效功率。显然，将发动机加速到额定转速，则求得的有效功率就是发动机的额定功率。

2）发动机平均有效功率检测

发动机在指定转速范围内的平均有效功率为

$$P_{\mathrm{eav}} = \frac{K}{\Delta T} \tag{4-3}$$

式中：P_{eav}——发动机的平均有效功率，kW；

K——与发动机当量转动惯量、功率修正及转速范围有关的常量；

ΔT——起止转速范围的加速时间，s。

式（4-3）表明，发动机在指定转速范围内的平均有效功率与加速时间成反比，即加速时间越短，发动机的平均有效功率越大；反之亦然。因此，只要测出从初始转速 n_1 加速到终止转速 n_2 所经历的加速时间 ΔT，便可求得该转速范围内的平均有效功率。

实际应用中，往往是将额定功率作为发动机的动力性评价指标。因此，应将测出的某一转速范围内的平均功率转化为稳态时额定转速下的功率进行对比评价。

3. 发动机无负荷测功仪的原理

1）发动机无负荷测功仪的组成

发动机无负荷测功仪主要由转速信号传感器、转速信号脉冲整形装置、起始转速触发器、终止转速触发器、时标、计算与控制装置和显示装置等组成，如图 4-1 所示。

2）发动机无负荷测功仪的原理

发动机转速信号脉冲经整形电路整形为矩形触发脉冲，并转变为平均电压信号。在发动机加速过程中，当转速达到起始转速 n_1 时，与 n_1 对应的电压信号通过 n_1 触发器触发计算与控制装置，使时标信号进入计数器并寄存。当发动机加速到终止转速 n_2 时，与 n_2 对应的电压信号通过 n_2 触发器又去触发计算与控制装置，使时标信号停止进入计数器，并把寄存

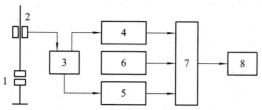

1—断电器触点(或点火触发信号)；2—转速信号传感器；3—转速脉冲整形装置；
4—起始转速 n_1 触发器；5—终止转速 n_2 触发器；6—时标；7—计算与控制装置；8—显示装置

图 4-1　发动机无负荷测功仪方框图

器中的时标脉冲数经数/模转换成电信号，通过显示装置显示出加速时间或直接标定成功率单位显示。

4. 无负荷测功方法

在国产发动机检测仪中，有的通过测试加速时间来测定平均功率，有的通过测角加速度来确定瞬时功率。无负荷测功仪既可以制成单一功能的便携式测功仪，又可以与其他测试仪表组合成发动机综合检测仪。无负荷测功仪的一般使用方法如下。

1) 测试前的准备

(1) 调整发动机配气机构、供油系统和点火系统，使之处于技术完好状态；预热发动机至正常工作温度(80℃~90℃)；调整发动机怠速，使之在规定范围内稳定运转。

(2) 接通电源，预热仪器并调零，把传感器按要求连接在规定部位。

(3) 对测加速时间—平均功率的仪器，应按要求调好 n_1 和 n_2。

(4) 需置入转动惯量的仪器，要把被测发动机的转动惯量置入仪器内。若被测发动机的转动惯量未知，则应先测定其转动惯量。

(5) 操作其他必要的键位，如机型(汽油机、柴油机)选择键、缸数选择键和"测试"键等。

2) 功率测试方法

无负荷测功时，常用的测试方法有怠速加速法和起动加速法两种。

(1) 怠速加速法。发动机在怠速下稳定运转，然后突然将油门开到最大位置，发动机转速急速上升，当转速达到所确定的测试转速(测瞬时功率)或超过终止转速时，仪表显示出所测功率值。此后应立即松开加速踏板，以避免发动机长时间高速运转。记下或打印出读数后，按"复零"键使指示装置复零。为保证测试结果可靠，一般重复测量 3 次，取其平均值。该测试方法既适用于汽油机，又适用于柴油机。

(2) 起动加速法。首先将节气门开至最大位置，再起动发动机自由加速运转，当转速达到确定值或超过终止转速后，仪表显示出测试值。起动加速法可避免因迅猛加速操作发动机而引起的误差，也可排除化油器式汽油机加速泵附加供油作用的影响。

3) 单缸功率检测方法

首先测出各缸都工作时的发动机功率，然后在某汽缸断火(高压短路或柴油机输油管断开)的情况下再测量发动机功率，两功率之差即为断火汽缸的单缸功率。

在发动机正常工作情况下，发动机输出功率应等于各缸功率之和，各缸输出功率应大致相等。这样，发动机才具有良好的动力性，其运转才能平稳。但是由于结构、供油系统以及点火系统方面的差异，各汽缸实际发出的功率还是会有所不同。特别是当某汽缸有故障时，这种差别会更大。如在某一转速下，某汽缸火花塞突然断火，该汽缸就不能发功，发动机总功率就会下降。当发动机总功率较小时，采用轮流将各缸断火的方法，测试发动机各单缸功率，可以判断各缸技术状况是否良好。

5. 发动机功率诊断参数标准

发动机功率诊断参数标准应依据国家标准 GB 7258—2017《机动车运行安全技术条件》和 GB/T 15746—2011《汽车修理质量检查评定方法》的规定：在用车发动机功率不得低于原标定功率的 75%，大修竣工后发动机最大功率不得低于原设计标定功率的 90%。如果发动机功率偏低（一般是燃料系统调整状况不佳、点火系统技术状况不佳或汽缸密封性不良等原因造成的），应进一步深入诊断，找出具体原因，进行调整或维修。

6. 发动机功率检测结果分析

评价发动机动力性的常用指标是发动机的最大功率和单缸转速降。一般要求发动机的最大功率不低于其标定功率的 80%；在发动机转速为 1200 r/min 时，单缸转速降应不大于 90 r/min，各缸转速降差不应超过 25%。若达不到上述要求，则视情况确定维修作业项目。

发动机功率是反映发动机总体技术状况的一个综合指标。若发动机功率不足，则难以立即确定故障部位和原因，因为引起发动机功率不足的因素很多，几乎涉及发动机的各个系统和结构。因此，若测得发动机功率过低，应注意发动机运行工况的人工观察，发现并排除一些较易发觉的故障，如发动机过热、机油压力异常、排气管放炮、严重异响和尾气烟色明显异常等。在以上工作的基础上，借助发动机检测分析仪器和设备进行深入诊断，确定故障部位和原因。深入诊断过程随所用检测分析仪器和设备的不同而不同。以发动机功率不足为例，一般诊断流程如图 4-2 所示。

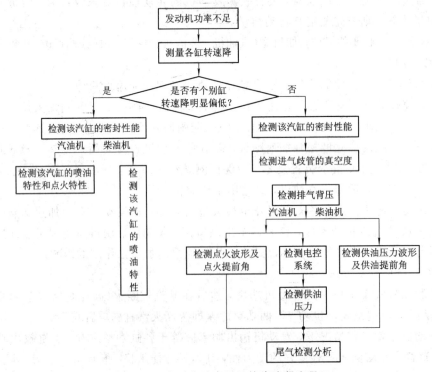

图 4-2 发动机功率不足故障诊断流程

7. 发动机综合性能检测仪及其使用

发动机综合性能检测仪也称为发动机综合性能分析仪或发动机综合参数测试仪，是发动机检测设备中检测项目最多、功能最全、涉及面最广的一种仪器。它不仅能检测、分析、判断发动机静态、动态的工作性能和技术状况，而且现代一些仪器还超出了发动机检测的范畴，增加了对防抱死制动装置和安全气囊装置等的检测诊断。

1）检测仪的类型

发动机综合性能检测仪是以示波器为核心的测试仪器，它适当配合多种传感器（包括夹持器、测试探头和测针等），能实现对多种电量、非电量参数（温度、压力、真空度、转速等）的检测、分析与判断。

检测仪的类型，按使用方式可分为台式移动式和便携式；按示波器形式可分为模拟示波器式和数字示波器式；按控制方式可分为电子控制式、微机控制式和模块控制式；按使用的电源可分为交流220 V式、直流12 V式和直流电池式。

2）检测仪的功能

检测仪具有下述功能：

（1）对汽油机而言，可对点火系统进行检测，可观测、分析点火系统的平列波、并列波、重叠波、单缸波、重叠角、断电器触点闭合角、点火高压值和点火提前角等；可进行无负荷测功、动力平衡分析、转速稳定性分析、温度检测、进气歧管真空度检测、起动机与发电机检测、废气分析；还具有数字万用表功能。

（2）对柴油机而言，可检测喷油压力数据，观测、分析供油压力波形，检测喷油压力提前角；可进行无负荷测功、烟度检测、起动机与发电机检测、转速稳定性分析；还具有数字万用表功能。

（3）对电控燃油喷射发动机可进行空气流量检测、转速检测、温度检测、进气歧管真空度检测、节气门位置检测、爆燃信号检测、氧传感器检测、喷油脉冲信号检测等。

（4）故障分析功能，可进行故障查询、信号回放与分析。

（5）参数设定功能。

（6）数字示波器，能够显示波形和数值。

3）检测仪的基本结构与工作原理

发动机综合性能检测仪一般由信号提取系统、信息处理系统和采控显示系统三部分组成。国产元征EA—1000型发动机综合性能检测仪外形如图4-3所示。

信号提取系统为各种传感器，包括电流传感器、压力传感器、温度传感器等。

信息处理系统能将所采取的信号进行衰减、滤波、放大、整形等预处理，然后以脉冲信号直接输入CPU的高速输入端进行处理。

图4-3 元征EA—1000型发动机综合
性能检测仪外形图

4.1.2 汽缸密封性检测

1. 汽缸密封性对发动机工作的影响

良好的汽缸密封性是保证发动机缸内压力正常并有足够动力输出的基本条件，因此通过汽缸密封性的检测可以容易地判断出发动机的基本技术状况。汽缸密封性是由活塞组、气门与气门座以及汽缸盖、汽缸体、汽缸垫等零件保证的。发动机在使用过程中，若汽缸与活塞组因磨损使配合间隙过大，气门与气门座因磨损、烧蚀而关闭不严，缸体、缸盖因受力变形而造成密封面翘曲，则汽缸密封性就会变差，从而导致发动机动力性下降。汽缸密封性差的主要表现是：发动机起动困难甚至不能起动；发动机燃料与润滑油消耗增加，排烟增多；汽车达不到最高车速、加速距离延长、最大爬坡能力下降等。通常通过检测汽缸压缩压力、进气歧管真空度来评价汽缸的密封性。

2. 汽缸压力的测量

实际中多用汽缸压力表测定汽缸压力。汽缸压力表有多种结构形式，如图 4-4 所示。

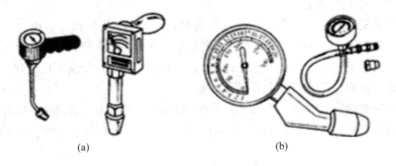

(a)　　　　　　　　　　　　(b)

图 4-4　汽缸压力表

(a) 汽油机汽缸压力表；(b) 柴油机汽缸压力表

汽缸压力表一般由表盘、导管、单向阀和接头等组成。压力表盘的作用是指示压力；压力表接头的作用是连接火花塞或喷油器安装孔，接头有螺纹管接头和锥形、阶梯形橡胶接头两种；单向阀的作用是，当阀关闭时可保持测得的汽缸压缩压力读数，当阀打开时可使压力表指针回零。

发动机汽缸压缩压力的检测方法如下：

(1) 将发动机运转至正常工作温度（冷却液温度达70℃～90℃）后停机。

(2) 拆下各缸火花塞（汽油机）或喷油器（柴油机），以减少曲轴转动时的阻力。汽油机还应将节气门和阻风门全开，以减少空气阻力。

(3) 将汽缸压力表锥形橡胶接头压紧在火花塞或喷油器安装孔上，如图 4-5 所示。

(4) 用起动机带动发动机运转 3～5 s，汽油机转速应大于或等于130～250 r/min，柴油机转速应大于或等于 500 r/min，此时压力表的指示值即为被测汽缸的压

图 4-5　用汽缸压力表测定汽缸压力

缩压力。为使测量数据准确，每缸应重复测量 2 至 3 次，取其平均值作为各缸的压缩压力。

3. 用电子汽缸压缩压力测量仪测量汽缸压力

电子汽缸压缩压力测量仪可在不拆卸火花塞或喷油器的情况下测定发动机各缸的压缩压力，其原理是利用示波器记录的起动机电流曲线来测定发动机各缸的压缩压力。

起动机驱动发动机时的阻力矩与起动机起动电流近似成线性关系，即起动阻力矩越大，起动电流就越大。发动机起动阻力矩由机械阻力矩和汽缸内压缩空气的反力矩两部分组成。正常情况下，机械阻力矩可认为是常数，而汽缸内压缩空气的反力矩是随汽缸压缩过程而波动的变量。因此，起动发动机时，可通过测量反力矩波动的起动机电流变化曲线来确定汽缸的压缩压力。利用示波器可直接记录起动机的电流曲线，如图 4-6 所示。

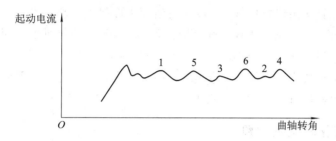

图 4-6　起动机起动电流曲线

利用电子汽缸压缩压力测量仪检测汽缸压力时，发动机要达到正常的工作温度，起动机应以规定的转速驱动发动机运转。

若检测时显示的各缸电流波形振幅一致，且峰值又在规定范围内，则说明各缸压缩压力符合要求；若各缸波形振幅不一致，对应某缸电流峰值低于规定范围，则说明该缸压缩压力不足。

4. 发动机汽缸压缩压力的技术标准

由于发动机结构和压缩比的不同，各车型发动机汽缸压缩压力的标准值也不相同。几种车型发动机汽缸压缩压力标准如表 4-1 所示。

表 4-1　几种车型发动机汽缸压缩压力标准

车　型	压缩比	汽缸压力/kPa	测定转速/(r/min)
桑塔纳 2000AFE	9.0	1000～1300	200～250
桑塔纳 2000AJR	9.5	1000～1300	200～250
广州本田雅阁	8.9	930～1230	200～250
捷达	8.5	900～1200(各缸差<300)	200～250
切诺基	8.6	1068～1275(各缸差<206)	200～250
三菱柴油车	17.5	2600	200～250
解放 CA1091	7.4	930	100～150

5. 汽缸压力检测结果诊断

根据 GB/T 15746—2011《汽车修理质量检查评定方法》的规定，在正常工作温度下，汽缸压缩压力应符合原设计规定；其压力差汽油机应不超过各缸平均压力的 5%，柴油机应不超过 8%。汽缸压缩压力超过标准，过低或过高，说明发动机技术状况不良，存在故障。通常可根据以下几种情况做出诊断。

(1) 有的汽缸在 2 至 3 次测量中，压力读数时高时低，相差较大，说明气门有时关闭不严。

(2) 相邻两缸压力读数偏低或很低，而其他缸正常，说明相邻两缸间汽缸垫漏气或缸盖螺栓未拧紧。

(3) 一缸或数缸压力读数偏低，可以用清洁而黏度较大的机油 20～30 mL，注入偏低缸后再测量汽缸压力。若压力读数上升，则说明汽缸与活塞组零件磨损过大；若压力读数基本上无变化，则说明气门关闭不严。

(4) 一缸或数缸压力读数偏高，汽车行驶中又出现过热或爆震，则可能是燃烧室积碳过多，或经几次大修因缸径加大而改变了压缩比。

4.1.3 进气歧管真空度检测

进气歧管真空度是指进气歧管内的进气压力与外界大气压力之差。其真空度数值随汽缸活塞组的磨损而变化，并与配气机构的零件状况以及点火系统和供油系统的调整有关。因此，检测进气歧管真空度不仅可以评价发动机汽缸的密封性，而且能诊断相关系统的故障。

1. 进气歧管真空度检测

进气歧管真空度的检测是针对汽油机而言的，一般在怠速条件下进行。因为怠速时进气歧管的真空度比较高，同时技术状况良好的汽油机怠速时，进气歧管真空度具有较稳定的数值。另外，怠速时真空度对进气歧管和汽缸密封性不良最为敏感。

检测进气歧管真空度的真空表由表头和软管组成，软管一头固定在真空表上，另一头可方便地连接在进气歧管的检测孔上，其检测步骤如下：

(1) 发动机预热至正常工作温度。

(2) 将真空表软管与进气歧管上的检测孔连接。

(3) 将变速器置于空挡，发动机怠速稳定运转。

(4) 在真空表上读取真空度读数，如图 4-7 所示。

(5) 必要时，按规定改变节气门的开度，观察真空度读数的变化情况，从而诊断相关故障。

2. 进气歧管真空度诊断

一般进气歧管真空怠速时都有规定的正常值，通过对进气歧管真空度检测结果的分析，可诊断出发动机的技术状况和故障。

(1) 若真空表指针稳定在 57～70 kPa 之间，如图 4-7(a) 所示，则表明汽缸密封性正常。海拔高度每升高 500 m，真空度应相应降低 4～5 kPa。

(2) 怠速时，若真空表指针跌落 3～23 kPa，如图 4-7(b) 所示，而且指针有规律地摆动，则表明气门与气门座密封不良。

（3）怠速时，若真空表指针有规律地迅速跌落 10～16 kPa，如图 4-7(c)所示，则表明气门与导管卡滞。

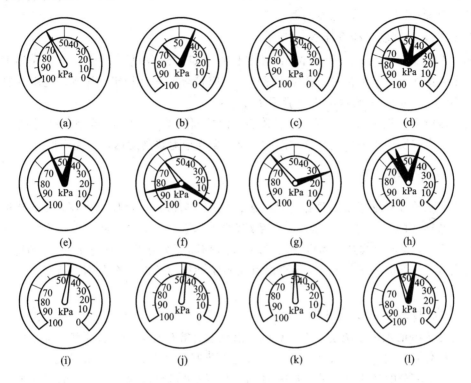

图 4-7 真空表测试结果

（4）怠速时，若真空表指针在 33～74 kPa 范围内迅速摆动，如图 4-7(d)所示，则表明气门弹簧弹力不足；若某一只气门弹簧折断，则真空表指针将相应地产生快速波动。

（5）怠速时，若真空表指针较正常值低 10～13 kPa，且缓慢地在 47～60 kPa 范围内摆动，如图 4-7(e)所示，则表明气门导管磨损严重。

（6）当发动机转速升至 2000 r/min 时，突然关闭气门，真空表指针迅速跌落至 6～16 kPa 以下，节气门关闭时，指针不能恢复到 83 kPa，如图 4-7(f)所示，则表明活塞环磨损严重。当迅速开启节气门时，指针不低于 6～16 kPa，则表明活塞环工作良好。

（7）怠速时，若真空表指针从正常值突然跌落至 33 kPa，随后指针又恢复到正常值，在发动机运转过程中，真空表指针总是这样来回波动，如图 4-7(g)所示，则表明汽缸衬垫窜气。

（8）怠速时，若真空表指针不规则跌落，如图 4-7(h)所示，则表明发动机的混合气稀；若真空表指针缓慢摆动，则表明发动机的混合气过浓。

（9）怠速时，若真空表指示值比正常值低 10～30 kPa，如图 4-7(i)所示，则表明进气歧管衬垫漏气；若发动机转速升至 2000 r/min，突然关闭节气门，真空表指针从 83 kPa 跌落至 6 kPa 以下，并迅速回至正常，则表明排气系统堵塞。

（10）怠速时，若真空表指针稳定地指示在 47～57 kPa 之间，如图 4-7(j)所示，则表明发动机点火过迟。

（11）怠速时，若真空表指针稳定地指示在 27～50 kPa 之间，如图 4-7(k)所示，则表明发动机气门开启过迟。

（12）怠速时，若真空表指针缓慢地摆动在 47～54 kPa 之间，如图 4-7(i)所示，则表明火花塞电极间隙太小，断电器接触不良。

3. 进气歧管真空度检测标准

根据 GB/T 15746—2011《汽车修理质量检查评定方法》的规定，在正常工作温度和标准状态下，发动机怠速运转时，进气歧管真空度应符合原设计规定；其波动范围 6 缸汽油机一般不超过 3 kPa，4 缸汽油机一般不超过 5 kPa。

进气歧管真空度随海拔高度升高而降低。海拔每升高 1000 m，真空度将降低 10 kPa 左右。因此检测发动机进气歧管真空度时，应根据当地海拔高度修正检测标准。

4.1.4 点火系统检测

汽油机点火系统必须能够根据发动机工作次序，适时产生高压电火花，并能够根据发动机工况及转速的变化进行调整。点火系统故障是汽油机比较常见的故障，故障发生突然，原因复杂，表现形式是发动机不能起动、动力不足、发动机工作异常、燃料消耗增加、运行熄火等。在不解体情况下，对发动机点火系统的检测诊断主要是对点火波形、点火正时的检测。

1. 点火电压波形检测与分析

不论是传统的点火系统还是无触点电子点火或计算机控制的点火系统，都是由点火线圈通过互感作用把低压电转变为高压电，通过火花塞跳火点燃混合气做功的。点火系统低压部分、高压部分的变化过程是有规律的。因此，把实际测得的点火系统的点火电压波形与正常工作情况下的点火电压波形进行比较并分析，即可判断点火系统的技术状况好坏及故障所在。用示波器的波形直观地诊断点火系统故障是汽车维修常用的手段。汽油机点火系统的技术状况，可通过汽车专用示波器或发动机综合性能分析仪上的示波器来观察、分析。

1）示波器的工作原理

示波器主要由传感器、中间处理电路和显示器等部分组成。其中显示器可分为阴极射线管式和液晶式两种。阴极射线管由电子枪、偏转板和荧光屏组成，如图 4-8 所示。

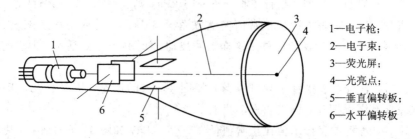

1—电子枪；
2—电子束；
3—荧光屏；
4—光亮点；
5—垂直偏转板；
6—水平偏转板

图 4-8　阴极射线管

管内的电子枪将电子束射至管前的荧光屏上，产生了一个光亮点。在管子内部有两组金属板，水平的两块称为垂直偏转板，垂直的两块称为水平偏转板。当从示波器电路得到电荷时，水平偏转板会使电子束在管内的水平方向上产生弯曲，从而使在荧光屏上显示光亮点的电子束从左至右横掠屏幕扫出一条光亮的线条，然后再从右至左变暗回扫。由于光的速度非常快，因此光亮点以一条实线出现在观察者眼前。

示波器屏幕上的曲线图形，垂直方向表示电压，水平方向表示时间，走向从左至右，并且以基线为准，向上为正电压，向下为负电压。

汽油机点火波形常用汽车专用示波器来检测。示波器是指用波形显示或记录电量（如电压、电流等）随时间变化关系的仪器，它是一种多用途的测量仪器。

汽车专用示波器是指主要用于汽车有关波形、参数检测的仪器，它能检测点火波形、供油压力波形、真空度波形、异响波形、汽车电控元件信号波形等，如图 4-9 所示。

图 4-9　汽车专用示波器

2）点火波形的检测

点火系的点火线圈相当于一个变压器，在初级线圈周期性通电和断电的过程中，初、次级线圈都因电流变化而感应电动势，而此时初、次级电压随时间变化的波形就是点火波形，它有初级电压（一次电压）波形和次级电压（二次电压）波形之分。

检测时，将示波器探针分别连接点火线圈的"－"接柱和接地，使发动机运转，可测得初级电压波形；将示波器的外接线用感应夹连接高压线，另一个探针接地，可测得次级电压波形，如图 4-10 所示。

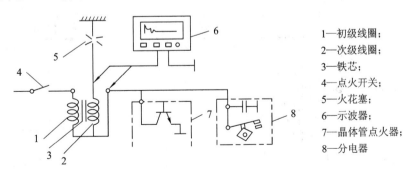

1—初级线圈；
2—次级线圈；
3—铁芯；
4—点火开关；
5—火花塞；
6—示波器；
7—晶体管点火器；
8—分电器

图 4-10　点火波形的检测

3）波形分析

波形分析就是把实际波形与标准波形进行比较，以判断点火系的故障。

（1）标准波形。

单缸电压标准波形如图 4-11 所示，电子点火波形如图 4-12 所示。电子点火系统的二次点火波形与单缸电压标准波形的主要区别在于：电子点火波形闭合段后部的电压略有上升，有的波形在闭合段中间也有一个微小的波动，这反映了点火控制器（电子模块）中限流电路的作用；另外，电子点火波形闭合段的长度随转速变化而变化。

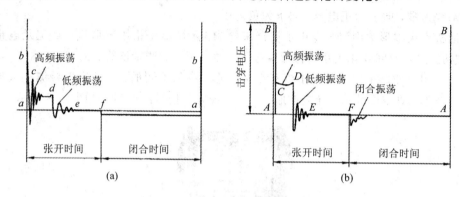

图 4-11　单缸电压标准波形

（a）初级电压标准波形；（b）次级电压标准波形

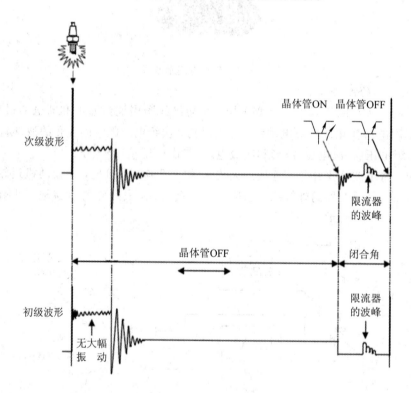

图 4-12　电子点火波形

点火波形在示波器上显示的波形有以下三类：

① 多缸平列波：将各缸电压波形按点火顺序从左至右依次排列的波形，如图 4-13 所示。利用多缸平列波可以很容易地观察并比较各缸点火电压的高低以及点火系工作状况是否正常。

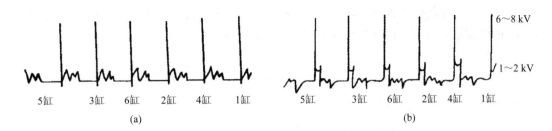

图 4 - 13　多缸平列波

（a）初级平列波；（b）次级平列波

② 多缸并列波：将各缸电压波形之首对齐，并按点火顺序从下至上依次排列的波形，如图 4 - 14 所示。利用多缸并列波可以很容易地观察出各缸火花线的长度、断电器触点的张开角和闭合角是否一致，从而判断点火系工作状况是否正常。

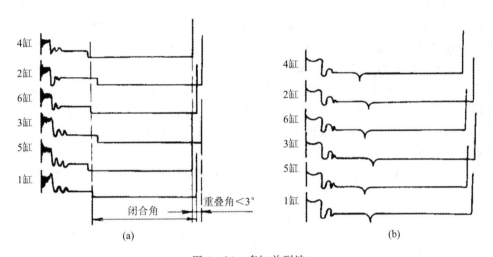

图 4 - 14　多缸并列波

（a）初级并列波；（b）次级并列波

③ 多缸重叠波：将各缸电压波形之首对齐并重叠放在一起的波形，如图 4 - 15 所示。利用多缸重叠波可以评价各缸工作的一致性。

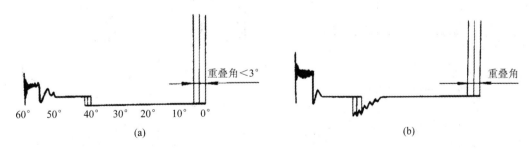

图 4 - 15　多缸重叠波

（a）初级重叠波；（b）次级重叠波

（2）点火波形故障反映区。

如果所测波形曲线与标准波形有差异，这些差异可能出现在四个区域，如图 4 - 16 所示。图中：A区为断电器触点故障反映区；B区为电容器、点火线圈故障反映区；C区为电容器、断电器触点故障反映区；D区为配电器、火花塞故障反映区。

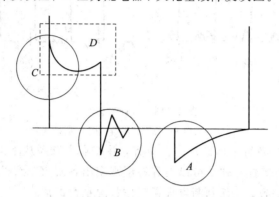

图4-16 次级波形故障反映区

（3）点火波形的故障诊断。

以多缸发动机各缸点火状况的平列波为例，该波形可用于比较检测。如某4缸发动机波形按点火次序排列为1—2—4—3，图4-17为该4缸发动机常见的几种故障波形。

① 4缸发动机正常平列波形，如图4-17(a)所示。

② 各缸点火电压均高于标准值，如图4-17(b)所示，说明高压回路有高阻，多为点火线圈的高压线插孔、分电器高压线插孔及分火头等有积碳，或高压线内有高阻(断线、插接不牢固)等。个别缸在点火线下端出现多余波形，说明该缸火花塞出现故障，多为火花塞电极烧毁或间隙增大。

③ 个别缸点火电压过高，如图4-17(c)中的第2缸，多为该缸火花塞间隙偏大，或高

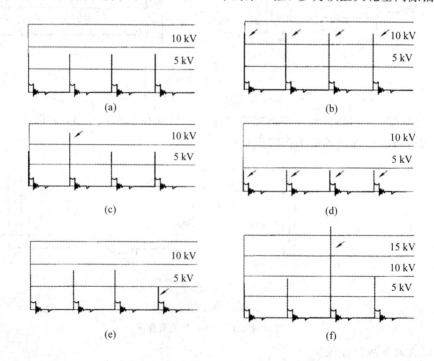

图4-17 4缸发动机常见的几种故障波形

压线接触不良，以及分火头与该缸高压线接触刷间隙过大。

④ 全部汽缸点火电压低于标准值，如图 4-17(d)所示，多为火花塞脏污或间隙太小。

⑤ 个别缸点火电压低，如图 4-17(e)中的第 3 缸，多为该缸火花塞间隙过小或脏污，以及该缸高压线(绝缘损坏)或火花塞(瓷芯破裂)有漏电等。

⑥ 为诊断点火线圈发火能力，可拔掉某缸高压线(如图 4-17(f)中的第 4 缸)。此时，若该缸点火电压高达 20 kV 以上，则说明点火线圈性能良好。

4) 闭合角检测

闭合角是指汽油机点火过程中，初级电路导通阶段所对应的凸轮轴转角。对于电控点火系统，发动机转速高时，闭合角应增大。

5) 重叠角检测

重叠角是指各缸点火波形首端对齐，最长波形与最短波形长度之差所占的分电器凸轮轴转角。重叠角不应大于点火间隔的 5%，以接近零为好。根据这一原则，重叠角的大小以分电器凸轮轴转角表示时应符合下列标准：4 缸发动机≤4.5°；6 缸发动机≤3°；8 缸发动机≤2.25°。

2. 点火正时检测

点火正时是指正确的点火时刻和正确的点火时间，一般用点火提前角表示。点火提前角是指从点火开始至该缸活塞到达压缩行程上止点为止曲轴转过的角度。若点火正时，则点火提前角就处于最佳状态。点火提前角大小对发动机动力性、经济性和排放性能影响很大。因此，应重视发动机点火提前角的检测及调整，使发动机始终处于最佳点火状态。点火提前角可通过专用检测仪或发动机综合检测仪进行检测，常用的检测方法有频闪法和缸压法两种。

1) 频闪法

频闪法点火正时检测仪主要由闪光灯、点火感应传感器、电位器旋钮、电源夹等构成，如图 4-18 所示。

检测原理：若照射旋转轴的光束频率与旋转轴的转动频率相等，则由于人的视觉具有暂留的生理现象，人们觉得旋转轴似乎不转动，频闪法就是利用这一原理来检测点火提前角的，如图 4-19 所示。

图 4-18　频闪法点火正时检测仪

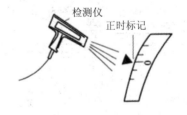

图 4-19　飞轮及壳上的标记点和点火提前角

2) 缸压法

缸压法点火正时检测仪主要由缸压传感器、点火感应传感器、处理电路和指示装置等构成。若检测仪还带有油压传感器，则说明该仪器还可检测柴油机的供油提前角。

检测原理：用缸压传感器检测某缸压缩压力最高的上止点时刻，同时用点火传感器检测同一缸的点火时刻，二者之间所对应的曲轴转角 θ 即被测缸的点火提前角，如图 4-20 所示。

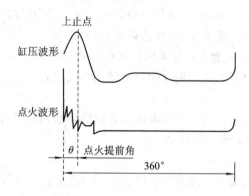

图 4-20　缸压法检测点火、供油提前角原理图

4.1.5　汽油机燃油供给系统检测

1. 检测燃油压力

检测发动机运转时燃油管路内的静态、运转状态和保持油压，可以判断电动汽油泵或油压调节器有无故障，如汽油滤清器是否堵塞、各部件密封性等。检测燃油压力时，应准备一个量程为 1 MPa 左右的油压表及专用的油管接头，按下列步骤检测燃油压力。

1）燃油系统静态压力的检测

正常的静态油压约为 300 kPa，若油压过低，应检查电动燃油泵工作是否正常、燃油滤清器是否堵塞、燃油压力调节器是否调整不当或损坏，并查看油路有无渗漏；若油压过高，应检查燃油压力调节器是否调整不当或损坏。多点喷射系统燃油压力检测示意图如图 4-21 所示。

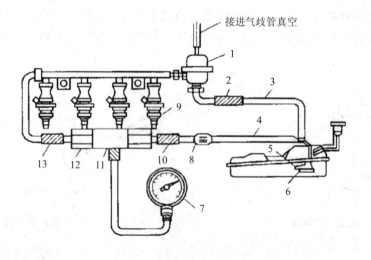

1—燃油压力调节器；
2、10、13—真空软管；
3—回油管；
4—进油管；
5—燃油泵；
6—燃油泵滤网；
7—油压表；
8—燃油滤清器；
9—喷油器；
11—三通管接头；
12—管接头

图 4-21　多点喷射系统燃油压力检测示意图

2）发动机运转时燃油压力的检测

发动机运转时检测的燃油压力应符合标准。若测得的燃油压力过低，则应检查燃油系统有无泄漏，燃油泵滤网、燃油滤清器和燃油管路是否堵塞，若无泄漏和堵塞故障，应检查燃油泵及燃油压力调节器；若测得的燃油压力过高，应检查回油管路是否堵塞，真空软管是否破裂，若回油管路、真空软管正常，则应检查燃油压力调节器是否调整不当或损坏。

3）燃油供给系统保持压力的检测

燃油供给系统保持压力一般应不低于 147 kPa。若油压过低，则应检查燃油系统油路有无泄漏；若油路无泄漏，则说明燃油泵出油阀、燃油压力调节器回油阀或喷油器密封不良。

4）燃油压力调节器保持压力的检测

若燃油供给系统保持压力低于标准而燃油压力调节器保持压力又大于燃油供给系统保持压力，则说明燃油压力调节器回油阀有泄漏，应更换燃油压力调节器；若燃油压力调节器保持压力仍然与燃油供给系统保持压力相同，则燃油供给系统保持压力过低的原因可能是燃油泵、喷油器、油管有泄漏。

5）燃油泵最大压力和保持压力的检测

车型不同，燃油泵的最大压力和保持压力标准也不一样。通常燃油泵的最大压力标准为 490～640 kPa，保持压力应大于 340 kPa。若实测压力不符合标准，则应更换燃油泵。

2. 检测喷油信号

对于电控燃油喷射系统而言，燃油压力由调节器控制，使其与进气歧管的压力之差为恒定值，则从喷油器喷出的燃油量仅取决于喷油器的开启时间，该时间是由微处理器向喷油器电磁线圈发出指令信号控制的，如图 4-22 所示。

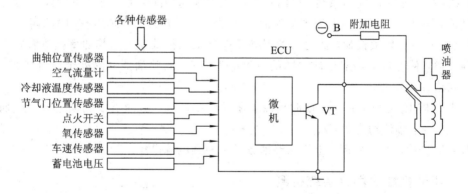

图 4-22　电子控制燃油喷射系统原理

喷油信号检测流程如下：

（1）按照波形检测仪器操作使用说明书的要求，连接好波形检测仪器。通常仪器带有专用接头与喷油器插接器相连。

（2）起动发动机，使发动机稳定运转预热至正常温度。

（3）打开检测仪器，按规定工况运转发动机，示波器则显示喷油器工作时的喷油信号波形和喷油脉宽，如图 4-23 所示。

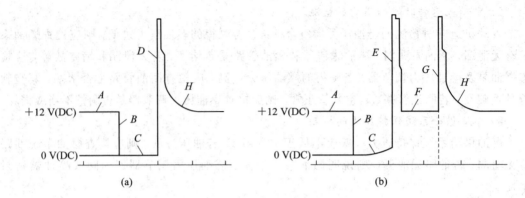

图 4-23　喷油器标准喷油信号波形

(a) 电压驱动式喷油器喷油信号波形；(b) 电流驱动式喷油器喷油信号波形

图 4-23 中：

A 线：喷油器关闭时的系统电压信号，通常为 +12 V。

B 线：喷油信号到达时刻，此时功率晶体管完全导通，电压迅速下降接近 0 V，喷油器开始喷油。B 线应光滑、平顺、无毛刺，否则说明功率晶体管性能不良。

C 线：喷油器喷油，此时喷油器驱动电路处于饱和导通阶段，波形电压接近 0 V，喷油器电磁线圈电流由零迅速上升至最大，喷油器针阀迅速全开喷油。在实际波形中，由于电流增加时喷油器电磁线圈产生感应电压的影响，C 线向右逐渐向上弯曲也属正常。若 C 波形异常，则多是喷油器驱动电路搭铁不良引起。

D 线：喷油信号截止时刻，此时喷油器驱动电路断开，喷油结束，喷油器线圈因电流突变而产生感应脉冲电压。

E 线：基本喷油时间结束线，同时也是电流限制起始线。由于在 E 时刻，喷油器针阀已达到最大开度，故只需小电流维持喷油器针阀开启，以便转入加浓补偿喷油期。

F 线：加浓补偿喷油期，此时喷油器处于电流限制模式状态，其功率晶体管在不停地截止与导通，使通过喷油器电磁线圈的电流约为 1 A，其喷油器针阀处于开启状态，喷油器进行加浓补偿喷油。

G 线：喷油信号截止时刻，此时喷油器驱动电路断开，喷油器线圈因电流突变而产生感应脉冲电压，幅值约为 30 V。

H 线：喷油器针阀关闭，电压从峰值逐渐衰减到电源电压。

4.1.6　柴油机燃油供给系统检测

柴油机燃油供给系统的作用是根据柴油机各种工况的需要，将适量的柴油在适当的时间并以合理的空间形态喷入燃烧室，即对燃油喷入量、喷油时间和油束的空间形态三方面进行有效控制。柴油机燃油供给系统的技术状况对于混合气的形成及燃烧过程的组织具有重要作用，是对发动机的动力性和经济性影响最大的因素。

1. 喷油压力波形分析

在柴油发动机不解体情况下，可以通过安装高压油管上的油压传感器（见图 4-24），测量燃油喷射过程中高压油管中的压力变化，来检测柴油机燃油供给系统的技术状况。

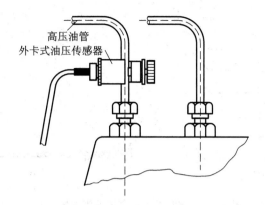

图 4-24 外卡式油压传感器及其安装

1）燃油喷射过程

将油压传感器与检测仪器连接并预热检测仪器，然后起动柴油机，将柴油机运转在检测工况，于是传感器将各缸油压信号转换成电信号，经处理后送给示波器，即可观测到各缸供油压力波形，测出各缸高压油管内的最高压力、残余压力、针阀开启压力和针阀关闭压力。

图 4-25 中：第Ⅰ阶段为喷油延迟阶段；第Ⅱ阶段为主喷油阶段；第Ⅲ阶段为自由膨胀阶段。

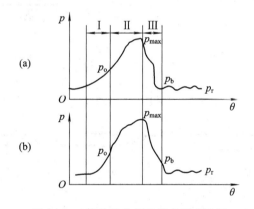

图 4-25 柴油机高压油管内压力波形

（a）喷油泵出口压力波形；（b）喷油器入口压力波形

2）压力波形检测

采用柴油机专用示波器和柴油机综合测试仪、汽柴油机综合测试仪等，均能在柴油机不解体情况下检测各缸高压油管中的压力波形和喷油器针阀升程波形。通过波形分析，不但可以得到最高压力 p_{max}、针阀开启压力 p_o、关闭压力 p_b 以及残余压力 p_r，还可以判断喷油泵、喷油器故障和各缸喷油过程的一致性，如图 4-26 所示。

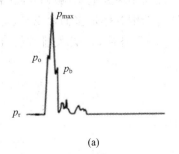

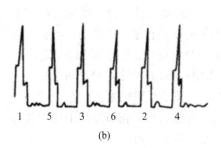

(a)   (b)

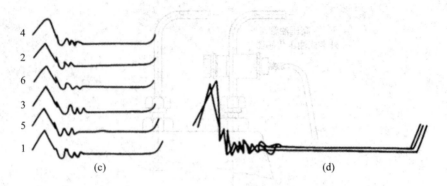

图 4-26　多种柴油机高压油管内压力波形

(a) 全周期单缸波形；(b) 多缸平列波形；(c) 多缸并列波形；(d) 多缸重叠波形

3）压力波形分析

压力波形分析主要包括典型故障波形分析，如图 4-27 所示。

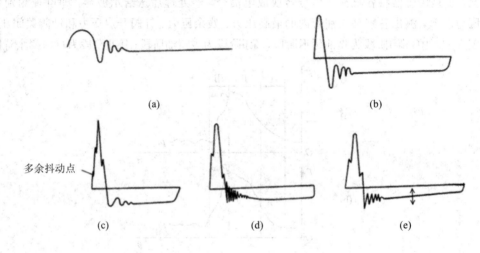

图 4-27　几种常见的故障波形

(a) 供油压力过低；(b) 喷油器不喷油；(c) 喷油器喷前滴漏；

(d) 高压油路密封性差；(e) 喷油器隔次喷射

2. 柴油机供油正时检测

供油正时是指喷油泵正确的供油时间，用供油提前角表示。供油提前角是指喷油泵某缸供油开始至该缸活塞到达压缩行程上止点位置时相应的曲轴转角。若供油提前角过大，则发动机工作粗暴、功率下降、油耗增加、怠速不良、加速不灵及起动困难；若供油提前角过小，则发动机动力性下降、加速无力、油耗增多，同时会因补燃增多而使发动机过热；若供油提前角处于最佳值，则发动机可获得最好的动力性和经济性，并能使排放符合要求。

人工经验检查校正的步骤如下（见图 4-28）：

(1) 对准发动机旋转件的供油正时标记。

(2) 检查喷油泵联轴器从动盘上的刻线。

(3) 检查标记与泵壳前端面上的刻线标记是否对正。

(4) 校正供油正时。

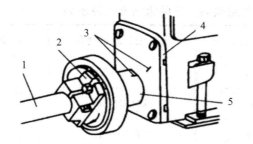

1—驱动轴；
2—联轴器主动盘；
3—第1缸供油记号；
4—泵壳前端面；
5—联轴器从动盘

图 4-28　喷油泵的供油正时

（5）路试检验与调整。

3．喷油器技术状况检测

喷油器的技术状况决定柴油机燃油的喷射质量，因此对柴油机的燃烧过程和技术性能有重大影响。喷油器技术状况的检测应在专用试验台上进行，如图 4-29 所示。

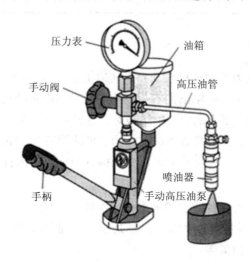

图 4-29　喷油器试验台

1）喷油压力检测

拆下试验台的锁紧螺母，旋松调节螺钉，然后把喷油器装在试验台上，压动试验台手柄，排出留在油管和喷油器中的空气和脏物。

以 60 次/min 的速度按压试验台手柄，现时观察喷油器喷油过程中压力表上的读数。各缸喷油器的压力应相同，并符合制造厂的规定标准。

2）喷雾质量检测

喷油器喷出的油雾束应细小、均匀，呈雾状，油束的锥角、喷射方向应符合要求。

3）密封性能检测

在低于标准喷油压力 1～2 MPa 的状态下，保持 10 s，观察喷油器的喷孔，正常时喷油器喷孔处不应有油滴流出。表 4-2 列出了常见柴油汽车的喷油器喷油压力（喷油器针阀开启压力）。

表 4 - 2　常见柴油汽车的喷油器喷油压力

车型或发动机型号	喷油压力/MPa	车型或发动机型号	喷油压力/MPa
EQ6110	22	五十铃 TX50	9.8
EQ6105	18.5	日野 KM400	11.8
黄河 JN162	21	三菱 T653BL	11.8
太脱拉 T148	16.66	日产 CWL50P	19.6
东风 6102QB	19.5	依法 H6	9.8
红岩 6140	21.5	沃尔沃 GB—88	18.1
斯柯达 706	13.7	斯康尼亚 L1105	19.6

4.1.7　润滑系统检测

运动副之间的摩擦阻力是发动机起动和运转时的主要内部阻力，因此，必须重视改善发动机的润滑状况，提高发动机输出的有效功率；同时，若润滑状况不良，则发动机做相对运动的配合副磨损加剧，正常配合间隙被破坏，还容易产生发动机"拉缸"或"烧瓦"等破坏性故障。润滑系统检测的主要参数为机油压力、机油消耗量和机油品质。这些参数既可表征润滑系统的技术状况，又可反映曲柄连杆机构有关配合副的技术状况。

1. 机油压力的检测

机油压力是发动机润滑系的重要诊断参数。机油压力的大小，取决于机油的温度、黏度，机油泵的供油能力，限压阀的调整，机油通道和机油滤清器的阻力以及曲轴主轴承、连杆轴承和凸轮轴轴承的间隙等。

机油压力值通常根据汽车仪表板上的机油压力表或油压指示灯显示而测得。当打开点火开关时，机油压力表指针指示为"0"，如装有油压指示灯，则灯亮；发动机起动后，油压指示灯在数秒内熄灭，机油压力表则显示某一较高数值，并随发动机温度的升高而逐渐指示正常。

正常情况下，发动机在常用转速范围内，汽油机机油压力应为 196～392 kPa，柴油机机油压力应为 294～588 kPa。

机油压力过高或过低，均属不正常状况，如发动机机油压力在中等转速下低于 147 kPa，在怠速下低于 49 kPa，则发动机应停止运转，进行检查。

2. 机油品质检测与分析

1）机油不透光度分析法

机油在使用过程中会逐渐变黑，机油污染程度越大，变黑的程度就越大，光线通过变黑油膜的能力就越差。机油不透光度分析仪就是通过测量机油膜的不透光度来间接检测机油污染程度的，如图 4 - 30 所示。

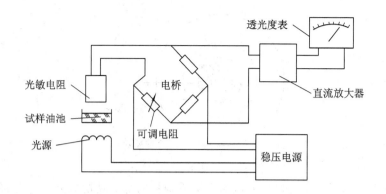

图 4-30　机油不透光度分析仪检测原理图

　　仪表指示值越大，说明机油污染越严重。当指针指在 0%～80% 之间时，机油可继续使用；当超过 80% 时，机油必须更换。

　　机油不透光度分析法简单，使用方便，但测量精度较差，使用范围较窄，而且不能测出有添加剂机油的添加剂残余能力以及机油含杂质的成分。

　　2）介电常数分析法

　　机油介电常数分析仪是通过测量机油介电常数的变化来间接检测机油污染程度的。由于介电常数的大小与机油中存在的一些污染物的相对浓度成比例，因此，还能根据机油污染物对介电常数的变化效应来分析机油变质的主要原因。

　　RZJ—2A 型润滑油质量微电脑检测仪是一种典型的机油介电常数分析仪，它的外形如图 4-31 所示。

　　机油稍有污染，可继续使用。当汽油机机油的综合测量值在 4.2～4.7 之间，柴油机机油在 5.0～5.5 之间时，发动机应更换机油。

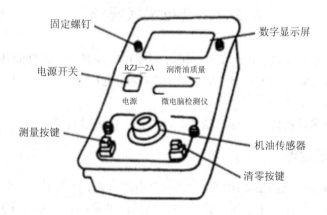

图 4-31　RZJ—2A 型润滑油质量微电脑检测仪面板示意图

　　3）滤纸油斑试验法

　　从发动机正常热工况下取出油样，用规定尺寸的滴棒把第 3 或第 4 滴机油滴在专用滤纸上，油滴将经纸内多孔性孔隙向外延伸，2～3 h 后油滴就在滤纸上形成了斑痕，如图 4-32 所示。

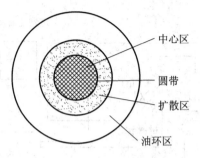

图 4-32　滤纸油斑示意图

油滴扩散的斑痕特征，可以代表机油中杂质颗粒的分布情况以及清净分散能力。将被测的滤纸斑点图与标准斑点图谱进行对比分析，即可对在用机油的品质作出定性的判断。清洁机油具有色彩明亮、均匀一致的斑痕；可用机油具有油环区明亮、扩散区较宽的斑痕；污染严重的机油具有中心区深黑、扩散区狭窄的斑痕。

3. 机油消耗量检测

机油消耗量的影响因素很多，润滑系统渗漏、空气压缩机工作不正常、机油规格不符、汽缸活塞组磨损等都会影响机油消耗量。因此，机油消耗量除可反映发动机润滑系统的技术状况外，还可据此判断发动机汽缸活塞组的磨损情况。因为在所用机油牌号正确且其他机构技术状况正常的情况下，汽缸活塞组磨损过多、间隙增大、机油窜入燃烧室燃烧等，是机油消耗量增大的重要原因。

汽车正常使用时发动机机油消耗量并不大，磨损小、工作正常的发动机，机油消耗量为 0.1～0.5 L/(100 km)。当机油消耗量过多时，说明发动机技术状况变差，应查明原因；当机油消耗量严重超标，如每 1000 km 超过 1.5 L 时，应大修发动机。

4.2　底盘技术状况检测

汽车底盘包括传动系统、行驶系统、转向系统和制动系统。底盘的技术状况直接关系到整车行驶的操纵稳定性和安全性，同时还影响发动机动力的传递和燃油的消耗。因此，汽车底盘是汽车检测的重点。

汽车底盘的技术状况既可以通过道路试验检测，又可以通过室内台架试验检测。

4.2.1　传动系统检测

传动系统是汽车底盘的主要组成部分，一般由离合器、变速器、传动轴、主传动器、差速器和半轴等构成，其作用是把发动机输出的动力传给驱动轮。传动系统的技术状况不良将使汽车的动力性和燃油经济性变差；同时，起步能力变坏和超车能力不足，易于造成安全行车隐患；离合器、变速器等主要部件性能不良对汽车的操纵方便性也有很大影响。

1. 汽车传动系统功率损失和传动效率的检测

1）汽车传动系统传动效率的检测

汽车传动系统的功率损失可在具有储能飞轮的底盘测功机上或惯性式底盘测功机上对传动系统进行反拖试验而测得，所测得的驱动轮输出功率和传动系统功率损失可换算成汽车传动系统的传动效率。在具有储能飞轮的底盘测功机滚筒上进行滑行试验，测得的汽车滑行距离可反映汽车传动系统传动阻力的大小。

利用试验台反拖可测得传动系统所消耗的功率。在惯性式底盘测功机或带有储能飞轮可模拟汽车在相应车速下行驶动能的底盘测功机上，若在测得汽车驱动车轮的输出功率后，立即踩下离合器踏板，储存在飞轮系统中的汽车行驶动能会反过来拖动汽车驱动轮和传动系统运转，运转阻力作用于滚筒，因此底盘测功机可测得反拖驱动轮和传动系统所消耗的功率。如果将同一车速下驱动轮输出功率与反拖驱动轮和传动系统所消耗的功率相加，则可求得该车速所对应的发动机转速下发动机的输出功率。根据发动机的输出功率和汽车驱动轮的输出功率，即可得到传动系统的传动效率，即

$$\eta_k = \frac{P_k}{P_e} \qquad\qquad (4-4)$$

式中：η_k——传动系统的传动效率；

$\quad\ \ P_k$——汽车驱动轮的输出功率；

$\quad\ \ P_e$——发动机的输出功率。

正常情况下，汽车传动系统中的机械效率正常值如表 4-3 所示。

表 4-3 汽车传动系统的传动效率

汽车类型		传动效率/(%)
小轿车		0.90～0.92
载货汽车、大客车	单级主传动	0.90
	双级主传动	0.84
4×4越野汽车		0.85
6×4载货汽车		0.80

需要说明的是，在底盘测功机上试验时，车轮在滚筒上的滚动损失功率可达到所传递功率的 15%～20%，所测驱动轮功率仅占发动机输出功率的 60%～70%（一般小轿车70%，装用双级主传动器或单级主传动器的载货汽车和客车分别为 60%、65%）。当传动效率过低时，说明消耗于离合器、变速器、分动器、主减速器、差速器的功率增加，汽车传动系统的技术状况不良。

2）汽车滑行性能的检测

汽车滑行性能是指汽车在空挡时的滑行能力。反映汽车滑行性能的参数有滑行距离和滑行阻力。滑行距离是指汽车加速至某一预定车速后摘挡，利用汽车具有的动能来行驶的距离。滑行阻力是指汽车空挡、制动解除时，汽车由移动至静止所需的力。汽车传动系统的传动效率越高，汽车的滑行阻力就越小，滑行距离也越长，说明汽车的滑行性能越好。

（1）检测方法。

① 路试检测。

a. 使车辆空载，轮胎气压符合规定，并走热汽车，保证传动系统温度正常。

b. 在纵向坡度不超过 1% 的平坦、干燥和清洁的硬路面上,风速不大于 3 m/s 时,进行路试。

c. 当被测车辆行驶速度高于规定车速(30 km/h)后,置变速器于空挡,开始滑行,在规定车速(30 km/h)时用速度计或第五轮仪测量滑行距离。

d. 在试验路段往返各进行一次滑行距离检测,取两次检测的算术平均值作为检测结果。

② 用底盘测功机检测。

a. 使车辆空载,轮胎气压符合规定。

b. 根据被测车辆基准质量选定底盘测功机相应飞轮的转动惯量。

c. 将被测车辆驱动轮置于底盘测功机滚筒上,运转汽车,使汽车传动系统和底盘测功机运转部件温度正常。

d. 将被测车辆加速至高于规定车速(30 km/h)后,置变速器于空挡,利用储存在底盘测功机旋转质量中的动能、驱动轮及传动系统旋转部件的动能,使汽车驱动轮继续运转,直至车轮停止转动。

e. 用底盘测功机测距装置记录汽车从规定车速(30 km/h)开始的滑行距离,即测功机滚筒滚过的圈数与滚筒圆周长之乘积。

(2)检测标准。

汽车空载、轮胎气压符合规定值时以初速 30 km/h 的滑行距离应满足表 4-4 所示的要求,否则说明传动系技术状况不良。

表 4-4　汽车的滑行距离

汽车的整备质量/t	滑行距离/m	试验方法
≤4	≥160f	
>4~5	≥180f	
>5~8	≥220f	路试:用五轮仪按 GB/T 12536—2017 中的规定测量
>8~11	≥250f	
>11	≥270f	

注:双轴驱动车辆,取 $f=0.8$;单轴驱动车辆,取 $f=1.0$。

2. 离合器打滑的检测

离合器打滑使发动机动力不能有效地传递至驱动轮,汽车动力性下降,摩擦片磨损严重,同时也影响汽车的正常行驶,造成汽车起步困难;汽车在行驶中车速不能随发动机转速提高而提高,感到行驶无力;上坡满载行驶时动力不足,可嗅到离合器摩擦片的焦味。

采用离合器打滑频闪测定仪可对离合器打滑进行检测,如图 4-33 所示。

检测时,可把驱动轮置于底盘测功机或车速表试验台滚筒上,或者支起驱动桥,汽车变速器挂直接挡,此时若离合器不打滑,则发动机转速与传动轴转速相同。必要时,可用行车制动器或驻车制动器增加传动系统负荷和离合器所传递的转矩。测定仪以汽车蓄电池作为电源,由发动机火花塞或一缸点火高压线通过电磁感应给测定仪的高压电极输入信号脉冲,控制闪光灯闪光时间,因此闪光灯的闪光频率与发动机转速成整数倍。若把闪光灯发出的光脉冲投射到传动轴某一点,传动轴与发动机转速相同时,光脉冲每次照射该点,

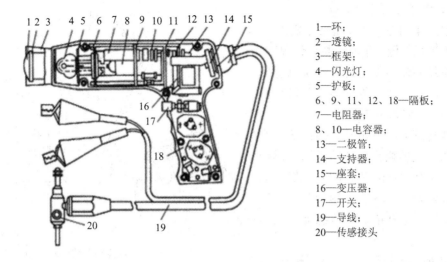

1—环；
2—透镜；
3—框架；
4—闪光灯；
5—护板；
6、9、11、12、18—隔板；
7—电阻器；
8、10—电容器；
13—二极管；
14—支持器；
15—座套；
16—变压器；
17—开关；
19—导线；
20—传感接头

图 4-33 离合器打滑频闪测定仪

使人感到传动轴并不旋转；离合器打滑时，传动轴转速比发动机转速慢，光脉冲每次照射点均位于上次照射点的前部，使人感觉传动轴慢慢向相反的方向转动，显然其转动的快慢即可反馈离合器打滑的严重程度。由于基本测试原理相同，因此发动机点火正时灯也可用于离合器打滑的检测。

3. 传动系统角间隙的检测

传动系统的游动角度是离合器、变速器、万向传动装置和驱动桥的游动间隙之和。传动系统的游动角度能表明整个传动系统的磨损和调整情况，因而可用传动系统的游动角度来诊断汽车传动系统的技术状况。由于游动角度可分段检测，因而还可用总成部件的游动角度对传动系统的有关部件的技术状况进行诊断。传动系统角间隙检测所用仪器有指针式角间隙检测仪和数字式角间隙检测仪两种。

1）指针式角间隙检测仪

指针式角间隙检测仪由指针、刻度盘和测量扳手组成。检测传动系统游动角度的方法是，先分段检测传动系统各个环节的游动角度，然后求和得出传动系统总的游动角度，如图 4-34 所示。

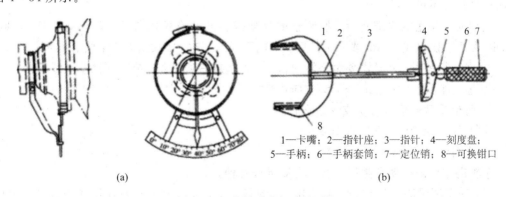

1—卡嘴；2—指针座；3—指针；4—刻度盘；
5—手柄；6—手柄套筒；7—定位销；8—可换钳口

(a)　　　　　　　　　　　　　(b)

图 4-34 指针式角间隙检测仪
（a）指针与刻度盘的固定；（b）测量扳手

2）数字式角间隙检测仪

数字式角间隙检测仪是在车辆停驶、不拆卸变速器、传动轴及后桥的情况下，对传动系统游动角度进行较准确测量的检测仪器。它由倾角传感器和测量仪两部分组成，二者以电缆相连。

倾角传感器的作用是将传感器感受到的倾角变化转换为传感器线圈电感量的变化，从而改变检测仪电路振荡频率。而测量仪实际上是一台专用的数字式频率计，其作用是直接显示传感器测出的倾角。

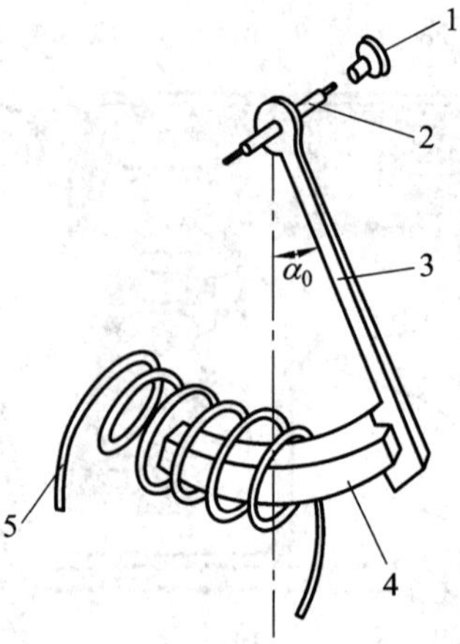

1—轴承；
2—心轴；
3—摆杆；
4—弧形铁氧体磁棒；
5—弧形线圈

图 4－35　倾角传感器结构示意图

使用中，传感器固定在被测转轴上，可与转轴同步摆动。转轴转动时，其传感器倾角发生变化，导致检测仪电路振荡频率发生变化，其频率变化量反映了转轴的游动角度，如图 4－35 所示。检测时，测量仪随时显示传感器所处的实际倾角，若将游动范围内的两个极限位置的倾角读出，则其差值即为游动角度。

4.2.2　转向系统检测

转向装置是直接关系到汽车操纵性能的要害机构，其技术状况和性能的好坏对行车安全影响极大，因此无论是新车、改装车或在用车都必须按规定进行必要的检测。

1. 车轮定位检测

车轮定位检测包括转向轮(通常为前轮)定位检测和非转向轮(通常为后轮)定位检测。转向轮和非转向轮定位检测合称四轮定位检测。汽车前轮定位包括前轮外倾、前轮前束、主销后倾和主销内倾，是评价汽车前轮行驶稳定性、操纵稳定性、前轴和转向系统技术状况的重要检测参数。后轮定位主要有后轮外倾和后轮前束，可用于评价后轮的直线行驶稳定性和后轴的技术状况。因此，车轮定位检测不仅在用车十分必要，而且对新车定型和质量抽查也是必不可少的。

汽车发生碰撞事故维修后、换装新的悬架或转向及有关配件后、新车行驶 3000 km 后，以及每行驶 10 000 km 或 6 个月后，出现下列问题时，需要进行车轮定位检测：

① 直线行驶时，感觉需要紧握转向盘，往左边或右边拉，才能确保汽车直线行驶。

② 感觉车身发飘或摇摆不定，方向很难操纵。

③ 前轮或后轮单边磨损或快速吃胎。

④ 安装新轮胎后，发现跑偏或吃胎。

1）检测方法的分类

车轮定位检测有动态测量法和静态测量法两种。

（1）动态测量法：汽车在低速直向行驶的状态下，通过测量车轮作用在测试设备上的侧向力或由侧向力产生的侧滑量来检测车轮定位角。动态测量法的检测设备是汽车车轮侧滑检验台。

（2）静态测量法：根据轮胎旋转平面与车轮各定位角间存在的直接或间接关系，在汽车车轮静止不动的状态下对车轮定位值进行几何检测。静态测量法的检测设备是四轮定位仪。

2）四轮定位检测

现代的车轮定位仪均为四轮定位仪，可同时测量前轮和后轮定位参数，为汽车的四轮定位参数调整提供依据。目前常用的四轮定位仪有拉线式、光学式、微机式等多种，而使用较多的是微机式四轮定位仪。

（1）四轮定位仪的结构。

四轮定位仪主要由定位平台、转盘、附件、检测传感器和定位仪主机等组成。

① 定位平台：用于汽车四轮定位检测和调整时提供符合要求的场地，有地沟和举升器两种形式，如图 4-36 所示。

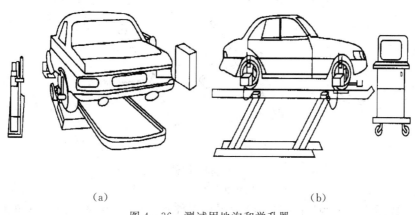

（a）　　　　　　　　　　　　　　（b）

图 4-36　测试用地沟和举升器

（a）地沟 ；（b）举升器

② 转盘：由固定盘、活动盘、扇形刻度尺、游标指针和滚珠等组成，如图 4-37 所示。

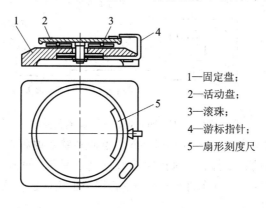

1—固定盘；
2—活动盘；
3—滚珠；
4—游标指针；
5—扇形刻度尺

图 4-37　转盘

活动盘上装有指针，以指示车轮转过的角度。有的转盘装有位移传感器，构成电子转盘，可将转盘转过的角度转换成电信号，并通过电缆传送给计算机。检测中应将锁止销取下，而检测前后可用锁止销将活动盘锁止，以便前轮上下转盘。

③ 轮辋卡夹：用于安装测量机头，如图 4-38 所示。

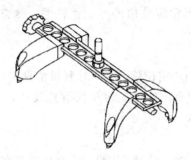

图 4-38 轮辋卡夹

④ 附件：包括方向盘锁定杆与制动杆，如图 4-39 所示。方向盘锁定杆在定位调整时用于锁定方向盘。测量主销后倾与主销内倾时，用制动杆压下制动踏板。

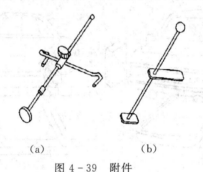

(a)　　　　　　　　(b)

图 4-39 附件

(a) 方向盘锁定杆；(b) 制动杆

⑤ 检测传感器：包括两个 CCD(电荷耦合器件)光学测量装置、两个倾角传感器和单片机处理系统，如图 4-40 所示。

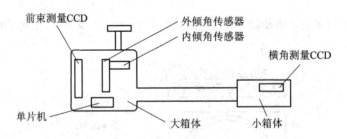

图 4-40 CCD 四轮定位仪的检测传感器

⑥ 定位仪主机：主要包括一台计算机系统、电源系统及射频发射接收系统。其作用是实现用户对四轮定位仪的指令操作，对传感器数据进行采集、处理，并与原厂设计参数一起显示出来，同时指导用户对汽车进行调整，最后打印出相应的报表。

(2) 四轮定位检测原理。

① 车轮前束和推力角的检测原理。

在车轮前束检测前，应使车体摆正且转向盘位于中间位置。为提高车轮前束值(或前束角)的测量精度，常通过安装在车轮上的 4 个机头的前束和横角光学系统的光学镜头发出的共 8 条光束形成一个测量场，即一个封闭的矩形，如图 4-41 所示。

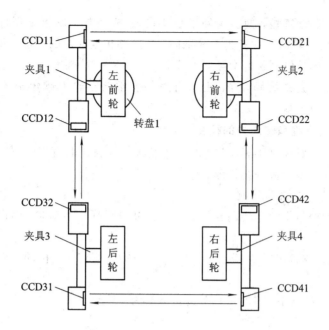

图 4-41 测量场的形成

将被检汽车置于此矩形中，不仅可以检测前轮前束、后轮前束，还可检测出同轴左、右车轮的轴距差及推力角等。

当前束为零时，在车轮上的前束测量装置接收的光应照在零点位置，而当车轮（如左前轮）存在前束（见图 4-42）时，其测量机头的前束测量装置的红外光电管发出的光束照射在左后轮测量机头的前束测量 CCD 上，会偏离原来的零点位置形成一个偏差值，该偏差值即表示左前轮的前束角。

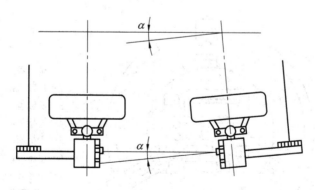

图 4-42 车轮前束角的测量

② 车轮外倾角的检测原理。

检测传感器内的外倾角度传感器以重力方向作为参考基准，测出轮辋夹具轴销与水平平面的夹角 α'，而夹角 α' 等于车轮外倾角 α，可见车轮外倾角 α 可直接测量得到。

③ 主销后倾角和主销内倾角的检测原理。

主销后倾角 β 和主销内倾角 γ 不能由车轮的静止状态直接测出，只能通过建立的几何关系间接测量。

测量时需踩下制动踏板，使前轮处于制动状态（或用制动踏板抵压杆将制动踏板压下以节省人力），然后将转向轮在转盘上分别向内、向外转动一定的角度，此时主销后倾角 β、主销内倾角 γ 和车轮外倾角 α 都会随之改变。

在一定条件下，主销后倾角 β、主销内倾角 γ 都与车轮外倾角 α 的变化近似为线性关系。

2. 转向盘自由行程和转向力的检测

转向系统的性能好坏直接影响汽车的行车安全，其技术状况常用转向盘自由行程、转向角和转向力作为检测参数进行检测。

1）转向盘自由行程及其检测

转向盘自由行程是指汽车转向轮处于直线行驶位置静止不动时，转向盘可以自由转动的角度。

根据 GB 7258—2017《机动车运行安全技术条件》的规定，其机动车转向盘的最大自由转动量不允许大于：

① 最高设计车速不小于 100 km/h 的机动车为 15°。

② 三轮汽车为 35°。

③ 其他机动车为 25°。

转向盘自动行程可用简易转向盘自由行程检测仪检测，它由刻度盘和指针两部分组成。

2）转向盘转向力的检测

转向盘转向力是指在一定行驶条件下作用在转向盘外缘的最大切向力。它可由转向参数测量仪或转向测力仪检测。

转向参数测量仪主要由操纵盘、主机箱、连接叉和定位杆等组成，如图 4-43 所示。

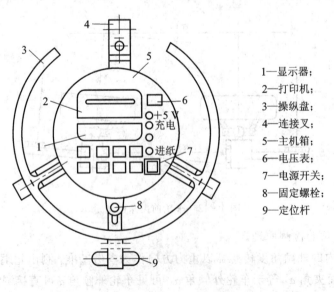

1—显示器；
2—打印机；
3—操纵盘；
4—连接叉；
5—主机箱；
6—电压表；
7—电源开关；
8—固定螺栓；
9—定位杆

图 4-43 转向参数测量仪

路试检测法：将转向参数测量仪安装在被测的转向盘上，让汽车在平坦、硬实、干燥和清洁的路面上，以 10 km/h 的速度，在 5 s 之内沿螺旋线从直线行驶过渡到直径为 24 m

的圆周行驶，测出施加于转向盘外缘的最大圆周力，该力即转向盘转向力。

原地检测法：将转向参数测量仪或测力弹簧安装在被测的转向盘上，将汽车转向轮置于转角盘上，通过测力装置转动转向盘，使转向轮达到原厂规定的最大转角，在转向全过程中测出最大操纵力，该力即转向盘转向力。

根据 GB 7258—2017《机动车运行安全技术条件》规定，其路试检测的转向盘转向力不应大于 245 N；《营运车辆综合性能要求和检验方法》规定，其原地检测的转向盘转向力不应大于 120 N。

4.2.3 车轮平衡检测

随着公路质量的提高和汽车技术的进步，汽车的行驶速度愈来愈高。车轮不平衡所造成的隐患逐渐显露出来，不仅对汽车的行驶平顺性、乘坐舒适性和行驶安全性有严重影响，而且加剧了轮胎及有关机件的磨损和冲击，缩短了挡车的使用寿命，因此，车轮平衡检测已越来越引起人们的重视。

1. 车轮平衡的概念

1）静不平衡

车轮重心与车轮旋转中心不重合，若使其转动，车轮会停止在某一个固定方位，则车轮静不平衡。

由于静不平衡质量的存在，车轮在旋转中产生离心力，即

$$F = m\omega^2 r \tag{4-5}$$

式中：F——车轮转动时所产生的离心力，N；

m——不平衡质量，kg；

ω——车轮旋转角速度，rad/s，$\omega = 2\pi n/60$，n 为车轮转速，r/min；

r——不平衡质量点到车轮旋转中心的距离，m。

由式（4-5）可知，转速 n 越高，不平衡质量 m 越大，且到旋转中心的距离 r 越远，由静不平衡所产生的离心力 F 也越大。如图 4-44（a）所示，离心力 F 可分解为垂直分力 F_y 和水平分力 F_x。每旋转一周，垂直分力 F_y 在过旋转中心垂直线的 a、b 两点达到最大值且方向相反，从而引起车轮的跳动；水平分力 F_x 在过旋转中心水平线的 c、d 两点达到最大值且方向相反，形成绕转向轮主销来回摆动的力矩，造成前轮摆振。若要实现静平衡，则需在不平衡质量 m 作用半径的相反位置上配置相同质量，以使两者所产生的离心力因大小相同、方向相反而相互抵消。

2）动不平衡

即使静平衡的车轮，因车轮的质量分布相对于车轮纵向中心平面不对称，旋转时会产生方向不断变化的力偶，车轮处于动不平衡状态。如图 4-44（b）所示，若在旋转轴线的径向相反、距旋转中心相同的位置上各有一质量相同的不平衡点，且两个不平衡质量不在同一平面内，则虽为静平衡车轮，但其却是动不平衡的。这是因为两个不平衡质量产生的离心力的合力虽为零，但离心力位于不同平面内，二力构成的力偶不为零，在车轮旋转过程中，该力偶的方向反复变化，使车轮绕主销摆振。若要使车轮达到动平衡，则需在 m_1、m_2 同一作用半径的相反方向配置相同质量 m_1'、m_2'。

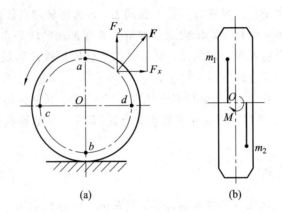

图 4-44 车轮不平衡示意图

2. 车轮不平衡的原因

车轮不平衡的原因主要如下：

（1）轮辋、制动鼓（盘）加工时轴心定位不准，加工误差大，非加工面铸造误差大，热处理变形、使用中变形或磨损不均。

（2）轮胎螺栓质量不等，轮辋质量分布不均或径向圆跳动、端面圆跳动太大。

（3）轮胎质量分布不均，尺寸或形状误差太大，使用中变形或磨损不均，使用翻新胎或垫、补胎。

（4）并装双胎的充气嘴未相隔180°安装，单胎的充气嘴未与不平衡点标记相隔180°安装。

（5）轮辋、制动鼓（盘）、轮胎螺栓、轮毂、内胎、衬带、轮胎等拆卸后重新组装时，累计的不平衡质量或形位偏差太大，破坏了原有的平衡。

3. 车轮不平衡检测原理

1）车轮平衡机的类型

车轮平衡机按检测方式的不同，可分为离车式车轮平衡机和就车式车轮平衡机；按测量平衡原理的不同，可分为静平衡机和动平衡机。

离车式车轮平衡机有静平衡机和动平衡机两类，动平衡机又分为软式和硬式两种。软式离车式车轮平衡机安装车轮的转轴由弹性元件支撑。

在软式或硬式离车式车轮平衡机上进行车轮平衡作业时，可以测出车轮左、右两侧的不平衡量及其相位，因此又称其为二面测定式平衡机。

2）静不平衡的检测原理

静不平衡可在离车式或就车式车轮平衡机上检测。将被测车轮装在离车式车轮平衡机的转轴上，若车轮存在静不平衡，则在自动转动状态下，车轮将停止于不平衡点，处于最低的位置；在相反方向进行配重平衡，当可在转动结束时停止于任一位置时，车轮则处于静平衡状态。利用这一基本原理即可测得静不平衡的质量和相位。

就车式车轮平衡机检测车轮静不平衡的原理如图4-45所示。检测过程中，车轮被支离地面，其重力通过传感器、可调支杆传递到底座。如果被测车轮存在静不平衡，则高速旋转时产生离心力所引起的上、下振动，通过转向节或悬架作用于检测装置传感器磁头、可调支杆和底座内的传感器。传感器把感受到的脉冲压力信号转变为脉冲电信号控制频闪仪的闪光时刻，闪光照射到车轮上的位置反映不平衡点的相位，电信号强弱输入指示与控制装置后，则显示出不平衡度。

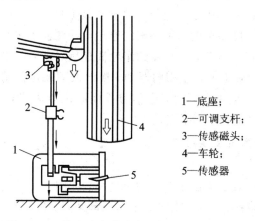

1—底座；
2—可调支杆；
3—传感磁头；
4—车轮；
5—传感器

图 4-45　就车式车轮平衡机静不平衡检测原理

3）动不平衡的检测原理

动不平衡的车轮安装在离车式硬支承平衡转轴上，高速旋转时，所产生的离心力在支承装置上产生动反力，测出支承装置所受动反力即可测得不平衡量。其检测原理如图4-46所示。

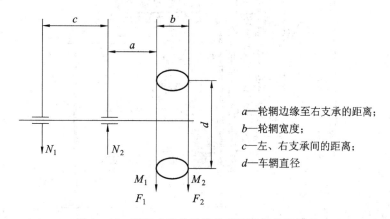

a—轮辋边缘至右支承的距离；
b—轮辋宽度；
c—左、右支承间的距离；
d—车辋直径

图 4-46　离车式车轮平衡机动不平衡检测原理

图4-46中，M_1、M_2 为车轮不平衡点质量，车轮旋转时所产生的离心力为 F_1、F_2，结构尺寸 a、b、c、d 如图所示。硬支承平衡测试、校正原理是：根据支承处的动反力 N_1、N_2 确定两校正面上离心力 F_1、F_2 的大小，根据 F_1、F_2 确定两校正面所需的平衡块质量和安装方位。其测量点在轴承处，而校正面选在轮辋两边缘。根据平衡条件，有

$$N_2 - N_1 - F_1 - F_2 = 0 \qquad (4-6)$$

$$F_1(a+c) + F_2(a+b+c) - N_2 c = 0 \qquad (4-7)$$

联立求解，得

$$F_1 = N_1 \frac{a+b+c}{b} - N_2 \frac{a+b}{b} \qquad (4-8)$$

$$F_2 = N_1 \frac{a+c}{b} - N_2 \frac{a}{b} \qquad (4-9)$$

由式(4-8)和式(4-9)可以看出，离心力 F_1、F_2 取决于动反力 N_1、N_2 及结构尺寸 a、b、c、d。对于某车轮平衡机和所测车轮而言，结构尺寸可视为常数，可以事先输入微机。动反力 N_1、N_2 可用相应的传感器测出。通过运算可以确定车轮两个校正面上的离心力 F_1、F_2，再根据离心力 F_1、F_2 确定平衡块质量和安装方位。

就车式车轮平衡机上检测车轮动不平衡的原理与检测静不平衡的原理相同，只是将传感器磁头固定在制动底板上。当动不平衡的车轮高速旋转时，不平衡质量所产生的离心力使车轮左右摆振，在制动底板上产生横向振动。横向振动通过传感磁头、可调支杆传给底座内的传感器并把振动转化为电信号，电信号控制频闪灯闪光，以指示车轮不平衡点位置，并由指示装置显示出车轮的不平衡量。

4. 离车式车轮动平衡机及使用方法

1）结构

目前应用最多的是硬式二面测定车轮动平衡机，如图4-47所示。该动平衡机一般由驱动装置、转轴与支承装置、显示与控制装置、制动装置、机箱和车轮防护罩等组成。

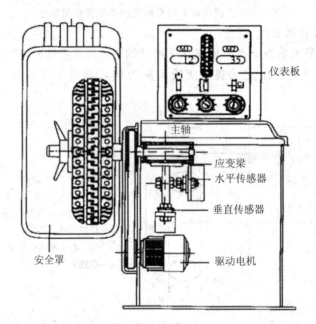

图4-47 离车式车轮动平衡机

驱动装置一般由电动机、传动机构等组成，可驱动转轴旋转。转轴由两个滚动轴承支承，每个轴承均有一能将动反力变为电信号的传感器。转轴的外端通过锥体和大螺距螺母等固装被测车轮。驱动装置、转轴与支承装置等均装在机箱内。车轮防护罩可防止车轮旋转时其上的平衡块或花纹内夹杂物飞出伤人。制动装置可使车轮停转。

2）使用方法

离车式车轮动平衡机的使用方法如下：

(1) 清除被测车轮的泥土、石子和旧平衡块。

(2) 检查轮胎气压，必要时充至规定值。

(3) 根据轮辋中心孔的大小选择锥体，将车轮装在转轴上，用大螺距螺母锁紧。

（4）打开电源形状，检查指示与控制装置的面板是否指示正确。

（5）用卡尺测量轮辋宽度 b、轮辋直径 d（也可由胎侧读出），用平衡机上的标尺测量轮辋边缘至机箱的距离 a，再键入测量值。

（6）放下车轮防护罩，按下起动键，车轮旋转，平衡测试开始，微机自动采集数据。

（7）车轮自动停转或听到"笛"声按下停止键并操纵制动装置使车轮停转后，从指示装置读取车轮内、外侧不平衡量和不平衡位置。

（8）抬起车轮防护罩，用手慢慢转动车轮。当技术装置发出指示时，停止转动。在轮辋的内侧或外侧的上部加装指示装置，显示该侧平衡块质量。内、外侧要分别进行，平衡块装卡要牢固。

（9）安装平衡块后有可能仍存在不平衡，应重新进行平衡试验，直至不平衡大于 5 g，指示装置显示"00"时才能结束。

（10）试验结束，关闭电源开关。

5. 就车式车轮动平衡机及使用方法

1）结构

就车式车轮动平衡机的结构如图 4 - 48 所示，它主要由驱动装置、测量装置、指示装置和制动装置组成。

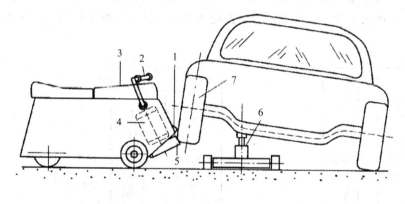

1—光电传感器；
2—手柄；
3—仪表板；
4—驱动电机；
5—摩擦轮；
6—传感器与车桥支架；
7—被测车轮

图 4 - 48　就车式车轮动平衡机

2）使用方法

就车式车轮动平衡机的使用方法如下：

（1）检查轮毂轴承是否松旷，视情作适当处理或调整。

（2）检查车轮的径向圆、端面圆跳动，以确定轮辋有无变形。

（3）安装平衡仪传感磁头，传感磁头安装在悬架下或转向节下，调节可调支杆高度并锁紧。

（4）在轮胎侧面加记号，以便确定平衡点相位。

（5）高速驱动车轮进行检测，动不平衡时，有离心力产生。

（6）记住频闪位置，停转后，将标记位于频闪位置。

（7）根据记号、频闪位置以及指示的不平衡值，确定加装平衡块的位置，在轮辋两侧相隔180°处各安装一块平衡块。

4.3　整车技术状况检测

汽车整车技术状况，不仅直接关系到汽车行驶的安全性、操纵稳定性、排气净化性和行驶平顺性，而且对汽车的动力性、经济性有着直接的影响。因此，整车技术状况是检测的重点内容。

整车技术状况的检测，既可以在道路试验中进行，也可以在室内整车性能检测试验台上进行。

4.3.1　汽车侧滑检测

当转向轮外倾角和前束在使用过程中发生变化，两个参数的平衡被破坏，使轮胎处于边滚边滑的状态时，将产生侧向滑移现象，该现象即车轮侧滑。

检测前轮侧滑量的主要目的是判断汽车前轮前束和外倾这两个参数配合是否恰当，而非测量这两个参数的具体数值。

可用汽车车轮侧滑试验台检测侧向滑移量的大小与方向，其实质是让汽车驶过可横向自由滑动的滑动板，由于前轮前束和外倾角匹配不当而产生侧向作用力，滑动板将产生侧向滑动，测量滑动板移动的大小和方向以表示汽车前轮侧滑量，其工作原理如图 4-49 和图 4-50 所示。

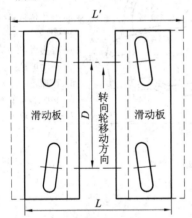 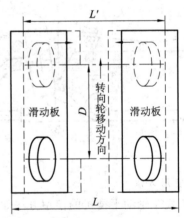

图 4-49　仅车轮前束（滑动板向外侧滑动）　　图 4-50　仅车轮外倾角（滑动板向内侧滑动）

侧滑试验台就是用上述原理来测量车轮侧滑量的，其实际显示的侧滑值是左、右车轮侧滑量的平均值。侧滑量的单位用 m/km 表示，即汽车每行驶 1 km 产生侧滑的米数。

GB 7258—2017《机动车运行安全技术条件》规定：用双滑板式和单滑板式侧滑试验台检测汽车转向轮的横向滑移量时，侧滑量应在 ±5 m/km 之间。

4.3.2　制动系统检测

制动系统是汽车底盘的重要组成之一，其技术状况的变化直接影响汽车行驶、停车的安全性，是故障率较高的系统之一。

汽车制动性能检测分为路试法和台架法两种。台架法是利用制动试验台，通过检测制动系统的制动力和制动力平衡状况及制动协调时间来判定制动系统制动性能的方法。

1. 汽车制动试验台的结构与原理

汽车制动试验台有多种类型，按试验台测试原理的不同，分为反力式和惯性式两类；按试验台支承车轮形式的不同，分为滚筒式和平板式两类。目前，单轴反力式滚筒制动试验台(测力式)应用最为普遍。

1) 反力式滚筒制动试验台的结构

单轴反力式滚筒制动试验台主要由驱动装置、滚筒装置、测量装置、举升装置和指示与控制装置等组成，如图 4-51 所示。

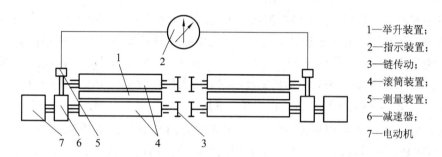

1—举升装置；
2—指示装置；
3—链传动；
4—滚筒装置；
5—测量装置；
6—减速器；
7—电动机

图 4-51　单轴反力式滚筒制动试验台示意图

（1）驱动装置。该装置由电动机、减速器和链传动组成。电动机的转动通过减速器减速后传给主动滚筒，主动滚筒又通过链传动把动力传给从动滚筒。减速器与主动滚筒同轴，减速器壳处于浮动状态。

（2）滚筒装置。该装置由左、右独立设置的两对滚筒构成，被测车轮置于两滚筒之间，滚筒表面模拟活动路面，用来支撑被检车轮并在制动时承受和传递制动力。有些试验台在两滚筒之间装有一根直径较小的第三滚筒，其带有转速传感器。当车轮制动抱死，车轮与滚筒间有较大滑移率时，第三滚筒上的转速传感器送出电信号，使滚筒立即停止转动，以防止轮胎剥伤。

（3）测量装置。该装置主要由测力杠杆、传感器等组成。测力杠杆一端与传感器连接，另一端与浮动的减速器壳体连接。传感器安装在试验台支架上，传感器有自整角电机式、电位计式、差动变压器式和电阻应变测力式等多种类型。当被测车轮制动时，减速器浮动壳体带动测力杠杆绕主动滚筒轴线摆动并作用于传感器上，传感器把测力杠杆的移动或力变成反映制动力大小的电信号，送入指示与控制装置中。

（4）举升装置。该装置一般由举升器、举升平板和控制开关等组成。举升器有气压式、液压式、电动螺旋式等形式。举升装置的作用是便于汽车出入试验台。

（5）指示与控制装置。控制装置有电子式和微机式两种。电子式控制装置多配以指针式指示仪表，微机式控制装置多配以数字显示器。国产反力式滚筒制动试验台多为微机式，其指示与控制装置主要由微机、放大器、模/数转换器(A/D)、数/模转换器(D/A)、显示器和打印机等组成，如图 4-52 所示。

此外，汽车制动性能的评判与轴重有关，因此现在很多制动试验台都装有配套的轴重计量设备。

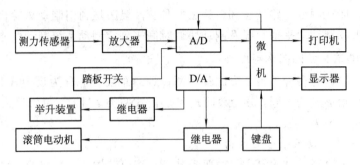

图 4-52　制动试验台的指示与控制装置框图

2）反力式滚筒制动试验台的检测原理

准备检测时，升起举升器，将被测汽车驶上制动试验台，车轮置于主、从动滚筒之间，降下举升器。通过延时电路起动电动机，电动机则通过减速器及链传动驱动滚筒，从而带动车轮低速旋转。当驾驶员踩下制动踏板后，在制动器摩擦力矩 M_μ 的作用下（见图 4-53 (a)），车轮开始减速旋转。此时电动机驱动滚筒，而滚筒则对车轮轮胎周缘的切线方向作用着驱动力 F_{x1}、F_{x2}，以克服制动器摩擦力矩，维持车轮继续旋转。与此同时，车轮轮胎对滚筒表面切线方向作用着与滚筒驱动力数值相等而方向相反的反作用制动力 F'_{x1}、F'_{x2}。在 F'_{x1}、F'_{x2} 对滚筒轴线形成的反作用制动力矩作用下，其浮动的减速器壳体与测力杠杆一起朝与滚筒转动相反的方向摆动（见图 4-53(b)），而测力杠杆另一端的力 F_1 经传感器转换成与反作用制动力大小成比例的电信号，此信号经放大变换处理后，由指示装置显示出由车轮制动器产生、经轮胎传递、作用在滚筒上的制动力。在制动过程中，当左、右轮制动力之和大于某一数值时，微机即开始采集数据，采集过程所经历的时间是一定的，经历了规定的采集时间后，微机发出指令使电动机停转，以防止轮胎剥伤。检测过程结束后，将举升器举起，车辆即可驶离试验台。

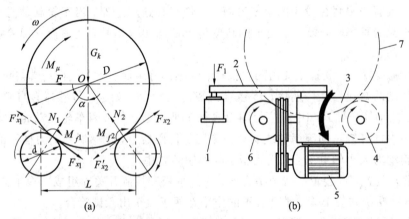

1—传感器；2—测力杠杆；3—减速器；4—主动滚筒；5—电动机；6—从动滚筒；7—车轮；
G_k—车轮所受的载荷；F—车轴对车轮的水平推力；N_1、N_2—滚筒对车轮的支承反力；
F_{x1}、F_{x2}—滚筒对车轮的切向驱动力；F'_{x1}、F'_{x2}—车轮对滚筒的切向反作用力；
M_μ—制动器摩擦力矩；M_{f1}、M_{f2}—滚动阻力矩；α—安置角；L—滚筒中心距

图 4-53　制动力检测原理图
（a）车轮检测时的受力简图；（b）制动力测量装置原理图

车轮阻滞力的测量是在行车和驻车制动装置处于完全释放状态、变速器置于空挡位置时进行的。此时，电动机通过减速器、链传动及滚筒来带动车轮维持稳定转动所需的力，即车轮的阻滞力，该力可通过指示装置读取。

制动协调时间的测量是与测量制动力同步进行的，它以驾驶员踩踏板的瞬间作为计时起点，由制动踏板上套装的踏板开关向控制装置发出一个"开关"信号，开始时间计数，直至制动力达到标准规定的制动力的75%时为止。其计时终点通常由试验台微机执行相应的程序来控制。

3）反力式滚筒制动试验台的检测特点

（1）检测迅速、安全、经济，不受外界条件的限制，测试条件稳定，重复性较好。

（2）能定量地测得各车轮的制动力大小、左右轮制动力差值、制动协调时间、车轮阻滞力等，因而可全面评价汽车的制动性能，并为制动系统的故障诊断、维修和调整提供可靠依据。

（3）不能反映防抱死制动系统(ABS)的性能。

（4）进行制动检测时，汽车没有平移运动，因而也就没有因惯性作用而引起的轴荷前移作用，故车辆处于空载检测时，前轴车轮容易抱死而难以测得前轴制动器能够提供的最大制动力，从而导致整车的制动力不够，易引起误判。

（5）试验台制动时的最大测试能力受检测因素的影响较大。

4）惯性式滚筒制动试验台和平板式制动试验台

（1）惯性式滚筒制动试验台。

惯性式滚筒制动试验台利用其旋转飞轮的动能模拟车辆在道路上行驶的动能，使车辆在试验台上能呈现道路制动时的工况来检测制动性能。惯性式滚筒制动试验台检测的是制动距离、制动减速度和制动时间。

惯性式滚筒制动试验台按同时检测的轴数多少可分为单轴惯性式滚筒制动试验台和双轴惯性式滚筒制动试验台。双轴惯性式滚筒制动试验台的结构如图4-54所示。

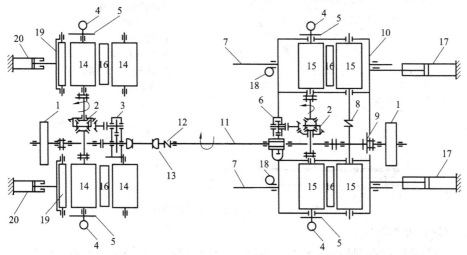

1—飞轮；2—传动器；3、6—变速器；4—测速发电机；5、9—光电传感器；7—可移导轨；8、12—电磁离合器；
10—移动架；11—传动轴；13—万向节；14—后滚筒；15—前滚筒；16—举升托板；
17—驱动移动架液压缸；18—夹紧液压缸；19—第三滚筒；20—调节第三滚筒液压缸

图4-54 双轴惯性式滚筒制动试验台简图

惯性式滚筒制动试验台的滚筒相当于一个移动的路面，试验台上各对滚筒分别带有的飞轮其惯性应与受检汽车的惯性质量相当。检测时，先使滚筒与车轮处于某一转速旋转，然后切断驱动滚筒旋转的动力，踩制动踏板，制动后的车轮对滚筒表面产生切向阻力，而滚筒在其飞轮系统的惯性作用下继续旋转，其转动的圈数相当于车轮的制动距离。在规定的检测车速下，该制动距离的大小可以充分反映被测车轮制动器和整个制动系统的技术状况；而滚筒的制动初速度、制动减速度及滚筒依靠惯性旋转的圈数均可通过测量系统测得。

利用惯性式滚筒制动试验台检测制动性能时，可以在任意车速下进行，试验条件接近汽车实际情况，其测试结果与实际工况较为接近。但这种试验台要求旋转部分的转动惯量大，结构较复杂，占地面积大，且不适应多种车型，因此在实际检测中应用并不多。

（2）平板式制动试验台。

平板式制动试验台如图 4-55 所示，它是一种低速动态惯性式制动试验台，由测试平板、传感器、控制和显示装置等组成。检验时，汽车以 5~10 km/h 的速度驶上测试平板，置变速器于空挡并紧急制动。汽车在惯性作用下，通过车轮在平板上附加与制动力大小相等、方向相反的作用力，使平板产生纵向位移，经传感器测出各车轮的制动力，并由显示装置显示检测结果。这种试验台结构简单，测试过程与实际路试条件较接近，能反映车辆的实际制动性能，亦能反映制动时轴荷及其他系统（如悬架）对汽车制动性能产生的影响。该试验台不需要模拟汽车平移惯量，较容易与轴重仪、侧滑仪组合在一起，使车辆测试方便且效率高。但这种试验台存在测量重复性差、占地面积大、需要助跑车道和不安全等问题。

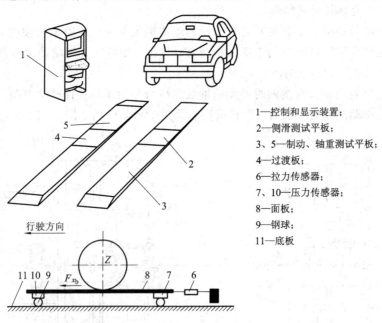

1—控制和显示装置；
2—侧滑测试平板；
3、5—制动、轴重测试平板；
4—过渡板；
6—拉力传感器；
7、10—压力传感器；
8—面板；
9—钢球；
11—底板

图 4-55　平板式制动试验台简图

2. 制动性能的评价

汽车的制动性能可利用制动效能、制动效能的恒定性和制动时的方向稳定性三个指标进行评价。

1）制动效能

汽车的制动效能是制动性能最基本的评价指标，它是指汽车迅速降低行驶速度直至停车的能力。制动效能的评价指标有制动距离、制动减速度、制动时间和制动力等。其中，制动距离能简单、直观地反映汽车的制动效能。汽车制动系统调整的好坏、制动器反应时间的长短、制动力上升速度的快慢以及制动减速度的大小等因素对制动效能的影响均包含在该指标中。制动距离对汽车的行驶安全有直接关系，应越短越好。

2）制动效能的恒定性

制动效能的恒定性是指汽车高速行驶或下长坡时，经连续或频繁制动后，制动效能的保持程度。

3）制动时的方向稳定性

制动时的方向稳定性（简称制动稳定性）是指汽车在制动过程中维持直线（或按预定弯道）行驶的能力。它可用制动时汽车按直线轨迹（或预定弯道）行驶的能力来评价。汽车在制动过程中，有时会出现制动跑偏、后轴侧滑或前轮失去转向能力而使汽车失去控制离开原来的行驶方向，甚至引发严重的交通事故。

3. 制动性能检测参数标准

汽车制动性能检测完毕后，应将检测结果与检测标准对照，以判断制动性能是否合格。根据国家标准 GB 7258—2017《机动车运行安全技术条件》的规定，机动车可以用检测制动距离、制动减速度和台试检验制动力等参数来判别制动性能，只要其中之一符合要求，即可判为合格。

1）制动距离

制动距离是指机动车在规定的初速度下急踩制动时，从脚接触制动踏板时起至车辆停住时止车辆驶过的距离。

机动车行车制动性能检测应在平坦、硬实、清洁且轮胎与地面间的附着系数不小于0.7 的水泥或沥青路面上进行。检测时，发动机应脱开。

机动车在规定的初速度下的制动距离和制动稳定性，应符合表 4-5 所示的要求。对空载检测制动距离有质疑时，可用表 4-5 中满载检测制动距离要求进行检验。

表 4-5　制动距离和制动稳定性要求

机动车类型	制动初速度 /(km/h)	满载检测制动 距离要求/m	空载检测制动 距离要求/m	制动稳定性要求车辆任何 部件不得超出的车道宽度/m
三轮汽车①	20	≤5.0		2.5
乘用车②	50	≤20.0	≤19.0	2.5
总质量不大于 3.5 t 的低速货车③	30	≤9.0	≤8.0	2.5
其他总质量不大于 3.5t 的汽车④	50	≤22.0	≤21.0	2.5
其他汽车、汽车列车⑤	30	≤10.0	≤9.0	3.0

注：① 指最高设计车速小于等于 50 km/h 的，具有三个车轮的货车。

② 指在其设计和技术特性上主要用于载运乘客及其随身行李和临时物品的汽车，包括驾驶员座在内最多不超过 9 个座位。

③ 指最高设计车速小于 70 km/h 的具有四个车轮的货车。

④ 指由动力驱动，具有四个或四个以上车轮的非轨道承载的车辆，包括与电力线相连的车辆（如无轨电车）和整车整备质量超过 400 kg 的三轮车辆。

⑤ 指由一辆汽车（三轮汽车和低速货车除外）牵引一辆挂车组成的机动车，包括乘用车列车、货车列车和铰接列车。

2）制动减速度

制动减速度按测试、取值和计算方法的不同，可分为制动稳定减速度、平均减速度和充分发出的平均减速度三种。GB 7258—2017采用充分发出的平均减速度作为制动减速度的评价指标。

充分发出的平均减速度 MFDD（Mean Fully Development Deceleration）为

$$\text{MFDD} = \frac{v_b^2 - v_e^2}{25.92(s_e - s_b)} \qquad (4-10)$$

式中：MFDD——充分发出的平均减速度，m/s^2；

v_b——$0.8v_0$车速，km/h，v_0为汽车制动初速度；

v_e——$0.1v_0$车速，km/h；

s_b——在速度v_0和v_b之间汽车驶过的距离，m；

s_e——在速度v_0和v_e之间汽车驶过的距离，m。

充分发出的平均减速度是在测得相关速度、距离参数后用上述公式计算确定的。

在上述测制动距离同样路面条件和发动机脱开的情况下，汽车、汽车列车在规定初速度下急踩制动踏板时充分发出的平均减速度和制动稳定性要求应符合表4-6所示的规定。

对空载检测制动性能有质疑时，可用表4-6中满载检测的制动性能要求进行检验。

表4-6　制动减速度和制动稳定性要求

机动车类型	制动初速度 /(km/h)	满载检测充分发出的 平均减速度/(m/s²)	空载检测充分发出的 平均减速度/(m/s²)	制动稳定性要求 车辆任何部件不得 超出的车道宽度/m
三轮汽车	20	≥3.8		2.5
乘用车	50	≥5.9	≥6.2	2.5
总质量不大于 3.5 t 的低速货车	30	≥5.2	≥5.6	2.5
其他总质量不大于 3.5 t 的汽车	50	≥5.4	≥5.8	2.5
其他汽车、汽车列车	30	≥5.0	≥5.4	3.0

3）制动力要求

汽车、汽车列车在制动试验台上测出的制动力应符合表4-7所示的要求。对空载检测制动力有质疑时，可用表中规定的满载检测制动力要求进行检验。

表4-7　台式检测制动力要求

机动车类型	轴制动力与轴荷 的百分比①/(%)		制动力总和与整备质量 的百分比/(%)	
	前轴	后轴	空载	满载
三轮汽车	—	≥60②	≥45	
乘用车，总质量不大于 3.5 t 的货车	≥60②	≥20②	≥60	≥50
其他汽车、汽车列车	≥60②	—	≥60	≥50

注：① 用平板制动试验台检验乘用车时应按动态轴荷计算。

② 空载和满载状态下测试均应满足此要求。

（1）制动力平衡的要求。

在制动力增长全过程中同时测得的左右轮制动力差的最大值，与全过程中测得的该轴左右轮最大制动力中大者之比，前轴不应大于 20%，后轴在轴制动力不小于该轴轴荷的 60%时不应大于 24%；当后轴制动力小于该轴轴荷的 60%时，在制动力增长全过程中同时测得的左右轮制动力差的最大值不应大于该轴荷的 8%。

（2）制动协调时间的要求。

制动协调时间是指在急踩制动时，从脚接触制动踏板时起汽车减速度（或制动力）达到表 4-6 规定的汽车充分发出的平均减速度（或表 4-7 规定的制动力）75%时所需的时间。汽车制动协调时间：液压制动的汽车不应大于 0.35 s，气压制动的汽车不应大于 0.60 s，汽车列车、铰接客车和铰接式无轨电车不应大于 0.80 s。

（3）汽车车轮阻滞力的要求。

进行制动力检测时，车辆各轮的阻滞力不应大于车轮所在轴轴荷的 5%。

4）制动踏板力或制动气压

路试和台试进行制动性能检测时的制动踏板力或制动气压应符合以下要求：

（1）满载检测时：

① 对于气压制动系，气压表的指示气压应不大于额定工作气压。

② 对于液压制动系，乘用车踏板力不大于 500 N，其他车辆的踏板力不大于 700 N。

（2）空载检测时：

① 对于气压制动系，气压表的指示气压应不大于 600 kPa。

② 对于液压制动系，乘用车踏板力不大于 400 N，其他车辆的踏板力不大于 450 N。

（3）对于三轮汽车，其踏板力不应大于 600 N。

5）驻车制动性能

（1）在空载状态下，驻车制动装置应能保证车辆在坡度为 20%（总质量为整备质量的 1.2 倍以下的车辆为 15%）、轮胎与路面间的附着系数不小于 0.7 的坡道上正、反两个方向保持固定不动，其时间不少于 5 min。检测时的手操纵力：乘用车不应大于 400 N，其他车辆不应大于 600 N；脚操纵力：乘用车不应大于 500 N，其他车辆不应大于 700 N。

（2）当采用制动试验台检测车辆驻车制动力时，车辆空载，乘坐一名驾驶员，使用驻车制动装置，驻车制动力总和不应小于该车在测试状态下整车重量的 20%；对总质量为整备质量 1.2 倍以下的车辆，此值为 15%。

6）制动释放时间

汽车制动完全释放时间（从松开制动踏板到制动消除所需要的时间）不应大于 0.80 s。

当车辆经台试检测后对其制动性能有质疑时，可用规定的路试检测（制动距离、充分发出的平均减速度）进行复检，并以满载路试的检测结果为准。

4.3.3　车速表检测

汽车的行驶速度对交通安全和运输生产率影响很大。为了保证汽车行驶的安全性，提高汽车运输生产率，充分发挥汽车的动力性，正确掌握行车速度是非常重要的。因此，车速表本身一定要准确可靠。由于使用的原因，车速表的指示误差会越来越大，如果超过限度，就会对驾驶员的正确判断造成影响，严重者甚至引起交通事故。为保证行车安全，确保车速表的指示精度，在相应安全法规中要求对车速表进行定期的检测。

车速表的检测方法有道路试验法和室内台架试验法两种。

1. 车速表的测量原理

1）车速表误差形成原因

车速表在使用过程中产生的指示误差主要是自身故障、轮胎磨损、气压不足等原因造成的。

2）车速表误差的测量原理

用车速表试验台测量车速表的指示误差，是以试验台滚筒作为连续移动的路面，把与车速表有传动关系的车轮置于滚筒上旋转，模拟汽车在路面上行驶的实际状态，进行车速表误差的测量。车速表误差的测量原理如图 4-56 所示。检测时，将汽车驱动轮置于滚筒上，车轮借助于摩擦力带动滚筒旋转。旋转的滚筒相当于连续移动的路面，以驱动轮在该滚筒上旋转来模拟汽车在路面上行驶时的实际状态。将车速表试验台测出的车速与车速表上显示的车速进行对比，即可检测出车速表的指示误差。

3）车速表试验台的种类和结构

车速表试验台有三种类型：无驱动装置的标准型，它依靠被测车轮带动滚筒旋转；有驱动装置的驱动型，它由电动机驱动滚筒旋转；与制动试验台、底盘测功试验台等组合在一起的综合型。

标准型车速表试验台由速度测量装置、速度指示装置和速度报警装置等组成，如图 4-57 所示。

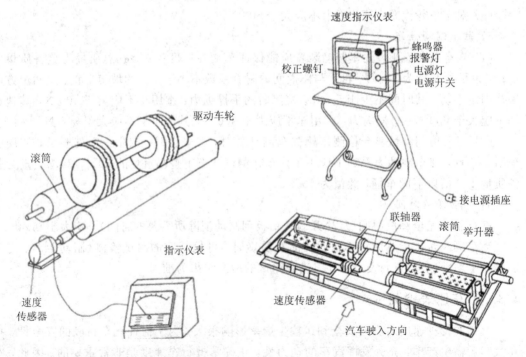

图 4-56　车速表误差的测量原理　　　图 4-57　标准型车速表试验台

（1）速度测量装置：主要由滚筒、举升器和速度传感器等组成。

（2）速度指示装置：根据速度传感器发出的电信号进行工作，能把以滚筒圆周长与其转速算出的线速度以 km/h 为单位在仪表上显示车速。

（3）速度报警装置：在测量中为提示汽车实际车速已达到检测车速（40 km/h）而设置的。

2. 车速表的检测分析

车速表的检测标准在 GB 7258—2017《机动车运行安全技术条件》中有明确的规定：车速表指示车速 v_1(km/h) 与实际车速 v_2(km/h) 之间应符合下列关系：

$$0 \leqslant v_1 - v_2 \leqslant \frac{v_2}{10} + 4 \qquad (4-11)$$

当被测汽车车速表的指示车速 v_1 为 40 km/h 时，车速表试验台速度指示值 v_2 在 32.8～40 km/h 范围内为合格；或当车速表试验台速度指示值 v_2 为 40 km/h 时，汽车车速表的指示车速 v_1 在 40～48 km/h 范围内为合格。

4.3.4 前照灯检测

为了适应汽车在夜间或光线不足的情况下行驶，保证驾驶员能及时发现情况或被其他车辆所识别，保障行车安全，提高运输生产率，汽车必须自身装备有夜间行车使用的照明灯具，即前照灯。如果前照灯发光强度不足或照射方向不合适，将使驾驶员在夜间光线不足的情况下行车而无法辨认前方道路情况，或在会车时造成对方驾驶员眩目等，从而导致交通事故的发生。因此，国家标准中对汽车前照灯的发光强度和光束照射位置作了具体规定，并将其列为汽车安全性能的必检项目。前照灯的技术状况可用屏幕和前照灯检测仪检测。

1. 前照灯评价指标

1）发光强度

发光强度是表示光源发光强弱的物理量，计量单位是坎德拉（candela，简写为 cd）。

受光物体被光源照亮的程度称为照度，它是表征受光面明亮程度的物理量，计量单位是勒克斯（lux，简写为 lx，又称米烛光）。

2）配光特性

被照面的照度不均匀，中心区域较高，边缘区域较低。如果把照度相同的各点用曲线连起来，则形成等照度曲线。配光特性（又称光束分布、光形分布）是指用等照度曲线表示的受照物体表面各部分照度的分布特征。汽车前照灯配光形式如图 4-58 所示，其中 V 为垂直方向，H 为水平方向。

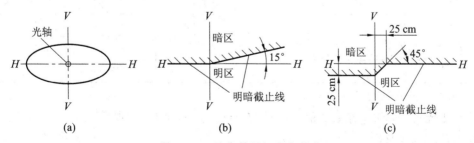

图 4-58 汽车前照灯配光形式

（a）远光灯配光；（b）近光非对称配光；（c）Z 形非对称配光

3）全光束

全光束是指前照灯照射到物体后，被照射物体上得到的总照度，它可用图4-59(a)所示的光束分布特性的纵端面特性曲线表示，如图4-59(b)所示。该断面的积分值，即该曲线的旋转体积就是全光束。

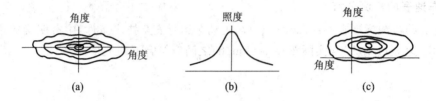

图4-59　前照灯的光学特性
(a) 配光特性；(b) 全光束；(c) 照射方向

4）照射方向

照射方向是指前照灯光轴相对于其测量基准线的偏离程度(见图4-59(c))，其中光轴是前照灯几何中心与汽车正前方测量屏幕上光束投影中心(远光光束中心)或明暗截止线转角(近光光束中心)的连线；而测量基准线是从前照灯基准中心引出的，在水平方向上与汽车纵向中心线平行，在垂直方向上呈水平状态的虚拟直线。

一般远光光束中心相对于近光光束中心上偏0.57°。前照灯的实际照射方向可用水平方向和垂直方向的光轴偏移量(亦称光轴偏移值、光轴偏斜量或光轴偏距)或光轴偏移角表示，两者单位分别为cm/dam和(°)。

2. 前照灯检测标准

根据GB 7258—2017中规定，机动车前照灯检测标准如下：

汽车装用远光和近光双光束灯时，以检测近光光束为主。对于只能调整远光单光束的前照灯，需检测远光光束。

1）前照灯远光光束发光强度要求

机动车每只前照灯的远光光束发光强度应达到表4-8所示的要求。检测时，其电源系统应处于充足电的状态。

表4-8　前照灯远光光束发光强度要求

机动车类型	检查项目			
	新注册车/cd		在用车/cd	
	两灯制	四灯制	两灯制	四灯制
最高设计车速小于70 km/h的汽车	10 000	8000	8000	6000
其他汽车	18 000	15 000	15 000	12 000

2）前照灯光束照射位置要求

不论近光还是远光，光束照射方向对安全行车非常重要，它既涉及防眩目问题，还影响到照明的距离和范围。

图4-60给出了用屏幕法检测前照灯光束照射位置的示意图。这种方法既可用于检测近光，也可用于检测远光。

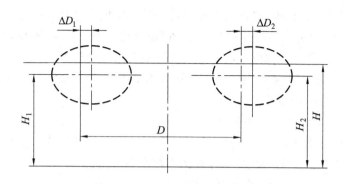

图 4-60 用屏幕法检测前照灯照射位置

(1) 在检测前照灯近光光束照射位置时，前照灯照射在距离 10 m 的屏幕上，要求乘用车前照灯近光光束明暗截止线转角或中点的高度应为 $(0.7\sim0.9)H$（H 为前照灯基准中心高度），其他车辆应为 $(0.6\sim0.8)H$。其水平方向位置要求向左偏不得超过 170 mm，向右偏不得超过 350 mm。

(2) 在检测前照灯远光光束照射位置时，前照灯照射在距离 10 m 的屏幕上，要求乘用车在屏幕上的光束中心离地高度应为 $(0.9\sim1.0)H$，其他车辆应为 $(0.8\sim0.95)H$。其水平方向位置要求左灯向左偏不得超过 170 mm，向右偏不得超过 350 mm，右灯向左或向右偏均不得超过 350 mm。

3. 前照灯检测仪的检测原理

1) 发光强度检测原理

光电池受光产生光电流，带动光度计指针（电流表）摆动指示光强，如图 4-61 所示。

2) 光轴偏移量检测原理

如图 4-62 所示，四块光电池中，光电池 $S_上$、$S_下$ 接有上下偏移指示计，用于测量光轴的上下偏移量；$S_左$、$S_右$ 接有左右偏移指示计，用于测量光轴的左右偏移量。若四块光电池受光不等，则上下偏移指示计或左右偏移指示计有电流通过，指针摆动，于是测出了汽车前照灯光轴偏移量。

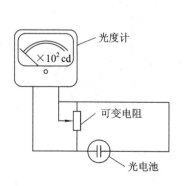

图 4-61 发光强度检测原理

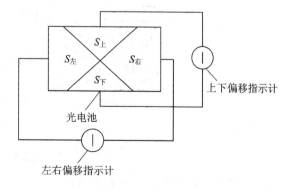

图 4-62 光轴偏移量检测原理

4. 前照灯检测仪的类型

1) 按检测对象分类

目前国内使用的前照灯检测仪按检测对象的不同，分为两种类型。一类是采用 SAE 标准（美国汽车工程师学会标准）的前照灯检测仪，用于检测对称光的前照灯，如自动追踪光轴式前照灯检测仪等。另一类是采用 ECE 标准（欧洲经济委员会标准）的前照灯检测仪，用于检测对称光和非对称光前照灯。这类检测仪主要有两种结构形式：一种是投影式前照灯检测仪，其屏幕采用特殊材料制作，易于识别被测前照灯光束投影的明暗截止线；另一种是采用 CCD 和光电技术的前照灯检测仪。

2）按结构特征与测量方法分类

根据结构特征与测量方法的不同，前照灯检测仪可分为聚光式、屏幕式、投影式和自动追踪光轴式等几类。这些不同类型的前照灯检测仪主要由接受前照灯照射光束的受光器、前照灯发光强度指示装置、前照灯光轴偏移量指示装置以及支柱、底座、导线、车辆摆正找准器等组成。

5. 典型的前照灯检测仪

1）投影式前照灯检测仪

投影式前照灯检测仪是将前照灯光束的影像映射到投影屏上，从而检测发光强度、光轴偏移量以及配光特性的。检测时，检测仪放在前照灯前方 3 m 的检测距离处。

投影式前照灯检测仪外形如图 4-63 所示。在聚光透镜的上下和左右方向装有四个光电池。前照灯光束的影像通过聚光透镜、光度计的光电池和反射镜后，映射到投影屏上。在检测时，通过上下与左右移动受光器使光轴偏移指示计的指示值为零，即上下与左右光电池的受光量相等，从而找到被测前照灯主光轴的方向；然后根据投影屏上前照灯光束影像的位置即可得出主光轴的偏移量，同时可从光度计的指示值得出发光强度。

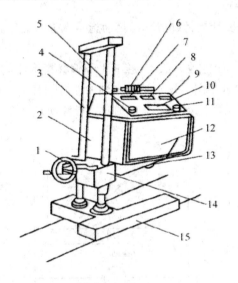

1—上下移动手轮；
2—光接收箱；
3—后立柱(防回转)；
4—光轴刻度盘(左右)；
5—前立柱(带齿条)；
6—对准瞄准器；
7—光轴左右偏移指示计；
8—光度计；
9—光轴上下偏移指示计；
10—投影屏幕；
11—光轴刻度盘(上下)；
12—聚光透镜；
13—测距卷尺；
14—传动箱；
15—底座

图 4-63　投影式前照灯检测仪

2）自动追踪光轴式前照灯检测仪

自动追踪光轴式前照灯检测仪外形如图 4-64 所示。光接收箱在立柱的引导下，由链条牵引导轨作上下运动，仪器的底箱下面装有轮子，可沿地面导轨左右移动整个设备。在光接收箱内部有一透镜组件、光电池和光检测系统，在底箱内装有两个方向的驱动系统。

在光接收箱的正面装有上、下、左、右四个光电池，用作光轴追踪，其原理如前所述。

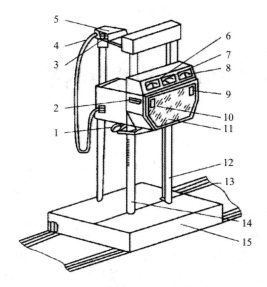

1—调整手轮；
2—车辆找准器；
3—输出信号插座；
4—连接电缆；
5—接线盒；
6—光轴上下偏移指示计；
7—光度计；
8—光轴左右偏移指示计；
9—测定指示灯；
10—电源指示灯；
11—光接收箱；
12—右立柱；
13—轨道；
14—左立柱；
15—底座

图 4-64　自动追踪光轴式前照灯检测仪

当上、下光电池受到的光照度不同时，产生的偏差信号驱动上下传动部件中的电动机，牵引光接收箱向光照平衡的位置移动。同样，左、右光电池的偏差信号将驱动左右传动部件中的电动机，使仪器向左、向右移动，直至光轴位置偏差信号为零。

思 考 题

1. 简述发动机无负荷测功仪的工作原理与测功方法。
2. 简述汽缸密封性的检测方法。
3. 简述点火正时的检测原理与方法。
4. 简述汽油机燃油供给系统的检测方法。
5. 简述机油压力的检测方法。
6. 简述汽车传动系统功率损失和传动效率的检测方法。
7. 汽车行驶中出现什么情况时，需进行四轮定位的检测和调整？
8. 简述离车式车轮平衡机的检测原理与方法。
9. 简述汽车侧滑试验台的检测原理。
10. 简述反力式滚筒制动试验台的检测原理。

第5章 汽车环境保护特性测量

5.1 排气污染物测量

汽车排气污染物包括从发动机排气管排出的有害气体(如一氧化碳(CO)、碳氢化合物(HC)、氮氧化合物(NO_x)等)从发动机曲轴箱泄漏出的废气(主要为 CO、HC、NO_x)、从发动机燃料供给系统蒸发到大气中的汽油蒸气(HC)以及从柴油发动机排气管排出的黑烟及颗粒物。汽车排放污染物测定试验可分为怠速排放试验、汽车运行工况试验(包括标准规定的试验及为某种目的而制定的工况试验)、曲轴箱废气测定及汽油蒸发试验。试验对象可以是汽车,也可以是发动机或某个部件、某种排气净化装置。

5.1.1 汽油车排气污染物测量

汽油车排气污染物主要指 CO、HC 和 NO_x,其中 HC 以正己烷当量表示,而 NO_x 以 NO 表示。装用点燃式发动机的新生产汽车和在用汽车排气污染物排放限值见 GB 18285—2018《汽油车污染物排放限值及测量方法(双怠速法及简易工况法)》。

对于 CO、HC、NO_x、CO_2 和 O_2 的 5 种气体成分的浓度,通常采用两类不同方法来测定。CO、CO_2 和 HC 通过不分光红外线不同波长能量吸收的原理来测定,可获得足够的测试精度。NO_x 与 O_2 的浓度通常采用电化学的原理来测定,排气中含氧量的浓度通过在测试通道中设置氧传感器来测定。

废气分析仪中的 NO_2 检测原理见图 5-1。分析仪由反应室、催化转化器、光电倍增器、放大器和指示仪表等组成。检测时,汽车尾气进入催化转化器,尾气中的 NO_2 经催化转化器转化为 NO 后进入反应器,O_3 发生器产生的 O_3 也同时进入反应器。在反应器中,NO 与 O_3 发生化学反应,产生化学发光,并经滤光片进入光电倍增器转化成电信号,此信

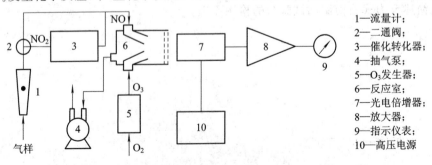

1—流量计;
2—二通阀;
3—催化转化器;
4—抽气泵;
5—O_3发生器;
6—反应室;
7—光电倍增器;
8—放大器;
9—指示仪表;
10—高压电源

图 5-1 NO_2 检测原理图

号经信号放大器放大后由指示仪表显示出 NO_2 的浓度。

汽油车排气污染物的测量方法主要有双怠速法和简易工况法(加速模拟工况法)。

GB 18285—2018《汽油车污染物排放限值及测量方法(双怠速法及简易工况法)》规定了按 GB/T 15089—2016 标准分类的 M_1、M_2 和 N_1 类在用汽油车排气污染物的检测应采用双怠速法与简易工况法(加速模拟工况法)。

1. 双怠速法

双怠速法是参照 ISO 3929 中制定的双怠速排放测量程序进行的。双怠速是指高怠速工况和怠速工况。高怠速工况指在满足怠速工况条件下,用油门踏板将发动机转速稳定控制在 50% 额定转速或制造厂技术文件规定的高怠速转速时的工况。

1)测量程序

双怠速法测量程序见表 5-1。

表 5-1 双怠速法测量程序

工况	70%额定转速	50%额定转速		怠速转速	
流程	60 s	15 s 稳定	30 s 读平均值	15 s 稳定	30 s 读平均值

双怠速法测量注意事项如下:

(1)应保证被检测车辆处于制造厂规定的正常状态,发动机进气系统应装有空气滤清器,排气系统应装有排气消声器和排气后处理装置,排气系统不允许有泄漏。

(2)进行排放测量时,发动机冷却液或润滑油温度应不低于 80℃,或者达到汽车使用说明书规定的热状态。

(3)发动机从怠速状态加速至 70% 额定转速或企业规定的暖机转速,运转 60 s 后降至高怠速状态。将双怠速法排放测试仪取样探头插入排气管中,深度不少于 400 mm,并固定在排气管上。维持 15 s 后,由具有平均值计算功能的双怠速法排放测试仪读取 30 s 内的平均值,该值即为高怠速污染物测量结果。对使用闭环控制电子燃油喷射系统和三元催化转化器技术的汽车,还应同时计算过量空气系数的数值。

(4)发动机从高怠速降至怠速状态 15 s 后,由具有平均值计算功能的双怠速法排放测试仪读取 30 s 内的平均值,该值即为怠速污染物测量结果。

(5)对多排气管车辆,应取各排气管测量结果的算术平均值作为测量结果。

(6)若车辆排气管长度小于测量深度时,应使用排气延长管。

2)测量结果判定

检测污染物有一项超过规定的限值,则认为排放不合格;对于使用闭环控制电子燃油喷射系统和三元催化转化器技术的车辆,如果检测的过量空气系数超出要求,则认为排放不合格。

2. 简易工况法

简易工况法是在汽车有载荷的情况下进行的排放测试,该方法利用底盘测功机模拟道路行驶阻力,汽车按照一定速度,并克服一定的阻力,在保持该阻力不变的情况下进行试验。

简易工况法包含稳态工况法、瞬态工况法与简易瞬态工况法等。稳态工况又称加速模拟工况(ASM)。稳态工况法是指汽车预热到规定的热状态后加速至规定车速,根据汽车规定车速时的加速负荷,通过底盘测功机对汽车加载,使汽车保持等速运转工况,测试汽车发动机排出的有害气体的浓度值。进行 ASM 试验需要使用底盘测功机和排气分析仪。

在底盘测功机上的测试运转循环由 ASM5025 和 ASM2540 两个工况组成,如图 5-2 和表 5-2 所示。

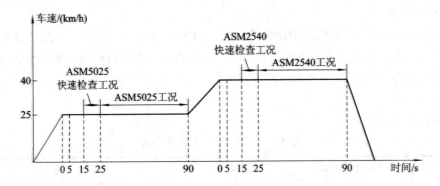

图 5-2　稳态工况法(ASM)测试运转循环

表 5-2　稳态工况法(ASM)测试运转时间

工况	运转次序	速度/(km/h)	操作时间/s	测试时间/s
ASM 5025	1	25	5	——
	2	25	15	
	3	25	25	10
	4	25	90	65
ASM 2540	5	40	5	——
	6	40	15	
	7	40	25	10
	8	40	90	65

1) 测量程序

车辆驱动轮位于测功机滚筒上,将分析仪取样探头插入排气管中,深度为 400 mm,并固定于排气管上,对独立工作的多排气管应同时取样。

(1) ASM5025 工况。

经预热后的车辆加速至 25.0 km/h,测功机以车辆速度为 25.0 km/h、加速度为 1.475 m/s² 时的输出功率的 50% 作为设定功率对车辆加载,工况计时器开始计时($t=0$ s)。车辆以 (25.0 ± 1.5) km/h 的速度持续运转 5 s,如果底盘测功机模拟的惯量值在计时开始后持续 3 s 超出所规定误差范围,则工况计时器将重新开始计时($t=0$ s)。如果再次出现该情况,检测将被停止。系统将根据分析仪最长响应时间进行预置(如果分析仪响应时间为 10 s,则预置时间为 10 s,$t=15$ s),然后系统开始取样,持续运行 10 s($t=25$ s),即 ASM5025 快速检查工况。ASM5025 快速检查工况结束后继续运行至 90 s($t=90$ s),即 ASM5025 工况。

（2）ASM2540 工况。

ASM5025 工况检测结束后车辆立即加速至 40.0 km/h，测功机以车辆速度为 40.0 km/h、加速度为 1.475 m/s² 时的输出功率的 20% 作为设定功率对车辆加载，工况计时器开始计时（$t=0$ s）。车辆以（40.0±1.5）km/h 的速度持续运转 5 s，如果底盘测功机模拟的惯量值在计时开始后持续 3 s 超出所规定误差范围，则工况计时器将重新开始计时（$t=0$ s）。如果再次出现该情况，检测将被停止。系统将根据分析仪最长响应时间进行预置（如果分析仪响应时间为 10 s，则预置时间为 10 s，$t=15$ s），然后系统开始取样，持续运行 10 s（$t=25$ s），即 ASM2540 快速检查工况。ASM2540 快速检查工况结束后继续运行至 90 s（$t=90$ s），即 ASM2540 工况。

2）排气污染物测量值的计算

应对排放测试结果进行稀释校正及湿度校正，计算 10 次有效测试的算术平均值。

测量结果计算公式如下：

$$C_{HC} = \frac{\sum\limits_{i=1}^{10} C_{HC}(i) \cdot DF(i)}{10} \qquad (5-1)$$

$$C_{CO} = \frac{\sum\limits_{i=1}^{10} C_{CO}(i) \cdot DF(i)}{10} \qquad (5-2)$$

$$C_{NO} = \frac{\sum\limits_{i=1}^{10} C_{NO}(i) \cdot DF(i) \cdot k_H(i)}{10} \qquad (5-3)$$

式中：C_{HC}——HC 排放平均浓度，10^{-6}；

C_{CO}——CO 排放平均浓度，%；

C_{NO}——NO 排放平均浓度，10^{-6}；

$C_{HC}(i)$——第 i 秒 HC 排放平均浓度，10^{-6}；

$C_{CO}(i)$——第 i 秒 CO 排放平均浓度，%；

$C_{NO}(i)$——第 i 秒 NO 排放平均浓度，10^{-6}；

$DF(i)$——第 i 秒稀释系数；

$k_H(i)$——第 i 秒湿度校正系数。

3）测量标准与结果判定

（1）ASM5025 工况。

在测量过程中，任意连续 10 s 内第 1 秒至第 10 秒的车速变化相对于第 1 秒小于 ±0.5 km/h，测试结果有效。快速检查工况 10 s 内的排放平均值经修正后如果等于或低于限值的 50%，则测试合格，检测结束；否则应继续进行至 90 s 工况。如果所有检测污染物连续 10 s 的平均值均低于或等于限值，则该车应判定为 ASM5025 工况合格，继续进行 AMS2540 检测；如果任意一种污染物连续 10 s 的平均值超过限值，则测试不合格，检测结束。在检测过程中，如果任意连续 10 s 内的任意一种污染物 10 次排放值经修正后均高于限值的 500%，则测试不合格，检测结束。

（2）ASM2540 工况。

在测量过程中，任意连续 10 s 内第 1 秒至第 10 秒的车速变化相对于第 1 秒小于±0.5 km/h，测试结果有效。快速检查工况 10 s 内的排放平均值经修正后如果等于或低于限值的 50%，则测试合格，检测结束；否则应继续进行至 90 s 工况。如果所有检测污染物连续 10 s 的平均值均低于或等于限值，则该车应判定为合格。如任何一种污染物连续 10 s 的平均值超过限值，则测试不合格，检测结束。在检测过程中如任意连续 10 s 内的任何一种污染物 10 次排放值经修正后若高于限值的 500%，则测试不合格，检测结束。

5.1.2 柴油车排气污染物测量

柴油车排气中的有害成分主要有 CO、HC、NO_x 以及 PM（颗粒状物质）等。与同功率的汽油车相比，柴油车的 CO 和 HC 排放较少，NO_x 的排放量因柴油机的类型差别很大，但排出的 PM 是汽油机的 20～100 倍，这些 PM 包含在柴油机排出的黑烟中。

对于在用柴油车，我国排放标准控制的指标是烟度，即主要控制黑烟排放量。

GB 3847—2018《柴油车污染物排放限值及测量方法（自由加速法及加载减速法）》中规定了用自由加速法与加载减速法测量烟度的方法。

对于 2001 年 10 月 1 日前生产的在用柴油车进行自由加速滤纸烟度法试验；对于 2001 年 10 月 1 日起生产的在用柴油车进行自由加速不透光烟度法试验；在机动车保有量大、污染严重的地区，实施加载减速法监控在用柴油车排放状况。

1. 柴油车排气污染物的测量仪器

柴油车排气污染物的测量仪器主要有滤纸式烟度计和不透光烟度计两种。

滤纸式烟度计用于柴油车的烟度测量，不透光烟度计用于柴油车的可见污染物测量。

1）滤纸式烟度计

滤纸式烟度计是一种非直接测量仪器，通过检测测量介质被所测烟度污染的程度大小来间接读出烟度的大小。烟度用符号 S_F 表示，其大小用 FSN 值表示。滤纸染黑的程度不同，则对照射到滤纸表面光线的反射能力不同。烟度 S_F 可表示为

$$S_F = 10\left(1 - \frac{R_d}{R_c}\right) \qquad (5-4)$$

式中：R_d、R_c——污染滤纸和洁白滤纸的反射因数。

R_d/R_c 的值由 0 到 100，分别对应于全黑滤纸的反射和洁白滤纸的反射。当污染滤纸为全黑时，烟度值为 10；当滤纸无污染时，烟度值为 0。

2）不透光烟度计

按照国家排放标准的规定，对柴油车的可见污染物应采用不透光烟度计进行测量。

不透光烟度计可分为全流式不透光烟度计和分流式不透光烟度计两类。全流式不透光烟度计测量全部排气的透光衰减率；分流式不透光烟度计将排气中一部分废气引入取样管，然后送入不透光烟度计进行连续分析。我国标准规定使用分流式不透光烟度计，如图 5-3 所示。

不透光烟度计检测原理如图 5-4 所示。

$$\Phi = \Phi_0 e^{-KL} \qquad (5-5)$$

式中：Φ_0——入射光通量（luminous flux），lm；

Φ——出射光通量，lm；

K——光吸收系数；

L——光通道有效长度，m。

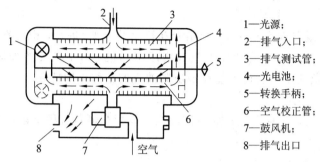

1—光源；
2—排气入口；
3—排气测试管；
4—光电池；
5—转换手柄；
6—空气校正管；
7—鼓风机；
8—排气出口

图5-3　不透光烟度计

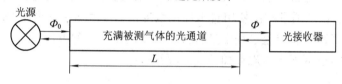

图5-4　不透光烟度计检测原理示意图

由式(5-5)可得

$$K = -\frac{1}{L}\ln\frac{\Phi}{\Phi_0} \tag{5-6}$$

由于我国新的排放标准中用光吸收系数作为柴油机排放烟度的评价指标，因此不透光烟度计应使用光吸收系数作为计量单位，它是一种光吸收的绝对单位。但有的不透光烟度计用不透光度作为计量单位，其不透光度是指光线被排烟吸收而不能到达光接收器的百分率。仪表的不透光度可用下式换算为光吸收系数：

$$k = -\frac{1}{L}\ln\left(1 - \frac{N}{100}\right) \tag{5-7}$$

式中：N——不透光度读数(%)；

　　　K——相应的光吸收系数值。

两种计量单位的刻度范围均以光全通过时为零，光全吸收时为满量程。即烟气完全不吸光时，$N=0$，$K=0$；光线完全被烟气吸收时，$N=100$，$K=\infty(\mathrm{m}^{-1})$。

2. 测量方法

柴油车排气污染物的测量分为稳态烟度测量和非稳态烟度测量两种。

1）稳态烟度测量

稳态烟度测量方法有全负荷工况法和加载减速工况法两种。

（1）全负荷工况法。

全负荷工况法是一种柴油机在全负荷稳定转速下测量柴油机排气烟度的方法。由于柴油车冒黑烟在全负荷运转时较为严重，因此全负荷工况法是柴油车烟度检测中最常用的方法。

我国车用柴油机全负荷工况法要求：在全负荷曲线上不同稳定转速下测定排气烟度

（光吸收系数值），在最高额定转速和最低额定转速之间应选取足够多的转速工况点（其中必须包含最大转矩转速点和最大功率转速点）对各种车用柴油机进行全负荷烟度测量，每一转速下的烟度测量必须在柴油机运转稳定后进行，任何一次测量结果都不得超过允许限值。

全负荷工况法既可在发动机上（利用发动机试验台架）进行，也可在汽车上（利用汽车底盘测功机）进行。对于高度强化柴油机和增压柴油机，由于在突然加速等过程中排烟浓度很高，因此，全负荷工况法还不能反映出柴油机的全部排烟特性。

（2）加载减速工况法。

加载减速工况法是一种在汽车底盘测功机上模拟车辆负载稳定运行时测量压燃式汽车排气烟度的方法。

2）非稳态烟度测量

非稳态烟度测量是指柴油车在变工况条件下利用不透光烟度计检测其排气烟度。

目前，非稳态烟度测量广泛使用自由加速烟度法。自由加速烟度法是指柴油机从怠速状态突然加速至高速空载转速过程中进行排气烟度测量的一种方法。

典型的自由加速烟度检测规程如图 5-5 所示。

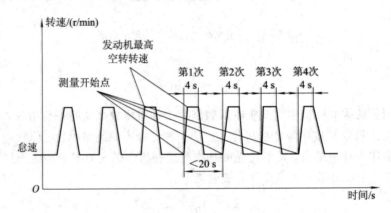

图 5-5　自由加速烟度检测规程

（1）测量方法。

采用至少 3 次自由加速工况过程对排气系统进行吹拂；取样探头开口端位于排气管轴线上，探头的端部应位于直管段，探头开口处背压不应超过 735 Pa；进行多次自由加速工况测量，取最后 3 次读数的算术平均值即为所测烟度值。

（2）测量结果判定。

自 2001 年 10 月 1 日起至 2005 年 6 月 30 日期间生产的在用汽车，对于自然吸气式发动机所测得的排气光吸收系数应不大于 2.5 m^{-1}，对于涡轮增压式发动机应不大于 3.0 m^{-1}。

自 2005 年 7 月 1 日起生产的在用汽车，所测得的排气光吸收系数不应大于车型核准批准的自由加速排气烟度排放限值，再加 0.5 m^{-1}。

5.2　汽车噪声测量

噪声即人们不需要的令人烦躁、讨厌的声音总称。汽车噪声是由多种声源组成的综合性噪声。

汽车噪声分车外噪声和车内噪声两种。车外噪声造成环境公害，车内噪声直接对驾驶员和乘客造成损害。据统计，当环境噪声大于 45 dB 时，人会感到明显不适；当噪声达到 60～80 dB 时，会影响睡眠；当噪声超过 90 dB 时，就会对身体产生伤害。而汽车噪声强度一般可达 60～90 dB，所以汽车噪声是一种环境污染。

汽车是一种移动性噪声源，其噪声影响范围大，干扰时间长，因而受害人员多。另外，车内噪声过大还会影响驾驶员的正常操作，从而诱发汽车交通事故。

5.2.1 噪声及其评价指标

1. 声压级

声压是指声波作用于大气使大气压强发生变动的变动量，单位为 Pa。它是表示声音强弱的客观度量指标。

声压级是指将待测声压与参考声压比值取常用对数，再乘以 20 的量值，单位为 dB。声压级越大，表示声音越强。

$$L_P = 20 \lg \frac{P}{P_0} \qquad (5-8)$$

式中：L_P——声压级，dB；

P——实际声压，Pa；

P_0——基准声压，即听阈声压，$P_0 = 2 \times 10^{-5}$ Pa。

2. 计权网络

在声级计内设有一种能够模拟人耳的听觉特性，把电信号修正为与听感近似值的网络，这种网络称为计权网络。

通常，声级计设有 A、B、C 三种计权网络，它能对不同频率的声音信号进行不同程度的衰减。

A 计权网络是效仿 40 方等响曲线设计的，其特点是对低频和中频段的声音有较大的衰减，即测量仪器对高频敏感，对低频不敏感，这与人耳对声音的感觉比较接近；B 计权网络是效仿 70 方等响曲线设计的，被测的声音通过时，低频段有一定的衰减；C 计权网络是效仿 100 方等响曲线设计的，任何频率都没有衰减，因而可用 C 计权网络测得的读数代表总声压级。

经过 A 计权网络测出的声压级读数称为 A 计权声级，简称 A 声级（LA），其单位用分贝 dB(A) 表示。由于噪声的 A 声级与人们的主观感觉比较接近，同时 A 声级的测量比较方便，因此，A 声级已成为国际标准化组织和绝大多数国家作为评价噪声的主要指标。

3. 计权声级

噪声的大小、危害程度以及对周围环境的污染，用噪声级来评定。通过计权网络测得的声压级，已不再是客观物理量的声压级（即线性声压级），而是经过听感修正的声压级，即计权声级或噪声级。国际标准组织近几年发布的标准都采用 A 声级表示。

5.2.2 噪声来源及测量仪器

1. 噪声来源

汽车噪声可简要分为以下几种：发动机噪声、进排气系统噪声、风扇噪声、传动系统噪声、轮胎噪声、制动噪声、起动噪声、车身结构噪声等。

2. 噪声测量仪器

汽车噪声的测量是汽车噪声控制与评价的重要组成部分。汽车噪声测试的常用设备是声级计。

声级计(也称分贝仪,俗称噪音计)是一种最基本的噪声测量仪器,它可以按人耳相近的听觉特性检测汽车噪声和喇叭声响。

声级计主要由传声器(也称话筒、麦克风)、放大器、衰减器、听觉修正网络(线路)、指示仪表和校准装置等组成,如图5-6所示。

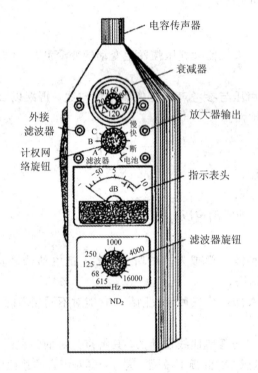

图5-6 声级计

3. 声级计工作原理

如图5-7所示,声级计检测时,噪声通过传声器转换成电压信号,并由前置放大器变换阻抗,使其与输入衰减器匹配,然后信号经输入放大器送入计权网络处理,再经输出衰减器及放大器将信号放大到一定的幅度,最后经有效值检波器进入指示仪表,从表头得到相应的声级读数。

利用声级计检测噪声时,应根据被测噪声的性质和特点选择声级计的"快"挡或"慢"挡。声级计一般都有"快"和"慢"两挡,其中"快"挡平均时间为0.27 s,比较接近人耳听觉的生理平均时间;"慢"挡平均时间为1.05 s。当对稳态噪声进行测量或需要记录声级变化过程时,使用"快"挡较为合适;当被测噪声的波动比较大时,使用"慢"挡比较合适。

声级计内设有听觉修正线路,测量时可根据工作需要(被测声音的频率范围)选用适当的修正网络,测得与人耳感觉相适应的噪声值。

图 5-7　声级计工作原理图

5.2.3　汽车噪声测量方法及标准

1. 车外噪声测量

噪声测量场地示意图如图 5-8 所示。车外噪声测量可分为加速行驶车外噪声测量与匀速行驶车外噪声测量两种。

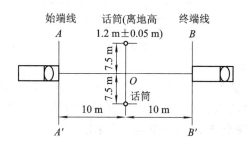

图 5-8　噪声测量场地示意图

1）加速行驶车外噪声测量

（1）为保证测量结果的可比性，要求各车辆按规定条件稳定地到达始端线；前进挡位为 4 挡以上的车辆用 3 挡，前进挡位为 4 挡或 4 挡以下的车辆用 2 挡；发动机转速为标定转速的 3/4，此时若车速超过 50 km/h，那么车辆应以 50 km/h 的车速稳定地到达始端线；对于采用自动变速器的车辆，在试验区间使用加速最快的挡位；辅助变速装置不应使用；在无转速表时，可以控制车速进入测量区，以所定挡位相当于 3/4 标定转速的车速稳定地到达始端线。

（2）从车辆前端到达始端线开始，立即将加速踏板踏到底或节气门全开，直线加速行驶，当车辆后端到达终端线时，立即停止加速。车辆后端不包括拖车以及和拖车连接的部分。

本测量要求被测车辆在后半区域发动机达到标定转速。若车速达不到这个要求，可将 O 至终端线的距离延长到 15 m，若仍达不到这个要求，则车辆使用挡位要降一挡。若车辆在后半区域超过标定转速，可适当降低到始端线的车速。

（3）声级计用 A 计权网络、"快"挡进行测量，读取车辆驶过时的声级计表头最大读数。

（4）同样的测量往返进行 1 次。车辆同侧 2 次测量结果之差应不大于 2 dB，并把测量结果记入规定的表格中。取每侧 2 次声级计读数平均值中的最大值作为被测车辆的最大噪声级。若只用 1 个声级计测量，同样的测量应进行 4 次，即每侧测量 2 次。

2）匀速行驶车外噪声测量

（1）车辆用常用挡位，节气门开度保持稳定，以 50 km/h 的车速等速驶过测量区域。

（2）声级计用 A 计权网络、"快"挡进行测量，读取车辆驶过时的声级计表头最大读数。

（3）同样的测量往返进行 1 次。车辆同侧 2 次测量结果之差应不大于 2 dB，并把测量结果记入规定的表格中。若只用 1 个声级计测量，同样的测量应进行 4 次，即每侧测量 2 次。

2. 车内噪声测量

1）车内噪声测点位置

在人耳附近布置测点，话筒朝向车辆前进方向。驾驶室内噪声测点位置如图 5-9 所示。客车室内噪声测点可选在车厢中部及最后一排座的中间位置，话筒高度可参考图 5-9。

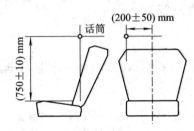

图 5-9　车内噪声测点位置

2）车内噪声测量方法

车内噪声测量是指测量车辆以常用挡位，50 km/h 以上的不同车速等速行驶时的车内噪声。用声级计"慢"挡测量 A、C 计权声级，分别读取表头指针最大读数的平均值。GB 7258—2017《机动车运行安全技术条件》规定，客车以 50 km/h 的速度匀速行驶时，客车车内噪声声级应不大于 79 dB(A)。

3. 驾驶人耳旁噪声测量

将变速器置于空挡，使车辆处于静止，而发动机在额定转速状态下运转时，声级计用 A 计权网络、"快"挡进行测量，读取声级计的读数。GB 7258—2017《机动车运行安全技术条件》规定，汽车驾驶员耳旁噪声声级应不大于 90 dB(A)。

4. 汽车喇叭声级测量

汽车喇叭声级的测点位置如图 5-10 所示，测量时应注意不被偶然的其他声源峰值所干扰，测量次数定在 2 次以上，测量喇叭声级的同时也要监听喇叭声音是否悦耳。

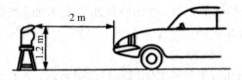

图 5-10　汽车喇叭声级的测点位置

从防止噪声对环境污染的角度出发，汽车喇叭噪声越低越好。从保证行车安全的角度出发，汽车的喇叭必须有一定的响度。为此，GB 7258—2017《机动车运行安全技术条件》对汽车喇叭作出如下要求：

（1）具有连续发声功能，其工作应可靠。

（2）在距车前 2 m，离地高 1.2 m 处测量时，喇叭声级的数值应为 90～115 dB(A)。

5. 汽车定置噪声测量

汽车定置噪声是指车辆不行驶，发动机处于空载运行状态时的噪声。汽车定置噪声测量按 GB/T 14365—2017《声学—机动车辆定置噪声声压级测量方法》的规定进行，汽车定置排气噪声测量场地及传声器位置如图 5-11 所示。

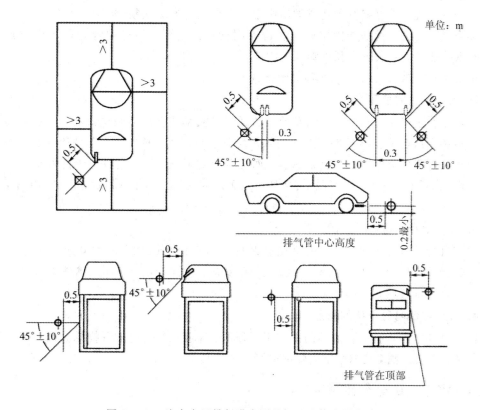

图 5-11　汽车定置排气噪声测量场地及传声器位置

测量的基本条件如下：

① 测量仪器应采用精密声级计。

② 测量场地应为开阔的、由混凝土、沥青等坚硬材料构筑的平坦地面，其边缘距车辆外廓至少 3 m。除测量人员和驾驶员外，测量现场不得有影响测量的其他人员。

③ 背景噪声应比所测车辆噪声至少低 10 dB(A)。背景噪声是指测量对象噪声不存在时，周围环境的噪声。

④ 测量时，变速器应挂空挡，驻车制动器拉紧，离合器接合。

5.3　汽车电磁兼容性测量

为了使汽车上灵敏度较高的电子设备和通信设备，以及附件的移动或通信接收设备等能兼容工作，必须对汽车点火系等产生的电磁干扰进行抑制，并限制其干扰场强在允许范围内。GB 14023—2011《车辆、船和内燃机　无线电骚扰特性用于保护车外接收机的限值与测量方法》规定了其限值与测量方法。

5.3.1　汽车电磁干扰的危害

1. 电磁干扰

电磁干扰(Electromagnetic Interference，EMI)是指任何可能会降低某个电气装置、设备或系统的性能，或可能对生物或物质产生不良影响的电磁现象。

换言之，电磁干扰是指由电磁干扰源发射的电磁能量，经过耦合途径传输至敏感设备，敏感设备又对此表现出某种形式的响应，并产生干扰的效果。

电磁干扰主要有传导干扰和辐射干扰两种。

2．电磁干扰的危害

当汽车在公路上运行时，汽油发动机的高压点火系统会产生强电磁波，干扰周围的无线电广播和无线电通信业务的正常运行，并且对电磁环境造成污染。车辆产生的电磁干扰不但对车辆外界的无线电设备造成影响，而且也会对车辆内部的各种电子部件造成不良影响。因此，人们将电磁污染（电磁干扰）列为汽车造成的三大污染（排放污染、噪声污染、电磁污染）之一。

3．汽车自身的电磁干扰源

汽车自身的电磁干扰源主要有高压点火系统、感性负载（如电机类电器部件）、开关类部件（如闪光继电器）、电子控制单元（ECU）以及灯具、无线电设备等，这些部件产生的干扰会在汽车内部造成相互影响。

4．汽车内部电磁干扰的特点

汽车内部电磁干扰的特点不同于汽车对外部的干扰。车内电磁干扰既会通过各种连接线缆传播，也会以耦合方式、空间辐射（发射）方式传播。

5.3.2　汽车电磁兼容性测试方法

汽车电磁兼容性测试方法不仅包括汽车对其他设备或系统的电磁干扰测试方法，而且包括车辆本身控制系统的电磁抗扰度的测试方法。

目前，我国现行的强制性标准只限定了汽车对环境的电磁干扰，而没有针对汽车本身控制系统的电磁抗扰度进行规定。

汽车电磁兼容性测试主要包括四个方面：传导发射、传导抗扰度、辐射发射、辐射抗扰度。在汽车电磁兼容领域，上述四个方面不但针对整车，而且还包括零部件。

1．汽车电磁干扰评价指标

汽车电磁干扰的评价指标是汽车的电磁辐射量。根据检波方式的不同，汽车的电磁辐射量可用平均值、峰值和准峰值表示。在规定的条件下，检测汽车的电磁辐射量可以评价汽车的无线电骚扰特性。

在 GB 14023—2011 中，规定测量频率范围为 30～1000 MHz 的整个频段。在不具备连续扫描测量仪器的情况下，允许按表 5-3 中规定的 11 个频率点进行测量。如果 11 个频点的干扰场强均低于相应的限值，则可认为在整个频段内，被测车辆的干扰值不会超过规定的限值，如图 5-12 所示。

表 5-3　11 个测量频率点

频率点/MHz	允许偏差/MHz
45,65,90,150,180,220	±5
300,450,600,750,900	±15

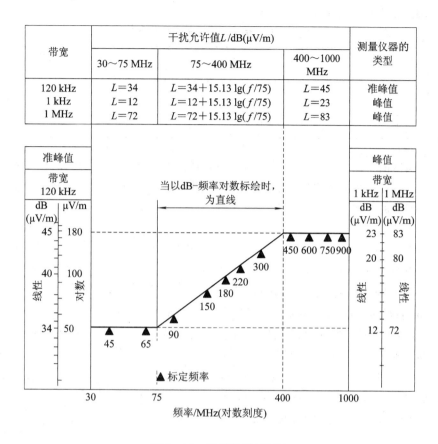

带宽	干扰允许值 L/dB(μV/m)			测量仪器的类型
	30～75 MHz	75～400 MHz	400～1000 MHz	
120 kHz	$L=34$	$L=34+15.13\lg(f/75)$	$L=45$	准峰值
1 kHz	$L=12$	$L=12+15.13\lg(f/75)$	$L=23$	峰值
1 MHz	$L=72$	$L=72+15.13\lg(f/75)$	$L=83$	峰值

图 5-12　干扰限值(宽带)

2．测量评定

1）测量设备

测量仪器应符合 GB/T 6113.101—2016《无线电骚扰和抗扰度测量设备和测量方法规范》的要求，手动或自动频率扫描方式均可使用，并应专门考虑过载、线性度、选择和对脉冲的正常响应等特性。

频谱分析仪和扫频接收机适用于辐射干扰场强的测量。对于相同的带宽，频谱分析仪和扫频接收机的峰值检波器所显示的峰值均大于准峰值。由于峰值检波比准峰值检波扫描速度快，因此发射测量采用峰值检波更方便。在采用准峰值限值时，为了提高效率也可使用峰值检波器测量。任何测量的峰值等于或超过相应单个采样形式试验限值时，应使用准峰值检波器重新测量。测量仪器的最小扫描时间/频率(即最快扫描速率)见表 5-4。

表 5-4　最小扫描时间/频率

频率范围/MHz	峰值检波器/(ms/MHz)	准峰值检波器/(ms/MHz)
0.15～30	100	20
30～1000	1	20

测量仪器的带宽是一个重要的技术参数，选择带宽时，应使仪器的本底噪声值至少比

限值低 6 dB。推荐的测量仪器带宽见表 5 - 5。

表 5 - 5 推荐的测量仪器带宽

频率范围/MHz	宽带		窄带	
	峰值/kHz	准峰值/kHz	峰值/kHz	平均值/kHz
0.15～30	9	9	9	9
30～1000	120	120	120	120

当测量仪器的带宽大于窄带信号的带宽时，测得的信号幅值不受影响；当测量仪器的带宽减小时，宽带脉冲噪声的指示值将减小。若用频谱分析仪进行峰值测量，视频带宽至少为分辨力带宽的 3 倍。

2）测量场地

（1）开阔试验场的要求。

试验场应是一个没有电磁波反射物，以车辆或装置与天线之间的中点为圆心，最小半径为 30 m 的圆形平面空旷场地。大型汽车测量场地的要求如图 5 - 13 所示。长度和宽度小于 2 m 的车辆和装置，其试验场地要求可参考 GB/T 6113.101—2016。其测量设备、棚或装有测量设备的车辆可置于试验场内，但只能处于图 5 - 13 中交叉阴影线标示的允许区域内。

为了保证没有足以影响测量值的外界噪

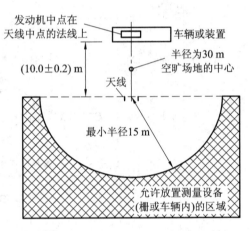

图 5 - 13 大型汽车测量场地

声或信号，要在测试前后，车辆或装置没有运转的状态下测量环境噪声。这两次测量到的环境噪声电平（已知的无线电发射除外）应比规定的骚扰限值至少低 6 dB。

（2）天线位置的要求。

天线位置的极化方向、天线高度与距离如图 5 - 14 和图 5 - 15 所示。

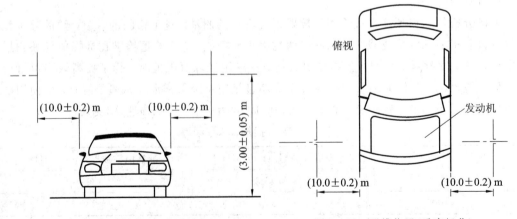

图 5 - 14 天线位置（水平极化）   图 5 - 15 天线位置（垂直极化）

（3）被测车辆的要求。

在测量时，应分别在被测车辆两侧进行，发动机应处于正常工作温度，发动机的转速见表5-6。

表 5-6　发动机的转速

缸数	测量方法	
	准峰值	峰值
	发动机转速	
单缸	2500 r/min	大于怠速
多缸	1500 r/min	小于怠速

5.3.3　测量结果统计分析与评定

1. 测量结果统计分析

为了以80%的置信度保证在大量生产的车辆或装置中有80%的产品符合规定的限值 L，应满足下列条件，即

$$\overline{X} + KS_n \leqslant L \tag{5-9}$$

式中：$\overline{X}$——n 个车辆或装置上测量结果的算术平均值；

S_n——n 个车辆或装置上测量结果的标准偏差；

K——随 n 而定的统计系数，由表5-7给定；

L——规定的骚扰限值。

$$\overline{X} = \frac{1}{n}\sum_{i=1}^{n} X_i \tag{5-10}$$

式中：X_i——单个车辆或装置的测量结果。

表 5-7　统计系数表

n	6	7	8	9	10	11	12
K	1.42	1.35	1.30	1.27	1.24	1.21	1.20

n 个车辆或装置测量结果的标准偏差为

$$S_n^2 = \frac{1}{n-1}\sum_{i=1}^{n}(X_i - \overline{X})^2 \tag{5-11}$$

S_n、X_i、$\overline{X}$、L 都以相同的对数单位表示，如 $dB(\mu V/m)$ 或 $dB(\mu V)$ 等。

如果第一次的 n 个车辆或装置样品不能满足规定值，则应对第二次的 N 个车辆或装置样品进行测量，并将所有结果作为由 $n+N$ 个样品产生的结果加以评定。

2. 测量结果评定

（1）评定总则。

评定单个车辆或装置时，采用扫描测量的全部数据；评定多个车辆或装置时，将前述的特性电平与对应的子频段内典型频率的限值进行比较。

（2）形式试验结果的评定。

单个样品的试验：对于新产品系列的样车或装置，测量结果应比规定的限值至少低2 dB。

多个样品的试验：应随机抽取 5 个或 5 个以上的样品进行测量，其测量结果要与单个样品的测量结果相结合，在每一个子频段的测量数据要按照上述统计方法统计评定，其结果低于在该子频段典型频率上的限值。

（3）成批生产的监督检验结果的评定。

单个样品的试验：测量结果应比规定的限值最多高 2 dB。

多个样品的试验：随机抽取 5 个或 5 个以上的样品进行测量，其测量结果要与单个样品的测量结果相结合，在每一个子频段的测量数据要按照上述统计方法统计评定，其结果都应比在该子频段典型频率上的限值最多高 2 dB。

（4）研制试验用的快速样机检验(仅适用宽带发射)。

可以任选一种测量方法来确定车辆或装置的发射电平，从而确定该骚扰电平是否有可能满足规定的限值。

思 考 题

1. 汽车排气污染物包括哪些主要成分？
2. 汽油车排气污染物的测量仪器主要有哪些？简述其基本测量原理。
3. 汽油车排气污染物的测量方法有哪几种？
4. 柴油车排气污染物的测量仪器主要有哪些？简述其基本测量原理。
5. 柴油车烟度测量有哪几种方法？
6. 何谓 A、B、C 计权网络？
7. 简述汽车加速行驶车外噪声的测量方法。
8. 汽车电磁干扰测量设备有哪些？

第6章　汽车基本性能试验与汽车整车出厂检验

6.1　动力性试验

汽车动力性试验可分为道路试验和室内试验。道路试验主要测量汽车的最高车速、最低稳定车速、加速能力、最大爬坡度及牵引性能等。室内试验主要测量汽车的驱动力和各种阻力。

6.1.1　车速测定试验

车速测定试验一般分为最高车速试验和最低稳定车速试验两类。

1. 试验条件

1）试验气象

试验时应是无雨无雾天气，相对湿度小于95％，气温0℃～40℃，风速不大于3 m/s。

2）试验仪器、器具

在进行车速测定试验时，其试验仪器、器具可以选用人工手动的试验器具，例如计时器（包括秒表、光电管式计时器等计时装置，最小读数为0.01 s）、钢卷尺和标杆等，也可以选用先进自动的试验仪器，如第五轮仪、非接触式速度仪、GPS车速试验仪器等。

3）试验道路

试验道路应是清洁、干燥、平坦的，用沥青或混凝土铺装的直线道路；道路长3 km左右，宽不小于8 m，纵向坡度在0.1％以内。

4）试验车辆装载质量

无特殊规定时，装载质量均为厂定最大装载质量或使试验车处于厂定最大总质量状态。装载质量应均匀分布，装载物应固定牢靠，试验过程中不得晃动和颠离；不应因潮湿、散失等条件变化而改变其质量，以保证装载质量大小、分布不变。

5）试验车辆轮胎气压

试验过程中，轮胎冷充气压力应符合该车技术条件的规定，误差不超过10 kPa（约0.1 kgf/cm²）。

6）试验车辆用燃料、润滑油（脂）和制动液

试验车辆使用的燃料、润滑油（脂）和制动液的牌号和规格，应符合该车技术条件或现行国家标准的规定。除可靠性行驶试验、耐久性道路试验及使用试验外，同一次试验的各项性能测定必须使用同一批燃料、润滑油（脂）和制动液。

7）试验车辆的准备

对新生产的汽车应根据试验要求，对试验车辆进行磨合。除另有规定外，磨合应符合

该车使用说明书的规定。

试验前,试验车辆必须进行预热行驶,使汽车发动机、传动系及其他部分预热到规定温度状态。同时还要检查试验汽车的转向机构、各部分紧固件的紧固情况及制动系统的效能,以保证试验的安全。

2. 试验方法

1) 最高车速试验

汽车的最高车速是指汽车在良好的水平路面上直线行驶时汽车能达到并保持行驶的平均最高速度。它不是瞬时值,而是可连续行驶一定距离的最高速度。其试验方法按国家标准 GB/T 12544—2012《汽车最高车速试验方法》进行。

在符合试验条件的道路上,选择中间 200 m 为测量路段,做好标志,测量路段两端为试验加速区间。根据试验汽车加速性能优劣,选定充足的加速区间(包括试车场内环形高速跑道),使汽车在驶入测量路段前能够达到最高的稳定车速。试验汽车在加速区间以最佳的加速状态行驶,在到达测量路段前保持变速器(及分动器)在汽车设计最高车速的相应挡位,节气门全开,使汽车以最高的稳定车速通过测量路段。为消除风向、道路坡度等因素对试验结果的影响,试验需要往返各进行 1 次。

在使用人工秒表试验时,测定的是汽车通过测量路段的时间;对使用自动记录的测量器,在其输出或打印时,能直接得到车速、测量长度、测量段行驶时间。

按试验结果求出最高车速的计算式为

$$v_{\max} = \frac{720}{t} \tag{6-1}$$

式中:$v_{\max}$——最高车速,km/h;

t——测量段行驶时间,s。

试验往返各进行 1 次,两次试验结果的平均值为试验结果。

试验注意事项如下:

(1) 在进行最高车速试验时,应根据汽车加速性能的优劣,选择充足的加速区间,使汽车在驶入测量路段前能达到最高的稳定车速。一般情况下,要求供加速用的直线路段为 1~3 km,其具体长度视汽车质量的大小和加速性能而定。最高车速试验可在汽车试验场利用高速跑道进行加速,在直线段达到最高的稳定车速后进行测量。

(2) 试验时,变速器挡位置于汽车设计最高车速的相应挡位,一般是最高挡。如果最高挡速比设置(例如某些超速挡)不能使汽车达到最大行驶速度,则可在次高挡进行测试。对使用自动变速器的车辆,最高车速试验在"D"挡下进行。

(3) 最高车速反映的是车辆依靠动力能达到的车速极限,因此,在试验时,要关闭车窗和附属设施(如空调系统),减少气流阻力消耗。

2) 最低稳定车速试验

最低稳定车速是指最低的能稳定行驶的车速,该车速能保证汽车在急速踩下油门踏板时,发动机不熄火,传动系不抖动,汽车能够平稳不停顿地加速,且对应的发动机转速不下降。最低稳定车速试验按 GB/T 12547—2009《汽车最低稳定车速试验方法》进行。

试验时,将试验车辆的变速器和分动器(如果有)置于所要求的挡位,从发动机怠速转速开始,使汽车保持一个较低的能稳定行驶的车速行驶并通过试验路段。

通过测速仪或车速行程测量装置观察车速，并测定汽车通过 100 m 试验路段时的实际平均车速。

在汽车驶出试验路段时，立即急速踩下油门踏板，发动机不应熄火，传动系不应抖动，汽车能够平稳不停顿地加速，且对应的发动机转速不得下降。

如果这些条件不能满足，则应适当提高试验的车速，然后重复进行，直到找到满足前述条件的汽车最低稳定车速。

试验应往返进行至少各 1 次。试验过程中，不允许为保持汽车稳定行驶而切断离合器或使离合器打滑，并且不得换挡。

取实测车速的算术平均值为该汽车该挡位的最低稳定车速。

在使用人工秒表试验时，测定的是汽车通过测量路段的时间；对使用自动记录的测量器，在其输出或打印时，能直接得到车速、测量长度、测量段行驶时间。

按试验结果求最低稳定车速的计算公式为

$$v_{min} = \frac{180}{t} \qquad\qquad (6-2)$$

式中：v_{min}——最低稳定车速，km/h；

$\quad$ t——测量段行驶时间，s。

6.1.2 加速性能试验

加速性能是指汽车从较低车速加速到较高车速时获得最短时间的能力，它主要用加速时间来衡量。

试验方法按国家标准 GB/T 12543—2009《汽车加速性能试验方法》进行，该标准适用于 M 类和 N 类车辆。

1. 试验条件

加速性能试验条件和车速测定试验条件相同。

2. 试验方法

1）全油门起步加速性能试验

全油门起步加速性能试验主要测量汽车由 Ⅰ 挡（小型车辆）或 Ⅱ 挡（大、中型车辆）起步，以最大的加速强度（低挡的后备功率大，加速能力强，因此最大加速强度的换挡操作方法是在发动机达到最高转速时，以可能的最快速度换挡）逐步换至最高挡后汽车到达设定的距离（400 m）或车速（100 km/h；最高车速的 90% 低于 100 km/h 的车辆，其加速终了的车速为 $90\% \bar{v}_{max}$ 向下圆整到 5 的整数倍）所需的时间。

2）全油门超越加速性能试验

全油门超越加速性能试验主要测量汽车用直接挡（对于采用二轴变速器的轿车与轿车变型车，其挡位为速比与 1 最接近的那个挡）由 50 km/h 的速度全力加速至 100 km/h（最高车速的 90% 低于 100 km/h 的车辆，其加速终了的车速为 $90\% \bar{v}_{max}$ 向下圆整到 5 的整数倍）所需的时间。直接挡加速快，则汽车超车时两车并行的时间短，有利于超车时的行车安全。

3. 评价指标

汽车加速性的评价指标是加速时间。欲得到加速时间，需记录汽车在加速过程中驶过的距离或加速过程中的速度变化。事实上，有了汽车行驶距离和时间的实时记录，便可获得汽车在加速过程中的速度变化。由此可见，汽车加速性能试验的测试量依然是行驶距离 s 和时间 t。

对于电动汽车，国标中规定用 $0\sim50$ km/h 全速加速所需的时间评价电动汽车的加速性能。

4. 试验结果

1）加速性能曲线

根据记录数据，分别绘制试验车往返 2 次的加速性能曲线（$v-t$ 和 $v-s$）。

2）试验结果

从加速性能曲线对应点取值，将其填入表 6-1、表 6-2、表 6-3，即为试验结果。

表 6-1　加速性能试验结果

测量项目 ＼ 车速	加速到下列车速/(km/h)									
	20	30	40	50	60	70	80	90	100	110
加速时间 t/s										
加速距离 s/m										

表 6-2　起步连续换挡加速性能试验结果一

测量项目 ＼ 车速	加速到下列车速/(km/h)										
	10	20	30	40	50	60	70	80	90	100	110
加速时间 t/s											
加速距离 s/m											

表 6-3　起步连续换挡加速性能试验结果二

加速距离 s/m	400	600	1000
加速时间 t/s			
车速 v/(km/h)			

6.1.3　爬坡试验

实际的各类公路不可避免会有一定的坡度，若汽车能顺利且快速爬过所遇到的各种坡度，必然需要有强大的动力。由此可见，汽车的爬坡能力应包括最大爬坡度和爬长坡的能力。

最大爬坡度是指汽车在良好路面上，满载状态下所能通过的极限坡道，采用坡道垂直高度与水平距离的百分比表示。汽车爬长坡的能力是指汽车在连续长坡的路段上所能达到的平均车速。显然，汽车所能爬过的坡度越大，在连续长坡路段行驶的平均车速越高，汽车的爬坡能力越强。汽车爬坡试验所要测试的参数仍然是行驶距离 s 和时间 t。

1. 试验条件

1）试验气象

试验时应是无雨无雾天气，相对湿度小于 95%，气温为 $0℃\sim40℃$，风速不大于 3 m/s。

2）试验仪器、器具

试验仪器、器具包括秒表、钢卷尺（50 m）、标杆、发动机转速表、坡度仪等。

3）试验道路

测试路段坡道长不小于 20 m，测试路段的前后设有渐变路段，坡前平直路段不小于 8 m，应为表面平整、坚实、干燥、坡度均匀的自然坡道（沥青路面或混凝土路面）。测试路段的纵向坡度变化率不大于 0.1%，横向变化率不大于 3%。大于 40% 的纵坡应设置安全保险装置。

4）其他条件

其他条件与车速测定试验相同。

2. 爬坡试验

爬陡坡试验是测试汽车爬坡能力的方法之一，爬坡能力一般用最大爬坡度来衡量。其试验方法按国家标准 GB/T 12539—2018《汽车爬陡坡试验方法》进行。

1）爬陡坡试验

最初，试验车辆满载情况下，使用最低挡位（一般都是 I 挡），如有副变速器也置于最低挡，将试验车停于接近坡道的平直路段上。起步后，将节气门全开进行爬坡。测量并记录汽车通过测速路段的时间及发动机转速。

爬坡过程中，监视各仪表（如水温表、机油压力）的工作情况；爬至坡顶后，停车检查各部件有无异常现象发生，并作详细记录。如第一次爬不上坡，可进行第二次，但不超过两次。

当爬不上坡时，可以减少试验车辆载荷，重新试验，直至汽车能爬上坡道为止。记录最后能爬上坡道时汽车的载荷以及通过测速路段的时间及发动机转速。

如果汽车能顺利爬上该坡，再选择更高的行驶挡位，重新试验，直至汽车不能爬上坡道为止。此时，降低一个挡位，适当增加载荷，重新试验，直至汽车不能爬上坡道为止。记录最后能爬上坡道时汽车的载荷以及通过测速路段的时间及发动机转速。

2）爬长坡试验

试验坡道为表面平整、坚实的连续上坡道，要求该坡道长为 8～10 km，其中上坡路段应占坡道长度的 90% 以上，最大纵向坡度不小于 8%。

试验前，检查汽车是否处于良好的技术状态，尤其发动机供油系和冷却系、动力传动系及制动系的工作状况，里程表应经过校正。

试验时，试验车停放在坡道起点处，记录里程表指示里程，启动燃油流量计，然后起步开始爬坡。在爬坡过程中，每行驶 0.5 km 记录一次各部位的温度值，观察仪表、发动机及动力传动系等的工作状况。

当爬至试验终点时，记录数据，计算平均车速和平均百公里燃料消耗量。

3. 试验数据处理

1）最大爬坡度

最大爬坡度为

$$\alpha_{max} = \arcsin\left(\frac{m}{m_0} \times \frac{i_1}{i} \times \sin\alpha\right) \tag{6-3}$$

式中：α_{max}——折算后的最大爬坡度，（°）；

α——试验用坡道的实际坡度，(°)；

m_0——试验车辆制造厂规定的最大总质量，kg；

m——试验时试验车辆的实际总质量，kg；

i_1——变速器最低挡时传动系的传动比；

i——试验时试验车辆传动系的实际传动比。

2）爬坡时的平均车速

爬坡时的平均车速为

$$v = \frac{36}{t} \qquad (6-4)$$

式中：v——平均车速，km/h；

t——试验车辆通过 10 m 速度测量段的时间，s。

4. 负荷拖车测量法（牵引法）测量车辆最大爬坡度

用负荷拖车测量车辆最大爬坡度时，车辆在平整、坚实的水平直线铺装路面上试验，使用负荷拖车作为负荷，通过换算试验结果，求得最大爬坡度。

试验时，变速器置于最低挡，节气门全开（或喷油泵齿条行程最大），拖动负荷拖车（m_g），牵引杆应处于水平位置，与试验汽车和负荷拖车的纵向中心平面平行。牵引杆内安装拉力传感器，用以测量拖钩牵引力。通过负荷拖车的制动，增加负荷，测量试验车最大拖钩牵引力 F_{max}，则最大爬坡度为

$$\alpha_{max} = \arcsin \frac{F_{max}}{m_g} \qquad (6-5)$$

如果没有负荷拖车，也可以用最大总质量状态下的汽车来代替负荷拖车进行试验。试验时，应将被拖车辆的变速器置于最低挡，并用制动器逐步增强制动强度，直至试验汽车拖不动为止，并将牵引过程中测量的最大牵引力作为最大拖钩牵引力。

6.1.4 牵引试验

汽车牵引性能试验主要用于确定汽车牵引挂车的动力性能。汽车牵引性能试验包括：牵引性能试验和最大拖钩牵引力试验。其试验方法按国家标准 GB/T 12537—1990《汽车牵引性能试验方法》进行。

1. 试验条件

1）试验气象

试验时应是无雨无雾天气，相对湿度小于 95％，气温为 0℃～40℃，风速不大于 3 m/s。

2）试验仪器、器具

试验仪器、器具包括：负荷拖车或能施加负荷的一般拖车；牵引杆；自动记录牵引力计及量程适当的牵引力传感器，测量精度为 2％；速度测量仪，测量精度为 1％；燃油流量计，测量精度为 1％；计时器，最小读数为 0.1 s。

3）试验道路

试验道路应是清洁、干燥、平坦的，用沥青或混凝土铺装的直线道路；道路长 3 km 左右，宽不小于 8 m，纵向坡度在 0.1％以内。

4）试验车辆装载质量

无特殊规定时，装载质量均为厂定最大装载质量或使试验车处于厂定最大总质量状态。装载质量应均匀分布，装载物应固定牢靠，试验过程中不得晃动和颠离，不应因潮湿、散失等条件变化而改变其质量。

5）轮胎气压

测定最大拖钩牵引力时，试验车的轮胎气压应不小于制造厂规定的最低轮胎气压值。

6）其他条件

其他条件与车速测定试验相同。

2. 试验方法

1）牵引性能试验

试验前，在试验汽车上安装车速仪，并用牵引杆连接试验汽车与负荷拖车；在牵引杆内部安装1只拉力传感器，试验时要求牵引杆保持水平，其纵向与试验汽车及负荷拖车的纵向中心平面平行。

试验时，汽车起步，加速换挡至试验需要的挡位，节气门全开（或喷油泵齿条行程最大），加速至该挡最高车速的80%左右，负荷拖车施加负荷，在发动机正常使用的转速范围内测取5~6个间隔均匀的稳定车速和该车速下的拖钩牵引力。

试验往返各进行1次，取算术平均值作为试验结果。绘制各挡牵引力性能曲线，如图6-1所示。

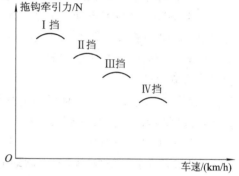

图6-1　汽车牵引力性能曲线

2）最大拖钩牵引力试验

试验所需仪器及试验道路与汽车牵引性能试验相同。

试验时由试验车拖动负荷拖车运动，试验车动力传动系均处于最大传动比状态，自锁差速器应锁住。如果用钢丝绳牵引，两车之间的钢丝绳不得短于15 m。

试验开始时，试验车缓慢起步，待钢丝绳（或牵引杆）拉直后，逐渐将加速踏板踩到底，以该工况下最高车速的80%行驶。

当驶至测定路段时，负荷拖车开始平稳地施加负荷，使试验车车速平稳下降，直至试验车发动机熄火或驱动轮完全滑转为止，从拉力传感器上读取最大拖钩牵引力。

试验往返各进行1次，以两个方向测得的最大拖钩牵引力的算术平均值作为最终试验结果。

6.1.5　附着系数测量试验

附着系数是指轮胎在不同路面的附着能力大小。该系数直接影响汽车的动力性能和制动性能的发挥。附着系数高的路面，车轮不容易打滑，行驶安全；附着系数低的路面，车轮易打滑，比如雪地、冰面等。

附着系数测量试验一般有两种方法：倒拖法和制动法。

1. 倒拖法测量附着系数

倒拖法测量附着系数的试验条件与牵引试验相同。

倒拖法测量是利用其他动力牵引拖动处于静止、制动状态下汽车的试验。试验时，牵引力缓慢增加，直至试验车被拖动（车轮滑动）为止。记录最大牵引力 F_{max}，通过下式得出路面附着系数：

$$k = \frac{F_{max}}{mg} \qquad (6-6)$$

式中：k——附着系数；

F_{max}——试验测量的最大牵引力，N；

m——试验测量总质量，kg；

g——重力加速度，$g=9.81\ m/s^2$。

2. 制动法测量附着系数

制动法测量附着系数的试验条件与车速测定试验相同。

制动法测量可按国家标准 GB/T 13594—2003《机动车和挂车防抱制动性能和试验方法》的附录 B"附着系数利用率"中的方法进行。

附着系数是在无车轮抱死的前提下，由最大制动力除以被制动车轴（桥）的相应动态轴荷的商来确定的。

只对试验车辆的单根车轴（桥）进行制动，试验初速度为 50 km/h。制动力应在该车轴的车轮之间均匀分配，以达到最佳性能。在 20～40 km/h 之间，防抱系统应脱开或不工作。

可以采用逐次增加管路压力的方法进行多次试验来确定车辆的最大制动强度 z_{max}。每次试验时，应保持脚踏板力不变。制动强度应根据车速从 40 km/h 降到 20 km/h 所经历的时间 t，用下面的公式来计算：

$$z = \frac{0.566}{t} \qquad (6-7)$$

从 t 的最小测量值 t_{min} 开始，在 t_{min} 和 $1.05\ t_{min}$ 之间选择 3 个 t 值（包括 t_{min}），计算其算术平均值 t_m，然后计算：

$$z_m = \frac{0.566}{t_m} \qquad (6-8)$$

z_{max} 为 z_m 的最大值，t 的单位为 s。

若实际证明，不能得到上述 3 个 t 值，可采用最短时间 t_{min}。

制动力应根据测得的制动强度和未制动车轮的滚动阻力来计算，驱动桥和非驱动桥的滚动阻力分别为其静态轴荷的 0.015 倍和 0.010 倍。

对于后轮驱动的双轴车，前轴（1）制动时，附着系数由下式算出：

$$k_f = \frac{z_m \times m \times g - 0.015\ F_2}{F_1 + (h/E) \times z_m \times m \times g} \qquad (6-9(a))$$

对于后轮驱动的双轴车，后轴（2）制动时，附着系数由下式算出：

$$k_r = \frac{z_m \times m \times g - 0.010\ F_1}{F_2 + (h/E) \times z_m \times m \times g} \qquad (6-9(b))$$

式中：m——试验车辆总质量，kg；

F_1——试验车辆前轴轴荷，N；

F_2——试验车辆后轴轴荷，N；

h——试验车辆重心高度，mm；

E——试验车辆轴距，mm；

g——重力加速度，$g=9.81\ \mathrm{m/s^2}$。

6.2　燃料经济性试验

汽车燃料经济性评价指标是单位行程的燃料消耗量。而单位行程的燃料消耗量常用一定运行工况下汽车行驶百公里的燃料消耗升数（L/100 km）来表示。一是等速百公里油耗，它是指汽车在一定载荷下，以最高挡在水平良好路面上等速行驶折算的 100 km 的燃料消耗升数（L/100 km）；二是循环工况百公里油耗，它是指按规定的循环行驶试验工况来模拟汽车的实际运行工况折算的 100 km 的燃料消耗量（L/100 km）。

6.2.1　滑行试验

滑行试验是对汽车底盘技术状况的综合检查。汽车以一定的初速度（国家标准规定，汽车滑行试验的起始车速为 50 km/h）摘挡滑行直到停车所驶过的距离越远，则汽车底盘的技术状况越好；反之，说明汽车底盘的技术状况不佳，应对其进行全面调整。当然，汽车的滑行距离还与汽车质量的大小有关。质量大的车辆，惯量大，滑行距离就长。

滑行试验的目的是检查汽车底盘技术状况，调整状况和测定汽车道路的行驶阻力。滑行试验选在试验道路的中段 800～1000 m 长度进行，关闭汽车门窗，其他试验条件参照《通则》的规定。

试验时，以 $(50\pm0.3)\mathrm{km/h}$ 的车速匀速行驶，当行驶到试验区段起点时，迅速踩下离合器踏板，将变速器挂空挡进行滑行，直至停车。记录车速从 50 km/h 开始到停车整个滑行过程的滑行时间和滑行距离。滑行过程中，应保持汽车直线行驶，尽可能不转动转向盘，不允许使用制动器。试验至少往返各滑行 1 次，并且往返区段应尽量重合。

由于滑行初速度较难准确地控制在 50 km/h，为使试验结果具有可比性，应将实测的滑行距离换算成标准滑行初速度 $v_0=50\ \mathrm{km/h}$ 下的滑行距离，其换算公式为

$$s = \frac{-b+\sqrt{b^2+ac}}{2a} \qquad (6-10)$$

$$a = \frac{v_0'^2-bs'}{s'^2} \qquad (6-11)$$

式中：a——计算系数，$1/\mathrm{s^2}$；

v_0'——实测滑行初速度，m/s；

b——常数，当汽车总质量不超过 4000 kg 且滑行距离不超过 600 m 时，$b=0.3$，其他情况下 $b=0.2$；

s'——实测滑行距离，m；

c——常数，$c=771.6\ \mathrm{m^2/s^2}$；

s——初速度为 50 km/h 时的滑行距离，m。

取换算后两个方向滑行距离的平均值作为试验结果。

6.2.2 等速行驶燃料消耗量试验

等速行驶燃料消耗量试验通过测量汽车以稳定的车速匀速行驶一定距离平直路段的燃料消耗量，来获得各车速时的百公里油耗。等速行驶燃料消耗量试验既可在底盘测功机上进行，也可在道路上进行。车辆试验质量、载荷分布以及变速器挡位的选择参照相关标准执行。

1. 试验方法

1）道路试验

对于商用车，测量路段的长度为 500 m；试验车速从 20 km/h 开始，以 10 km/h 的整数倍均匀选取车速，直至最高车速的 90%，至少测定 5 个试验车速。

试验时，变速器挡位采用直接挡或直接挡和超速挡。带自动变速器的车辆，采用高挡。测量汽车等速通过 500 m 测量路段的时间及燃料消耗量。

同一车速应往返各进行 2 次。

对于乘用车，测量路段的长度应至少为 2 km，可以是封闭的环形路，也可以是平直路（试验应在两个方向上进行）；试验车速为 90 km/h 和 120 km/h。

2）测功机试验

试验前，使车辆达到试验温度，以接近试验速度的速度在测功机上行驶足够长的距离，保证车辆温度的稳定性。

试验时，测量的行驶距离不少于相应的道路试验距离，速度变化幅度不应大于0.5 km/h。

2. 燃料消耗量的计算

（1）采用质量法确定燃料消耗量 C。计算公式如下：

$$C = \frac{M}{D \cdot S_g} \times 100 \qquad (6-12)$$

式中：C——某一挡位、某一车速下的等速百公里油耗，L/km；

M——试验期间燃料消耗量测量值，kg；

D——试验期间的实际行驶距离，km；

S_g——标准温度（20℃）下的燃料密度，kg/dm³。

（2）采用容积法确定燃料消耗量 C。计算公式如下：

$$C = \frac{V[1 + \alpha(T_0 - T_F)]}{D} \times 100 \qquad (6-13)$$

式中：V——试验期间燃料消耗量（体积）测量值，L；

D——试验期间的实际行驶距离，km；

α——燃料容积膨胀系数（燃料为汽油和柴油时，该系数为 0.001/℃）；

T_0——标准温度为 20℃；

T_F——燃料平均温度，即每次试验开始和结束时，在容积测量装置上读取的燃料温度的算术平均值，℃。

3. 数据处理

1）试验结果的重复性检验

等速燃料消耗量试验与多工况燃料消耗量试验的结果必须进行重复性检验。

试验重复性按第 95 百分位分布来判别。第 95 百分位分布的标准差 R 与重复试验次数

n 的关系见表 6-4。

表 6-4　标准差 R 与重复试验次数 n 的对应关系

n	2	3	4	5	6
$R/(\text{L}/100\ \text{km})$	$0.053C_\text{m}$	$0.063C_\text{m}$	$0.069C_\text{m}$	$0.073C_\text{m}$	$0.085C_\text{m}$

　　注：C_m 为某项试验中进行 n 次试验测得的燃料消耗量的算术平均值，单位为 L/100 km。

　　设极差 ΔC_max 为某项试验中几次测量结果中最大燃料消耗量值与最小燃料消耗量值之差，单位为 L/100 km，则重复性检验判别原则如下：

　　当 $\Delta C_\text{max} < R$ 时，说明极差小于标准差，判为结果重复性好，可不增加试验次数。

　　当 $\Delta C_\text{max} > R$ 时，说明极差大于标准差，判为结果重复性差，应增加试验次数。

　　下面举例说明试验重复性检验判别方法。

　　例 6-1　某汽车以同一工况进行了 4 次试验，测得的燃料消耗量依次为 14.6 L/100 km、14.8 L/100 km、15.5 L/100 km、15.1 L/100 km，试对其进行重复性检验判别。

　　解　4 次试验燃料消耗量的平均值为

$$C_\text{m} = \frac{14.6 + 14.8 + 15.5 + 15.1}{4} = 15\ (\text{L}/100\ \text{km})$$

标准差为

$$R = 0.069 \times 15 = 1.035\ (\text{L}/100\ \text{km})$$

极差为

$$\Delta C_\text{max} = 15.5 - 14.6 = 0.9\ (\text{L}/100\ \text{km})$$

由于 $\Delta C_\text{max} < R$，因此判为结果重复性好，可不增加试验次数。

　　2）试验数据真实平均值的评定（置信区间）

　　数据真实平均值的评定按置信度 90% 进行，计算公式为

$$C_\text{mr} = C_\text{m} \pm \frac{0.031}{\sqrt{n}} \cdot C_\text{m} \tag{6-14}$$

式中：C_mr——燃料消耗量真实平均值，L/100 km；

　　　　C_m——n 次试验的燃料消耗量实测值的算术平均值，L/100 km；

　　　　n——重复性试验的次数。

　　例 6-2　某汽车以 90 km/h 等速行驶时，测得的燃料消耗量依次为 8.98 L/100 km、8.87 L/100 km、9.07 L/100 km、9.12 L/100 km，试计算燃料消耗量的真实平均值。

　　解　燃料消耗量实测算术平均值为

$$C_\text{m} = \frac{8.98 + 8.87 + 9.07 + 9.12}{4} = 9.01\ (\text{L}/100\ \text{km})$$

则置信区间为

$$C_\text{mr} = 9.01 \pm \frac{0.031}{2} \times 9.01 = 9.01 \pm 0.014\ (\text{L}/100\ \text{km})$$

　　3）试验数据校正

　　由于燃料消耗量试验条件不同，燃料的黏度、密度等都将存在一定的差别，为了能正确评价燃料经济性，应将燃料消耗量的测定值均校正到标准状态下的数值。

　　（1）标准状态。一般每一汽车燃料消耗量试验规范标准中都规定了各自的标准状态。

我国汽车燃料消耗量试验规定的标准状态为：环境温度为 20℃，大气压强为 100.0 kPa，汽油密度为 0.742 g/mL，柴油密度为 0.830 g/mL。

（2）校正公式。将实测的燃料消耗量校正到我国规定的标准状态下真实的燃料消耗量的计算公式为

$$C_0 = \frac{C_m}{k_1 \cdot k_2 \cdot k_3} \tag{6-15}$$

式中：C_0——校正后的燃料消耗量，L/100 km；

C_m——实测的燃料消耗量的算术平均值，L/100 km；

k_1——环境温度修正系数，$k_1 = 1 + 0.0025(20 - T)$，T 为试验时的环境温度，℃；

k_2——大气压强的校正系数，$k_2 = 1 + 0.0021(P - 100)$，$P$ 为试验时的大气压强，kPa；

k_3——燃料刻度修正系数，对于汽油，$k_3 = 1 + 0.8(0.742 - \rho_a)$，对于柴油，$k_3 = 1 + 0.8(0.83 - \rho_d)$，$\rho_a$、$\rho_d$ 分别为试验用汽油、柴油的平均密度，g/mL。

6.2.3　限定条件下的平均使用燃料消耗量试验

限定条件下的平均使用燃料消耗量试验通常也称百公里油耗测定试验，是最原始的传统试验。汽车设计任务书和技术文件中多采用本试验结果作为汽车燃料消耗量的评价指标。本试验由于受使用条件诸如道路、交通流量、环境及气象等随机因素的影响，试验结果重复性较差，置信度低。另外，由于各制造厂选取的试验道路不可能相同，因此试验结果的可比性也较差。但是，受传统习惯的影响，目前尚不能抛开该项试验。

本试验也可以不进行，利用等速燃料消耗量试验和多工况燃料消耗量试验数据通过加权计算的方法得到其结果。

本试验应在平原干线公路上进行，试验路段长度不得小于 50 km。试验时，在正常交通状况下尽可能保持匀速行驶，各类汽车的试验车速为：轿车的平均车速为 (60±2) km/h；铰接式客车的平均车速为 (35±2) km/h；其他车辆的平均车速为 (50±2) km/h。客车试验时，每隔 10 km 停车一次，怠速运转 1 min 后重新起步（模拟客车的实际行驶状态）。试验往返各进行 1 次，取 2 次测量结果的算术平均值作为限定条件下平均使用燃料消耗量的测定值。试验中要记录制动次数、挡位使用次数、行驶时间及里程，并测定 50 km 单程的燃料消耗量，而后换算成百公里燃料消耗量。

由于限定条件下的平均使用燃料消耗量试验结果的离散度大、可比性差，因此人们想到能否利用稳定的燃料消耗量试验工况代替这一非稳定试验工况，如可行，将既利于限定条件下的平均使用燃料消耗量的测试，又能大大提高试验结果的可信度。基于这一想法，提出了加权计算法。

目前，我国载货汽车燃料消耗量限值标准中已给出了载货汽车的加权计算公式。该公式是基于对国产和进口载货汽车的燃料消耗量试验数据的统计分析，进而探讨出各种燃料消耗量试验方法测定的燃料消耗量之间的关系，再赋予合理的加权系数得到的。对于其他类型的汽车，还有待于进行大量的燃料经济性试验，以及对数据的统计分析。

最大总质量为 2500～6000 kg 的汽油载货汽车的加权计算公式为

$$C_S = C_V \tag{6-16}$$

式中：C_S——限定条件下的平均使用燃料消耗量，L/100 km；

C_V——六工况循环试验的燃料消耗量，L/100 km。

最大总质量为 6000～15 000 kg 的汽油载货汽车的加权计算公式为

$$C_S = 0.05C_V + 0.5\,C_C \tag{6-17}$$

式中：C_C——等速（45 km/h）燃料消耗量，L/100 km。

柴油载货汽车的加权计算公式为

$$C_S = 0.5\,C_C \tag{6-18}$$

利用上述公式计算的限定条件下的平均使用燃料消耗量并不是绝对的真实值，而是具有一定偏差的近似值。今后随着汽车试验技术的发展，利用这种方法得到的试验结果将趋于准确化。

6.2.4 多工况燃料消耗量试验

车辆实际行驶时的油耗量是评价汽车燃料经济性的综合指标，最能反映实际使用情况，但汽车实际行驶时，受到道路条件、环境条件、驾驶员操作技术等方面的影响，使测出的油耗量重复性、可比性均较差。

多工况燃料消耗量试验能较好地解决上述矛盾。尽管汽车行驶工况千变万化，但在一定的使用区域内，其工况变化具有一定的统计特征。例如，城市市区具有交通流量大、车速低、经常使用低速挡、变换挡位频繁且停车次数多等特点；干线公路则具有车速高、经常使用高速挡、换挡次数和停车次数都较少等特点。对于各类相同、使用环境相似的车辆，其行驶工况基本相同，因此，可以根据各类车的使用环境，经过大量试验，找出其行驶工况的特征，并形成标准工况。若考查车辆实际行驶的油耗量，则可按标准工况进行试验（即多工况燃料消耗量试验），这样测出的油耗量既能综合体现汽车的燃料经济性，又能保证试验结果具有较好的重复性和可比性。

我国现在施行的多工况燃料消耗量试验有：适用于轿车、最大总质量小于 3500 kg 的轻型载货汽车的二十五工况燃料消耗量试验，微型汽车十工况燃料消耗量试验，最大总质量 3500 kg 以上载货车的六工况燃料消耗量试验，城市客车和双层客车的四工况燃料消耗量试验和其他客车的六工况燃料消耗量试验等。

1. 工况循环试验规范

城市客车、铰接客车及双层客车的四工况循环试验规范曲线见图 6-2，具体说明见表 6-5。

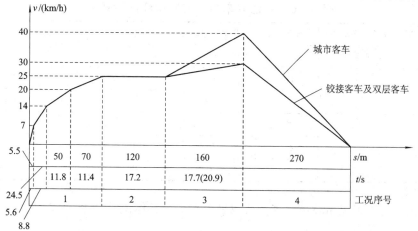

图 6-2　城市客车、铰接客车及双层客车的四工况循环试验规范曲线

表 6-5　城市客车、铰接客车及双层客车的四工况循环试验规范

工况序号	运转状态/(km/h)	行程/m	累积行程/m	时间/s	变速器挡位及换挡车速	
					挡位	换挡车速/(km/h)
1	0~25 换挡加速	5.5	5.5	5.6	Ⅱ~Ⅲ	6~8
		24.5	30	8.8	Ⅲ~Ⅳ	13~15
		50	80	11.8	Ⅳ~Ⅴ	19~21
		70	150	11.4	Ⅴ	
2	25	120	270	17.2	Ⅴ	
3	25~40(30)	160	430	17.7(20.9)	Ⅴ	
4	减速行驶	270	700	—	空挡	

注：① 对于Ⅴ挡以上的变速器，采用Ⅱ挡起步，按表中规定循环试验；对于Ⅳ挡变速用Ⅰ挡起步，将Ⅳ挡代替Ⅴ挡，其他依次代替，按表中规定循环试验。

　　② 括号内的数字适用于铰接客车及双层客车。

其他客车的六工况循环试验规范曲线见图 6-3，具体说明见表 6-6。

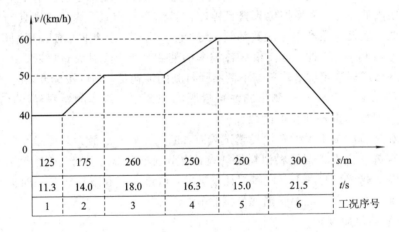

图 6-3　其他客车的六工况循环试验规范曲线

表 6-6　其他客车的六工况循环试验规范

工况序号	运转状态/(km/h)	行程/m	累积行程/m	时间/s	加速度/(m/s²)
1	40	125	125	11.3	—
2	40~50	175	300	14.0	0.20
3	50	260	560	18.0	—
4	50~60	250	810	16.3	0.17
5	60	250	1060	15.0	—
6	60~40	300	1360	21.5	−0.26

载货汽车的六工况循环试验规范曲线见图 6-4，具体说明见表 6-7。

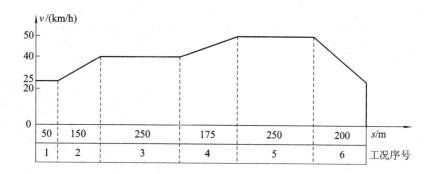

图 6-4 载货汽车的六工况循环试验规范曲线

表 6-7 载货汽车的六工况循环试验规范

工况序号	运转状态/(km/h)	行程/m	累积行程/m	时间/s	加速度/(m/s²)	变速器挡位
1	25	50	50	7.2	—	最高挡
2	25~40	150	200	16.7	0.25	最高挡
3	40	250	450	22.5	—	最高挡
4	40~50	175	625	14.0	0.20	最高挡
5	50	250	875	18.0	—	最高挡
6	50~25	200	1075	19.3	−0.36	最高挡

注：① 对于最高挡的最低温度车速大于 25 km/h 的车辆，可以使用次高挡进入试验，当试验速度高于最高挡的最低温度车速时，再换入最高挡进行试验。

② 减速时，允许使用制动器调整速度。

2. 多工况试验要求

在多工况试验中，换挡应迅速、平稳。减速行驶时，应完全放松加速踏板，离合器仍接合，必要时允许使用车辆的制动器。

试验车辆多工况的终了速度偏差为 ±3 km/h，其他各工况的速度偏差为 ±1.5 km/h。在各种行驶工况改变过程中，允许车速的偏差大于规定值，但在任何条件下超过车速偏差的时间不应大于 1 s，即时间偏差为 ±1 s。

每次循环试验后，应记录通过循环试验的燃料消耗量和通过时间。当按各试验循环完成后，车辆应迅速掉头，重复试验，试验往返进行 2 次，取 4 次试验结果的算术平均值作为多工况燃料消耗量试验的测定值。

3. 试验数据处理

试验数据处理方法与等速行驶燃料消耗量试验相同。

4. 底盘测功机上的循环试验

在进行汽车燃料消耗量试验时，特别是多工况循环试验，因工况多，道路试验又受到许多因素的制约，故常在室内底盘测功机上进行，如乘用车的模拟城市工况循环燃料消耗量试验如图 6-5 所示。

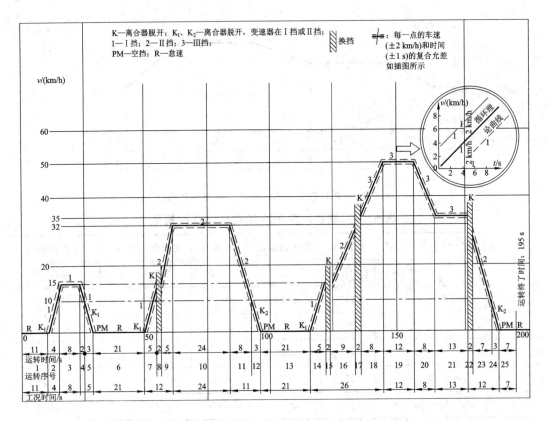

图 6-5 乘用车的模拟城市工况循环燃料消耗量试验

6.3 制动性能试验

汽车制动性能及制动效能试验参见 4.3.2 节,本节主要介绍制动器热衰退试验、涉水制动试验及防抱死制动系统性能试验。

6.3.1 制动器热衰退试验

制动器热衰退试验分为三步进行:基准试验、热衰退性能试验及恢复试验。基准试验是冷态制动器效能试验,其试验结果作为评价抗热衰退性能的基准值。热衰退性能试验主要考查制动性能的衰退率。恢复试验则考查制动器效能的恢复能力。制动器抗热衰退性能用制动效能衰退率表示。

衰退率的计算公式为

$$衰退率 = \frac{第\,i\,次踏板力(管路压力) - 基准踏板力(管路压力)}{基准踏板力(管路压力)} \times 100\% \qquad (6-19)$$

1. 基准试验

基准试验的制动初速度为 65 km/h,制动末速度为 0。最大总质量小于等于 3500 kg 的汽车制动减速度为 4.5 m/s²;最大总质量大于 3500 kg 的汽车制动减速度为 3.0 m/s²。制动器初始温度不大于 90℃,共制动 3 次。试验过程中测量制动减速度、制动踏板力或制动管路压力以及制动器初始温度。

制动过程中，虽然制动踏板力保持恒定，但减速度仍有波动，甚至波动较大，因此试验时，参考的制动减速度以制动过程的平均减速度为准。

2. 热衰退性能试验

制动器热衰退性能试验中，对于最大总质量小于等于 3500 kg 的汽车，制动初速度为 65 km/h，制动末速度为 0，制动减速度为 4.5 m/s²；对于最大总质量大于 3500 kg 的汽车，制动初速度为 65 km/h，制动末速度为 30 km/h，制动减速度为 3.0 m/s²。制动时间间隔皆为 60 s，冷却车速皆为 65 km/h，制动次数为 20 次。试验时，记录制动踏板力、制动管路压力、制动减速度及制动器初始温度。

3. 恢复试验

进行制动器热衰退性能试验后，立即进行恢复试验。恢复试验的制动初速度、制动末速度、制动减速度与热衰退性能试验的相同，制动时间间隔为 180 s，冷却车速为 65 km/h，制动次数为 15 次。要求最后一次制动时制动器初始温度降到 120℃以下。试验时，记录制动踏板力、制动管路压力、制动减速度及制动器初始温度。

6.3.2 涉水制动试验

涉水制动试验与制动器热衰退试验相似，包括基准试验、涉水试验和恢复试验。其性能评价也用衰退率表示。

1. 基准试验

基准试验的制动初速度为 30 km/h，制动末速度为零。最大总质量小于等于 3500 kg 的汽车制动减速度为 4.5 m/s²；最大总质量大于 3500 kg 的汽车制动减速度为 3.0 m/s²。制动器初始温度不大于 90℃，共制动 3 次。试验过程中测量制动减速度、制动踏板力、制动管路压力以及制动器初始温度。

2. 涉水试验

将试验车辆驶入水槽，车轮浸入水中的深度应大于车轮半径，并使制动器处于放松状态，然后驾驶车辆以 10 km/h 以下的车速在水槽中往返行驶。行驶 2 min 后，驶出水槽。

3. 恢复试验

试验车辆涉水后，驶出水槽 1 min 时进行恢复试验。恢复试验的制动初速度为 30 km/h，制动末速度为 0。最大总质量小于等于 3500 kg 的汽车制动减速度为 4.5 m/s²；最大总质量大于 3500 kg 的汽车制动减速度为 3.0 m/s²。冷却车速为 30 km/h，制动间隔距离为 500 m。试验时，记录制动踏板力、制动管路压力、制动减速度。

6.3.3 防抱死制动系统性能试验

装有防抱死制动系统(ABS)的车辆需要进行防抱死制动系统性能试验。防抱死制动系统性能试验按 GB/T 13594—2003《机动车和挂车防抱制动性能和试验方法》规定进行，主要包括防抱死制动系统指示灯检查试验、剩余制动效能试验、防抱死制动系统特征校核试验、附着系数利用率试验、对开路面上的适应性和制动因素试验、对接路面上的适应性试验、能耗试验和抗电磁干扰试验等。

防抱死制动系统性能试验所用典型路面见表6-8。

表6-8　防抱死制动系统性能试验所用典型路面

路面类型	路面类型代号	轮胎与路面附着系数	路面图例、路宽
高附着系数路面	G	$k_G \geqslant 0.5$	3.7 m
低附着系数路面	D	$k_D < 0.5$	3.7 m
高低附着系数对开路面	DK	$k_G \geqslant 0.5$，$k_D < 0.5$	3.7 m
高低附着系数对接路面	DJ	$k_G/k_D \geqslant 2$	3.7 m

1. 防抱死制动系统特征校核试验

试验时发动机应脱开，在车辆满载和空载两种情况下进行。在下列各种情况下试验时，车辆都不应驶出试验通道。

（1）在高附着系数路面或低附着系数路面上试验时，当在表6-9规定的初速度下，急促以"冷态制动效能试验"要求的踏板力踏下制动踏板制动时，由防抱死系统直接控制的车轮不应抱死。

表6-9　规定车型的最高试验车速

路面类型	车辆类型	最高试验速度
高附着系数路面	除满载的 N_2、N_3 类车辆外的所有车辆	$0.8v_{max} \leqslant 120$ km/h
	满载的 N_2、N_3 类车辆	$0.8v_{max} \leqslant 80$ km/h
低附着系数路面	M_1、N_1 类车辆	$0.8v_{max} \leqslant 120$ km/h
	M_2、M_3 类车辆及除半挂牵引车外的 N_2 类车辆	$0.8v_{max} \leqslant 80$ km/h
	N_2 类半挂牵引车和 N_3 类车辆	$0.8v_{max} \leqslant 70$ km/h

（2）当试验车辆在高低附着系数对接路面上，从高附着系数路面驶向低附着系数路面时，急促以"冷态制动效能试验"要求的踏板力踏下制动踏板制动，由防抱死系统直接控制的车轮不应抱死。行驶速度和进行制动的时刻应这样确定：防抱死系统能在高附着系数路面上全循环，并保证车辆以表6-9规定的最高试验速度，分别以高、低两种速度从高附着系数路面驶入低附着系数路面。

（3）当试验车辆在高低附着系数对接路面上，从低附着系数路面驶向高附着系数路面时，急促以"冷态制动效能试验"要求的踏板力踏下制动踏板制动，车辆的减速度应在合适的时间内有明显的增加，同时车辆不应偏离原来的行驶路线。行驶速度和制动时刻应这样确定：防抱死系统能在高附着系数路面上全循环，车辆以约50 km/h的速度从一种路面驶入另一种路面。

（4）当车辆的左右两侧车轮分别位于两种不同附着系数的路面即高低附着系数对开路面上时，在50 km/h的初速度下，以"冷态制动效能试验"要求的踏板力急促踏下制动踏板制动，由防抱死系统直接控制的车轮不应抱死。

满载车辆的制动强度 z_{MALS} 应满足：

$$z_{MALS} \geqslant \frac{0.75(4\,k_D + k_G)}{5}, \qquad z_{MALS} \geqslant k_D \qquad (6-20)$$

试验时，可利用转向来修正行驶方向，转向盘的转角在最初 2 s 内不应超过 120°，总转角不应超过 240°。此外，在这些试验开始时，车辆的纵向中心平面应通过高低附着系数路面的交界线。试验期间，轮胎(外胎)的任何部分均不应超过此交界线。

（5）上述几种试验，车轮允许短暂抱死，但不应影响车辆的行驶稳定性和转向能力。

2. 附着系数利用率试验

对装有一、二类防抱死制动系统的车辆，在高附着系数路面和低附着系数路面上的附着系数利用率应不小于 0.75。要确定附着系数利用率，需先确定最大制动强度。

最大制动强度和附着系数见 6.1 节。

附着系数利用率 ε 的定义为防抱死系统工作时的最大制动强度（z_{max}）和附着系数（k_m）的商，即

$$\varepsilon = \frac{z_{max}}{k_m} \qquad (6-21)$$

6.4 操纵稳定性试验

汽车操纵稳定性是指驾驶员在不感到过分紧张、疲劳的条件下，汽车遵循驾驶员通过转向系及转向车轮给定的方向行驶，在遇到外界干扰时，能够抵抗干扰而保持稳定行驶的能力。

汽车是在一个复杂的环境中行驶的。由于受道路、交通状况的影响，汽车有时沿直线行驶，有时沿曲线行驶。出现意外情况时，驾驶员要作出紧急转向、制动等操作，以避免发生事故。此外，汽车行驶中会受到地面不平和风力等外界因素的干扰。因此，汽车应具备良好的操纵稳定性。

汽车操纵稳定性试验项目较多，总体可分为两类试验，即室内台架试验和道路试验。台架试验主要用于测定和评价有关操纵稳定性的汽车基本特性，如质量分配、质心高度等。汽车操纵稳定性的主要道路试验如表 6-10 所示。

表 6-10 汽车操纵稳定性的主要道路试验

试验名称		适用范围	试验汽车载荷状态
蛇行试验		厂定最大总质量	
转向瞬态响应试验	转向盘转角阶跃输入试验	M 类、N 类、G 类车辆	厂定最大总质量和轻载
	转向盘转角脉冲输入试验		
转向回正性能试验			厂定最大总质量
转向轻便性试验			
稳态回转试验		二轴的 M 类、N 类、G 类车辆	厂定最大总质量和轻载

试验前，测定车轮定位参数。对转向系、悬架系进行检查、调整和紧固，按规定进行润滑。若采用新轮胎进行试验，试验前轮胎至少应经过 200 km 正常行驶的磨合；若用旧轮胎，试验终了时残留轮胎胎冠花纹深度不小于 1.6 mm。轮胎气压应符合汽车出厂技术要求。试验汽车按试验项目可在厂定最大总质量和轻载两种状态下进行试验。厂定最大总质量为包括驾驶员、试验员及测试仪器质量的汽车总质量。轻载状态是指除驾驶员、试验员及仪器外，没有其他加载物的状态。

试验场地应为干燥、平坦而清洁的，用水泥混凝土或沥青铺装的路面，任意方向的坡度应不大于 2%。对于转向盘中心区操纵稳定性试验，坡度应不大于 1‰。试验时，风速应不大于 5 m/s，大气温度在 0℃～40℃之间。

常用测量仪器及设备有车速仪、陀螺仪、转向盘测力仪、多通道数据采集系统等。

6.4.1 稳态回转试验

1. 试验目的

稳态回转试验用于测定汽车的转向特性及车身侧倾特性。

QC/T 480—2005《汽车操纵稳定性指标限值与评价方法》规定，稳态回转试验不及格的车辆其操纵稳定性的总评价为不合格。

需要测量的变量：汽车横摆角速度、汽车前进车速和车身侧倾角。

希望测量的变量：汽车质心侧偏角、汽车纵向加速度和汽车侧向加速度。

2. 试验方法

稳态回转试验的试验方法有定转向盘转角连续加速法和定转弯半径法。

1）定转向盘转角连续加速法

定转向盘转角连续加速法的优点是试验为一个连续过程，容易记录到汽车转向特性的转折点，如汽车在多大侧向加速度时由不足转向变为中性转向或过多转向，以致发生侧滑等。由于试验是连续进行的，因此汽车转 2～3 周即可完成整个试验。该试验省时、省力、经济，并便于使用计算机处理试验的结果及画出试验曲线，节省机时，提高效率和精度，容易得到转弯半径等随侧向加速度变化的斜率。试验过程中对驾驶员的操作技术要求不高，试验成功率高，试验安全，特别是大侧向加速度，轮胎侧偏角很大时，减少了轮胎的磨损、发热及爆胎的可能性。

试验开始前首先在试验场地上用明显的颜色画出半径为 15 m 或 20 m 的圆周，如图 6-6 所示。如果试验场地允许，则可以选取 30 m、45 m 为圆周半径，因为大的初始半径不但能提高试验结果的精度，而且可以试验到更高的车速。陀螺仪应根据使用说明书进行安装，尽可能安装在车辆质心位置，并固定牢固，使其与车厢间不产生相对移动。车速计的传感器部分应安装在车辆纵向对称平面内，安装高度应正确。测力角方向盘传感器应按要求与被试汽车转向盘连接牢固。按照仪器的使用说明书接通仪器电源，使仪器预热。当仪器工作正常时，便可对试验测量的参数进行标尺信号

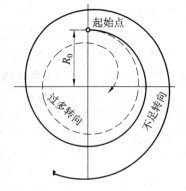

图 6-6　定转向盘转角试验路径

标定，标定结束后即可进行试验。

驾驶员操纵汽车以最低稳定速度沿所画圆周行驶，待安装汽车纵向对称面上的车速传感器在半圈内都能对准地面所画圆周时，固定转向盘不动，停车并开始记录，记下各变量的零线，然后，汽车起步，缓缓连续而均匀地加速（纵向加速度不超过 0.25 m/s^2），直至汽车的侧向加速度达到 6.5 m/s^2（或受发动机功率限制达到最大侧向加速度，或汽车出现不稳定状态）为止，记录整个过程。试验按向左转和向右转两个方向进行，每个方向试验 3 次。每次试验开始时，车身应处于正中位置。

2）定转弯半径法

定转弯半径法的优点是汽车在试验中不需要走整个圆周，只需要一个扇形面积，占地面积小，测试仪器简单，最低限度时只需要测量转向盘转角及车速，而车速又可用通过某一圆弧的时间求得。参数比较容易测量。定转弯半径法的主要缺点是对试验驾驶员的驾驶技术要求较高，试验成功率较低。

试验时，首先按图 6-7 所示的要求用明显的颜色在地面上画出试验路径，再对试验仪器进行安装、调试和标定。使汽车沿试验路径行驶，即对驾驶员起到练习作用，同时也使轮胎预热升温。然后汽车以最低稳定车速行驶，调整转向盘转角，使汽车能沿圆弧行驶。在进入圆弧路径并达到稳定状态后，开始记录并保持加速踏板和转向盘位置在 3 s 内不动（允许转向盘转角在 ±10° 范围内调整），之后停止记录。汽车通过试验路径时，如撞倒标桩，则试验无效。增加车速，但侧向加速度增量每次不大于 0.5 m/s^2（在所测数据急剧变化区，增量可更小一些）。重复上述试验，直至做到侧向加速度达到 6.5 m/s^2，或受发动机功率限制，或达到汽车出现不稳定状态时的最大侧向加速度为止。试验按向左转和向右转两个方向进行。

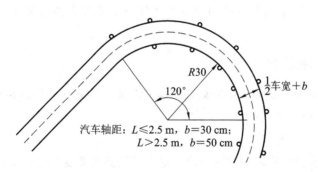

图 6-7　定转弯半径试验路径

3. 试验数据处理及评价指标

1）定转向盘转角试验数据的处理

（1）转弯半径比 R_i/R_0 与侧向加速度 a_y 的关系曲线。

根据记录的横摆角速度及汽车前进车速，用下述公式计算各点的转弯半径及侧向加速度。R_0 为初始圆周半径，$R_0 = 15 \text{ m}$。汽车瞬时转向半径 $R_i = v_i/\omega_{ri}$。各时刻的侧向加速度 $a_{yi} = v_i\omega_{ri}$。据此可绘制汽车转弯半径比 R_i/R_0 与侧向加速度 a_y 的关系曲线。

（2）汽车前后轴侧偏角差值 $(\delta_1 - \delta_2)$ 与侧向加速度 a_y 的关系曲线。

对于两轴汽车可以根据 $R_i/R_0 - a_y$ 曲线上各点的转弯半径 R_i 求出 $(\delta_1 - \delta_2) - a_y$ 曲线。计

算公式为

$$\delta_1 - \delta_2 = \frac{360}{2\pi} \times L \times \left(\frac{1}{R_0} - \frac{1}{R_i}\right) \tag{6-22}$$

式中：$\delta_1 - \delta_2$——前后轴侧偏角，$(°)$；

$\quad L$——汽车轴距，mm。

按计算结果即可绘出左右两个方向的$(\delta_1 - \delta_2)\text{-}a_y$曲线。

（3）车身侧倾角 ϕ 与侧向加速度 a_y 的关系曲线。

根据记录的车身侧倾角 ϕ 和前述计算的侧向加速度可绘出 $\phi\text{-}a_y$ 关系曲线。

2）定转弯半径试验数据的处理

（1）确定侧向加速度 a_y。

（2）根据记录的转向盘转角 θ、车身侧倾角 ϕ、汽车质心侧偏角 β 绘出 $\theta\text{-}a_y$ 曲线、$\phi\text{-}a_y$ 曲线和 $\beta\text{-}a_y$ 曲线。

（3）根据下式将转向盘转角与侧向加速度 $\theta\text{-}a_y$ 曲线转换成 $(\delta_1 - \delta_2)\text{-}a_y$ 曲线。

$$\delta_1 - \delta_2 = \frac{L}{R}\left(\frac{\theta_i}{\theta_0} - 1\right) \tag{6-23}$$

按计算结果即可绘出左右两个方向的$(\delta_1 - \delta_2)\text{-}a_y$曲线。

3）稳态回转试验评价计分指标

（1）中性转向点的侧向加速度 a_n：前、后桥侧偏角差与侧向加速度关系曲线上斜率为零处的侧向加速度值。

（2）不足转向度 U：按前、后桥侧偏角差与侧向加速度关系曲线上侧向加速度值为 $2\ \text{m/s}^2$ 处的平均斜率计算。

（3）车身侧倾度 K_ϕ：按车身侧倾角与侧向加速度曲线上侧向加速度值为 $2\ \text{m/s}^2$ 处的平均斜率计算。

6.4.2 转向瞬态响应试验

常用的转向瞬态响应试验包括转向盘转角阶跃输入试验和转向盘转角脉冲输入试验。

1. 转向盘转角阶跃输入试验

1）试验目的与待测变量

试验目的：通过测定从转向盘转角阶跃输入开始到所测变量达到新的稳态值为止的这段时间内汽车的瞬态响应过程，用时域的特征值和特征函数表示车辆瞬态响应特性，从而评价汽车的转向瞬态响应品质。

待测变量：汽车前进速度、转向盘转角、横摆角速度、车身侧倾角、侧向加速度和汽车质心侧偏角。

2）试验方法

试验前，以试验车速行驶 10 km，使轮胎升温。试验车速按被试汽车最高车速的 70% 并四舍五入为 10 的整数倍确定。接通仪器电源，使之达到正常工作温度。

汽车以试验车速直线行驶，先按输入方向轻轻靠紧转向盘，消除转向盘自由行程并开始记录各测量变量的零线，经过 0.2～0.5 s，以尽快的速度（起跃时间不大于 0.2 s 或起跃速度不低于 200 °/s）转动转向盘，使其达到预先选好的位置并固定数秒，停止记录。记录过程中保持车速不变。试验中转向盘转角的预选位置(输入角)按稳态侧向加速度值1～3 m/s²确定，从侧向加速度为 1 m/s² 做起，每间隔 0.5 m /s² 进行一次试验。

试验按向左转与向右转两个方向进行。

3）试验数据处理及评价指标

（1）稳态侧向加速度值。稳态侧向加速度值的确定有两种方法：一是用横摆角速度乘以汽车前进车速；二是用侧向加速度计测量，要求加速度计的输出轴与汽车纵轴垂直。

（2）横摆角速度与侧向加速度的响应时间。横摆角速度与侧向加速度的响应时间是指从转向盘转角达到稳态值的 50％ 的时刻开始，到所测运动变量达到稳态值的 90％ 时所经历的时间。响应时间反映系统的灵敏特性，如图 6 - 8 所示。较大的响应时间不利于汽车的控制。较小的响应时间会得到驾驶员的好评。

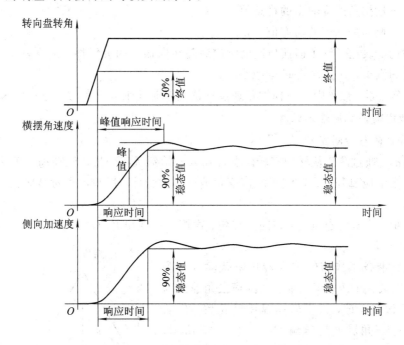

图 6 - 8　横摆角速度与侧向加速度的响应时间

（3）横摆角速度峰值响应时间。横摆角速度峰值响应时间是指从转向盘转角达到稳态值的 50％ 的时刻开始，到所测变量响应达到其第一个峰值为止所经历的时间。

（4）横摆角速度超调量。横摆角速度超调量计算公式为

$$\sigma = \frac{\omega_{r\max} - \omega_{r0}}{\omega_{r0}} \times 100\% \qquad (6-24)$$

式中：σ——横摆角速度超调量，%；

ω_{r0}——横摆角速度响应稳态值，°/s；

$\omega_{r\max}$——横摆角速度响应最大值，°/s。

（5）横摆角速度总方差与侧向加速度总方差。横摆角速度总方差与侧向加速度总方差分别按下式确定：

$$E_r = \sum_{i=0}^{n} \left(\frac{\theta_i}{\theta_0} - \frac{\omega_{ri}}{\omega_{r0}} \right)^2 \times \Delta t \qquad (6-25(a))$$

$$E_{ay} = \sum_{i=0}^{n} \left(\frac{\theta_i}{\theta_0} - \frac{a_{yi}}{a_{y0}} \right)^2 \times \Delta t \qquad (6-25(b))$$

式中：E_r——横摆角速度总方差，s；

$\qquad n$——采样点数，取至稳态值为止；

$\qquad \theta_i$——转向盘转角输入的瞬时值，（°）；

$\qquad \Delta t$——采样时间间隔，s，$\Delta t \leqslant 0.2$ s；

$\qquad \theta_0$——转向盘转角输入的稳态值，（°）；

$\qquad E_{ay}$——侧向加速度总方差，s；

$\qquad \omega_{ri}$——横摆角速度输出的瞬时值，°/s；

$\qquad a_{yi}$——侧向加速度的瞬时值，m/s²；

$\qquad \omega_{r0}$——横摆角速度输出的稳态值，°/s；

$\qquad a_{y0}$——侧向加速度的稳态值，m/s²。

该值理论上表达了汽车横摆角速度响应跟随转向输入的灵敏性。试验表明，操纵稳定性得到改善的汽车，其总方差 E_r 会减小。

（6）汽车因素。汽车因素由横摆角速度峰值响应时间乘以汽车质心稳态侧偏角求得。

2. 转向盘转角脉冲输入试验

1）试验目的与待测变量

试验目的：通过测定从转向盘转角脉冲输入开始到所测变量达到新稳态值为止的时间内汽车的瞬态响应过程，确定汽车的横摆角速度频率特性，反映汽车对转向输入响应的真实程度。

待测变量：汽车前进速度、转向盘转角、横摆角速度和侧向加速度。

2）试验方法

试验前的准备工作与转向盘转角阶跃输入试验相同。汽车以试验车速直线行驶，使其横摆角速度为 0 ± 0.5 °/s。做一标记，记下转向盘中间位置。然后给转向盘一个三角脉冲转角输入，如图 6-9 所示。试验时向左（或向右）转动转向盘，并迅速转回原处（允许及时修正）保持不动，记录全部过程，直至汽车恢复到直线行驶状态。转向盘转角输入脉宽为 0.3～0.5 s，其最大转角应使本试验过渡过程中最大侧向加速度为 4 m/s²。转动转向盘时应尽量使其转角的

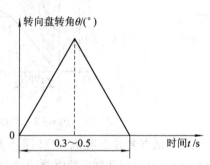

图 6-9 转向盘转角脉冲输入

超调量达到最小。记录时间内，保持加速踏板位置不变。试验时至少按左、右方向转动转向盘（转角脉冲输入）各 3 次。每次输入的时间间隔不得少于 5 s。

3）试验数据处理及评价指标

在专用信号处理设备或通用计算机上进行转向盘转角脉冲输入和横摆角速度响应的幅频特性与相频特性分析，按向左与向右转分别绘制出汽车的幅频特性和相频特性图。幅频特性反映了驾驶员以不同频率输入指令时，汽车执行驾驶员指令失真的程度。相频特性则反映了汽车横摆角速度滞后于转向盘转角的失真程度。转向盘转角脉冲输入试验按谐振频率 f、谐振峰水平 D 和相位滞后角 α 三项指标进行评价计分。基于所绘出的幅频和相频特

性图可确定这三项指标,根据《汽车操纵稳定性指标限值与评价方法》可确定其评价计分值,从而对试验车辆的瞬态响应特性作出评价。

6.4.3 转向回正性能试验

转向回正性能试验是汽车转向盘力输入的一个基本试验,用以表征和评价汽车由曲线行驶自行恢复到直线行驶的过渡过程的能力。

1. 试验目的与待测变量

试验目的:鉴别汽车转向的回正能力。

待测变量:汽车前进速度、横摆角速度和侧向加速度。

2. 试验方法

记录时间内加速踏板位置保持不变。对于侧向加速度达不到(4 ± 0.2) m/s² 的汽车,按所能达到的最高侧向加速度进行试验。试验按向左转与向右转两个方向进行,每个方向3次。

1) 低速回正性能试验

试验汽车直线行驶,记录各测量变量零线,然后调整转向盘转角,使汽车沿半径为15 m 的圆周行驶,调整车速,使侧向加速度达到(4 ± 0.2)m/s²,固定转向盘转角,稳定车速并开始记录,待3 s 后,迅速松开转向盘并做一标记(建议用一微动开关和一个信号通道同时记录),至少记录松手后4 s 的汽车运动过程。

2) 高速回正性能试验

最高车速超过100 km/h 的汽车应进行本项试验。试验车速应为被试汽车最高车速的70%并四舍五入为10 的整数倍。接通仪器电源,使之达到正常工作温度。

试验汽车沿试验路段以试验车速直线行驶,记录各测量变量的零线。随后驾驶员转动转向盘使侧向加速度达到(2 ± 0.2)m/s²,待稳定并开始记录后,迅速松开转向盘并做一标记,至少记录松手后4 s 内的汽车运动过程。

3. 试验数据处理及评价指标

横摆角速度时间历程曲线分为两大类:收敛型与发散型。对于发散型,不进行数据处理;对于收敛型,按向左转与向右转分别确定下述指标。

确定评价指标时,时间坐标原点以微动开关时间历程曲线上松开转向盘时微动开关所做的标记为准。

(1)稳定时间。从时间坐标原点开始至横摆角速度达到新稳态值(包括零值)为止的一段时间间隔,即稳定时间。其均值计算式为

$$t = \frac{1}{3}\sum_{i=1}^{3} t_i \qquad (6-26)$$

式中:t——稳定时间均值,s;

t_i——第i次试验的稳定时间,s。

(2)残留横摆角速度。在横摆角速度时间历程曲线上,松开转向盘3 s 时的横摆角速度(包括零值)为残留横摆角速度。其均值计算式为

$$\Delta\omega_r = \frac{1}{3}\sum_{i=1}^{3}\Delta\omega_{ri} \qquad (6-27)$$

式中：$\Delta\omega_r$——残留横摆角速度均值，$°/s$；

　　$\Delta\omega_{ri}$——第 i 次试验的残留横摆角速度，$°/s$。

　　（3）横摆角速度超调量。在横摆角速度时间历程曲线上，横摆角速度响应第一个峰值超过新稳态值的部分与初始值之比为横摆角速度超调量。其均值计算式为

$$\sigma = \frac{1}{3}\sum_{i=1}^{3}\sigma_i \tag{6-28}$$

式中：σ——横摆角速度超调量均值，$\%$；

　　σ_i——第 i 次试验横摆角速度超调量，$\%$。

　　（4）横摆角速度自然频率。

　　第 i 次试验横摆角速度自然频率计算式为

$$f_{0i} = \frac{\sum\limits_{j=1}^{n}\omega_{ij}}{2\cdot\sum\limits_{j=1}^{n}\omega_{ij}\cdot\Delta t_{ij}} \tag{6-29}$$

式中：f_{0i}——第 i 次试验横摆角速度自然频率，Hz；

　　ω_{ij}——横摆角速度响应时间历程曲线的峰值，$°/s$；

　　Δt_{ij}——横摆角速度响应时间历程曲线上，两相邻波峰的时间间隔，s；

　　n——横摆角速度响应时间历程曲线的波峰数。

　　横摆角速度自然频率均值计算式为

$$f_0 = \frac{1}{3}\sum_{i=1}^{3}f_{0i}$$

式中：f_0——横摆角速度自然频率均值，Hz。

　　（5）横摆角速度总方差。

　　第 i 次试验横摆角速度总方差计算式为

$$E_{ri} = \left[\sum_{j=1}^{n}\left(\frac{\omega_{rij}}{\omega_{r0i}}\right)^2 - 0.5\right]\cdot\Delta t \tag{6-30}$$

式中：E_{ri}——第 i 次试验横摆角速度总方差，s；

　　ω_{rij}——横摆角速度响应时间历程曲线的瞬时值，$°/s$；

　　ω_{r0i}——横摆角速度响应初值，$°/s$；

　　n——采样点数，按 $n\cdot\Delta t = 3\ s$ 选取；

　　Δt——采样时间间隔，一般大于 $0.2\ s$。

　　横摆角速度总方差均值计算式为

$$E_r = \frac{1}{3}\sum_{i=1}^{3}E_{ri}$$

式中：E_r——横摆角速度总方差均值，s。

6.4.4　转向轻便性试验

1. 试验目的与待测变量

　　试验目的：在汽车低速大转角下行驶时，通过测量驾驶员操纵转向盘力的大小来评价驾驶员操纵汽车转向盘的轻重程度。

待测变量：转向盘作用力矩、转向盘转角、汽车前进车速和转向盘直径。

2. 试验方法

在试验场地上画出双纽线路径，如图 6-10 所示。双纽线轨迹的极坐标方程为 $l=d\sqrt{\cos 2\psi}$。在双纽线最宽处、顶点和中点（即结点）的路径两侧各放置两个标桩，共计放置 16 个标桩。标桩与试验路径中心线的距离为车宽的一半加 50 cm，或转弯通道圆宽的二分之一加 50 cm。

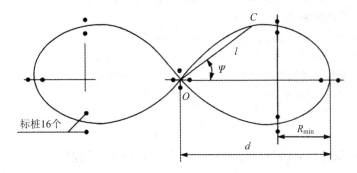

图 6-10 双纽线路径

接通仪器电源，使之预热到正常工作温度。

试验前，使汽车沿双纽线路径行驶若干周，让驾驶员熟悉路径和相应操作。随后，使汽车沿双纽线中点"O"处的切线方向作直线滑行，并停车于"O"点处，停车后注意观察车轮是否处于直行位置。然后双手松开转向盘，记录转向盘中间位置和作用力矩的零线。

试验时，使汽车以（10±2）km/h 的车速沿双纽线路径行驶，待车速稳定后，开始记录转向盘转角和作用力矩，并记录行驶车速作为监控参数。汽车沿双纽线绕行一周至记录起始位置，即完成一次试验；全部试验应进行 3 次。测量记录过程中，驾驶员应保持车速稳定，平稳地、不停顿地连续转动转向盘；不应同时松开双手或来回转动转向盘，也不应撞倒标桩。

3. 试验数据处理及评价指标

根据记录的转向盘转角和作用力矩，按每一周双纽线路径整理成 M-θ 曲线，或直接用计算机采样得到的上述参数，确定出汽车转向轻便性的各项参数。

（1）转向盘最大作用力矩均值：

$$\overline{M}_{\max} = \frac{\sum_{i=1}^{3} |M_{\max i}|}{3} \tag{6-31}$$

式中：$\overline{M}_{\max}$——转向盘最大作用力矩均值，N·m；

$M_{\max i}$——绕双纽线路径第 i 周（$i=1\sim3$）的转向盘最大作用力矩，N·m。

（2）转向盘最大作用力均值：

$$\overline{F}_{\max} = \frac{2\overline{M}_{\max}}{D} \tag{6-32}$$

式中：$\overline{F}_{\max}$——转向盘最大作用力均值，N；

D——试验汽车原有转向盘直径，m。

（3）转向盘的作用功：

$$W_i = \frac{1}{57.3} \int_{-\theta_{maxi}}^{+\theta_{maxi}} | \Delta M_i(\theta) | \, \mathrm{d}\theta \qquad (6-33)$$

式中：W_i——绕双纽线路径第 i 周（$i=1\sim3$）的转向盘作用功，J；

$|\Delta M_i(\theta)|$——绕双纽线路径第 i 周（$i=1\sim3$）的转向盘往返作用力矩之差随转向盘转角变化曲线处的数值，N·m；

$\pm\theta_{maxi}$——绕双纽线路径第 i 周（$i=1\sim3$）的转向盘左、右最大转角。

（4）转向盘平均摩擦力矩：

$$\overline{M}_{swi} = \frac{W_i}{2(|-\theta_{maxi}|+|+\theta_{maxi}|)} \qquad (6-34)$$

式中：$\overline{M}_{swi}$——绕双纽线路径第 i 周（$i=1\sim3$）的转向盘平均摩擦力矩，N·m。

（5）转向盘平均摩擦力：

$$\overline{F}_{sw} = \frac{2\overline{M}_{sw}}{D} \qquad (6-35)$$

式中：$\overline{F}_{sw}$——绕双纽线路径第 i 周（$i=1\sim3$）的转向盘平均摩擦作用力，N。

6.4.5　蛇行试验

汽车低速行驶时较易掌控；高速行驶时汽车的操控相对较困难，尤其是高速行驶在弯道多而急的道路上。欲改善汽车在弯道上高速行驶的转向操纵性能，需进行针对性的试验。研究表明，蛇行试验是考核汽车转向操纵性能的一种最佳方法。

1. 试验方法

在任意方向坡度不大于 2% 的平直、干燥、清洁的混凝土或沥青路面上，如图 6-11 及表 6-12 所示，布置标桩 10 根。试验汽车以近似基准车速二分之一的稳定车速蛇行通过试验路段，逐次提高车速（车速间隔自行选择），重复上述过程。试验车速最高为 80 km/h。

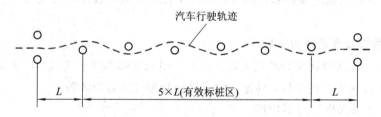

图 6-11　标桩的布置

表 6-12　标桩间距与基准车速

汽 车 类 型	标桩间距 L/m	基准车速 /(km/h)
轿车、轻型客车及最大总质量小于或等于 2.5 t 的货车和越野汽车	30	65
中型客车及最大总质量大于 2.5 t 且小于或等于 5 t 的货车和越野汽车		50
大型客车及最大总质量大于 6 t 且小于或等于 15 t 的货车和越野汽车	50	60
特大型客车及最大总质量大于 15 t 的货车和越野汽车		50

2. 评价指标

(1) 蛇行车速。大量的试验表明，能够有效蛇行通过试验路段的车速越高，其转向操纵性能越好。试验标准规定，蛇行试验的最高车速为 80 km/h，但对于转向操纵性能差的车辆，往往达不到 80 km/h 的蛇行车速。显然，蛇行车速是蛇行试验最重要的评价指标。

(2) 平均转向盘转角。平均转向盘转角的大小反映了转向操纵的灵敏性。往往转向操纵的灵敏性与转向轻便性是一对矛盾，尽管动力转向系统的广泛应用使得这一矛盾不像以往那样突出，但若既要转向灵敏又要转向轻便则必然带来另外一些问题，即：动力转向系统的能耗增加，进而影响汽车的燃料经济性；汽车高速行驶时将失去路感（解决这一问题最好的办法是采用电动助力转向系统）。

(3) 平均横摆角速度。平均横摆角速度是汽车行驶稳定性的一个重要评价指标。虽然蛇行试验的目的是考核汽车的转向操纵性能，但是汽车在行驶过程中正常的转向操纵会带来行驶稳定性的下降，显然这类汽车的转向操纵性能肯定不符合行驶安全的要求。

(4) 平均侧向加速度。侧向加速度是曲线运动的固有特征，其大小与汽车行驶的速度和曲线曲率的大小有关。速度越高，曲率越大，则侧向加速度越大。若不同的车辆以相同的速度沿曲线行驶，则其侧向加速度的大小与曲线曲率成正比。图 6-11 中的虚线是汽车蛇行试验的理想轨迹，事实上，众多汽车高速通过蛇行试验路段的实际轨迹会明显偏离理想的轨迹曲线。其偏离量越大，则实际轨迹曲线的曲率越大，汽车蛇行试验的侧向加速度越大，汽车遵循驾驶员给定行驶路线的能力越差，即汽车转向操纵性能亦越差。

6.5　汽车行驶平顺性试验

汽车行驶平顺性试验分为评价性试验和改进性试验。评价性试验是对已生产的汽车进行平顺性试验，并对其平顺性进行评价。改进性试验是根据前次试验结果，对不理想的平顺性指标查找原因并进行结构改进，再进行平顺性试验，以达到提高平顺性的目的。

6.5.1　悬架系统固有频率与阻尼比测定试验

1. 试验目的与待测变量

试验目的：测定车身部分的固有频率和阻尼比，以及车轮部分的固有频率。它们是分析悬架系统振动特性和对汽车平顺性进行研究与评价的基本数据。

待测变量：车身或车轴位置的垂向加速度。

2. 试验条件

汽车满载时进行，根据需要可补充空载试验。试验前称量汽车的总质量及前、后轴轴载质量。悬架弹簧元件、减振器和缓冲块符合技术条件。轮胎花纹完好，轮胎气压符合技术条件规定。振动传感器装在前、后轴和其上方车身或车架相应位置。整个测试系统的响应频率为 0.3~100 Hz。

3. 试验方法

对被测汽车悬架系统施加初始干扰，产生自由衰减振动；测试系统记录车身和车轴两部分振动曲线；根据振动曲线计算固有频率和相对阻尼比。

具体试验方法有 4 种：滚下法、抛下法、拉下法和共振法。

1) 滚下法

滚下法即将被测试端的车轮驶上预先制作成一定规格的凸块上，如图 6-12 所示，停车熄火，变速杆在空挡位置，启动记录仪器并将汽车从凸块上推下使其产生自由振动。

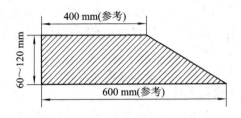

图 6-12　凸块

滚下法简单易行，但由于其左右两个车轮难以保证同时落地，而且每次由凸块上推下的速度也不一样，衰减振动曲线的重复性较差，因此对同一端要进行 3～5 次测试。

2) 抛下法

抛下法即用跌落机构将汽车被测试端车轴中部的平衡位置支起 60 mm 或 90 mm 高，然后释放跌落机构，汽车被测试端突然下抛而产生自由衰减振动。

抛下法适用于具有整体车轴的非独立悬架。

3) 拉下法

拉下法即用绳索和滑轮装置将汽车被测试端车轴附近的车身或车架中部由平衡位置拉下 60 mm 或 90 mm，然后用松脱器突然松开，使悬架-车身产生自由衰减振动。

拉下法使车身产生自由振动，而车轮部分振动较小，所以车身上测得的响应主要是车身振动的振型。但试验需要一套复杂的测试机构。

4) 共振法

共振法悬架装置试验台分为测力式和测位移式。测力式测量振动衰减过程中车轮对台面作用力的变化；测位移式测量振动衰减过程中台面上下位移量的变化。

检测时，先通过检测台的电机、偏心轮、蓄能飞轮和弹簧组成的激振器迫使试验台台面及置于其上待测汽车的悬架产生振动，然后在开机数秒后断开电机电源，由蓄能飞轮产生扫频激振。

电机的频率比车轮的固有频率高，蓄能飞轮逐渐降速的扫频激振过程总可以扫到车轮固有振动频率处，从而使"台面-汽车系统"产生共振。

通过检测激振后振动衰减过程中力或位移的振动曲线，求出频率和衰减特性，便可判断悬架装置的性能。

共振式悬架试验台性能稳定，数据可靠，应用广泛。

4. 试验数据处理

试验数据处理可在时域和频域内分别进行，需要时只要选择其中一种即可。

1) 时间历程法

时间历程法又称时域处理，即将记录仪器记录的车身及车轴上自由衰减振动曲线与时标比较，或在信号处理仪器上读出时间间隔值，从而得到车身部分振动周期 T 和车轮部分振动周期 T'，然后算出各部分的固有频率。

$$f_0 = \frac{1}{T} \qquad\qquad (6-36(a))$$

$$f_t = \frac{1}{T'} \qquad\qquad (6-36((b)))$$

式中：f_0——车身部分的固有频率，Hz；

       T——车身部分的振动周期，s；

       f_t——车轮部分的固有频率，Hz；

       T'——车轮部分的振动周期，s。

由车身部分振动的半周期衰减率 $\tau = \dfrac{A_1}{A_2}$（A_1 为第二个峰至第三个峰的峰-峰值，A_2 为第三个峰至第四个峰的峰-峰值）求阻尼比，即

$$\psi = \frac{1}{\sqrt{1+(\pi^2/\ln^2 \tau)}} \qquad\qquad (6-37)$$

当阻尼比较小时，可用整周期衰减率 $\tau' = \dfrac{A_1}{A_3}$（A_3 为第四个峰至第五个峰的峰-峰值，没有突然减小）求阻尼比，即

$$\psi = \frac{1}{\sqrt{1+(4\pi^2/\ln^2 \tau')}} \qquad\qquad (6-38)$$

2）频率分析法

频率分析法即用记录仪记录车身与车轮上自由衰减振动的加速度信号 $Z(t)$ 和 $\xi(t)$，在信号处理机上进行频率分析，处理出车身与车轮部分的加速度均方根自谱 $G_Z(f)$ 和 $G_\xi(f)$。

车身部分加速度均方根自谱的峰值频率即为车身部分固有频率 f_0，车轮部分加速度均方根自谱的峰值频率为车轮部分固有频率 f_t。

用车轮上的加速度信号 $\xi(t)$ 作为输入，车身上的加速度信号 $Z(t)$ 作为输出，进行频率响应函数处理得到幅频特性 $|Z/\xi|$ 时，采样时间间隔 Δt 取 5 ms，幅频特性的峰值频率为车轮部分运动时的车身部分的固有频率 $f_0{}'$，它比车身部分的固有频率 f_0 略高一些。由幅频特性的峰值 A_ρ 可以近似地求出阻尼比，其计算式为

$$\psi = \frac{1}{2\sqrt{A_\rho^2 - 1}} \qquad\qquad (6-39)$$

6.5.2　平顺性随机输入行驶试验

1. 试验目的与待测变量

试验目的：基于平稳随机振动理论，通过测定道路不平度所引起的汽车的随机振动，分析其对乘员和货物的影响，以评价汽车的行驶平顺性。

待测变量：指定测点的振动加速度。

2. 试验条件

对人椅系统的载荷和人的坐姿的规定如下：

（1）测试部位的载荷应为身高 (1.70 ± 0.05) m、体重 (65 ± 5) kg 的真人；

（2）非测试部位的载荷应符合 GB/T 12534—1990 中的有关规定；

（3）测试部位的乘员应全身放松，系好安全带，双手自然地放在大腿上，其中驾驶员

的双手自然地置于转向盘上，在试验过程中应保持坐姿不变。

3. 试验方法

针对特定车的设计原则确定试验用良好路面或一般路面。良好路面的试验车速为 40 km/h 至最高设计车速，每隔 10 km/h 或 20 km/h 选取一种车速作为试验车速。一般路面上 M 类车辆的试验车速为 40 km/h、50 km/h、60 km/h、70 km/h；N 类车辆的试验车速为 30 km/h、40km/h、50 km/h、60 km/h。

对于 M 类车辆，加速度传感器安装于驾驶员及同侧最后排座椅椅垫上方、座椅靠背、脚部地板上；对于 N 类车辆，加速度传感器安装于驾驶员座椅椅垫上方、座椅靠背、脚部地板、车厢地板中心以及与驾驶员同侧距车厢边板、车厢后板各 300 mm 处的车厢地板上。

试验时，汽车应在稳速段内稳住车速，然后以规定的车速匀速驶过试验路段。在进入试验路段时启动测试仪器以测量各测试部位的加速度时间历程。样本记录长度应满足数据处理的最少数据量要求。

4. 试验数据处理

1）试验数据采集

（1）截止频率 f_c：对于客车和轿车座椅以及各类车辆驾驶室座椅上的采样，$f_c = 100$ Hz；对于各类车辆（包括客车和轿车）车厢底板及车桥上的采样，$f_c = 500$ Hz；对于驾驶员手臂振动的测量，$f_c = 100$ Hz；对于晕车界限的测量，$f_c = 2$ Hz。

（2）采样时间间隔 Δt：在满足截止频率的基础上，根据数据采集过程中采用的抗混叠滤波器性能指标确定。

（3）频率分辨率 Δf：与计算机平滑方式有关。

（4）独立样本个数：总体平滑独立样本个数的选取与要求的随机误差有关，例如，当要求误差低于 20% 时，样本个数取为 25 即可满足要求。

（5）功率谱密度：计算过程中采用海宁（Hanning）窗函数。

2）试验数据处理及评价

平顺性随机输入行驶试验在研究振动对人体舒适性感觉的影响时，用座椅椅垫上方、座椅靠背处和脚支撑面处综合总加权加速度均方根值评价。在研究货车车厢的振动时用加速度均方根值评价。

（1）单轴向加权加速度均方根值 a_w：

$$a_w = \left[\frac{1}{T} \int_0^T a_w^2(t)\,dt \right]^{\frac{1}{2}} \tag{6-40}$$

（2）3 个方向总的加权加速度均方根值 a_{vi}：

$$a_{vi} = \sqrt{(1.4 a_{xw})^2 + (1.4 a_{yw})^2 + (a_{zw})^2} \tag{6-41}$$

式中：a_{xw}、a_{yw}、a_{zw}——分别表示前后方向、左右方向和垂直方向加权加速度均方根值。

（3）综合总加权加速度均方根值 a_v：

$$a_v = \left(\sum_{i=1}^{3} a_{vi}^2 \right)^{1/2} \tag{6-42}$$

6.5.3　平顺性脉冲输入行驶试验

1. 试验目的与待测变量

试验目的：从汽车驶过单凸块时的冲击对乘员及货物的影响的角度评价汽车的平顺性。

待测变量：指定测点的振动加速度。

2. 试验条件

试验道路为沥青路面或水泥混凝土路面，路面等级为按 GB/T 7031—2005 规定的 A 级路面。加速度传感器的量程不得小于 10g。其他基本试验条件与随机输入行驶试验基本相同。

3. 试验方法

试验车速为 10 km/h、20 km/h、30 km/h、40 km/h、50 km/h、60 km/h。加速度传感器的安装与随机输入行驶试验相同。试验障碍物采用三角形的单凸块，如图 6-13 所示。

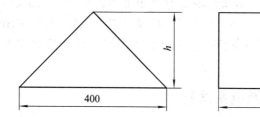

图 6-13　试验障碍物采用的单凸块

试验前，将凸块置于试验道路中间，并按汽车轮距调整好两凸块间的距离。

试验时，汽车以规定的车速匀速驶过凸块。在汽车通过凸块前 50 m 应稳住车速。当汽车前轮接近凸块时开始记录，待汽车驶过凸块且冲击响应消失后停止记录。

每种车速的有效试验次数不少于 5 次。

4. 试验数据处理

汽车驶过单凸块的平顺性用最大的(绝对值)加速度响应 Z_{max} 与车速 v 的关系曲线，即车速特性 $Z_{max}-v$ 评价。

乘员用坐垫上传递给乘员的最大的(绝对值)加速度响应车速特性 $Z_{max}-v$ 评价。座椅底部地板、车厢分别用该处的 $Z_{max}-v$ 评价。评价指标 Z_{max} 为

$$Z_{max} = \frac{1}{n}\sum_{j}^{n} Z_{maxj} \tag{6-43}$$

式中：Z_{max}——最大的(绝对值)加速度响应，m/s^2；

Z_{maxj}——第 j 次试验结果的最大的(绝对值)加速度响应，m/s^2；

n——试验次数，大于等于 8 次。

在进行数据处理时，推荐采样时间间隔 $\Delta t = 0.005$ s，最后作出 $Z_{max}-v$ 曲线图。

6.6　通过性试验

汽车的通过性是指汽车能以足够高的平均车速通过各种坏路和无路地带以及各种障碍的能力。通过性是汽车主要使用性能之一。它不仅影响运输任务的完成，也影响其他性能的发挥。所以研究和提高汽车的通过性，对国防及国民经济均有重要意义。

根据地面对汽车通过性影响的原因，汽车的通过性分为支承通过性和几何通过性。支承通过性主要取决于地面的物理性质和汽车的牵引能力；几何通过性主要取决于汽车本身

的结构参数和几何参数。

汽车通过性试验包括汽车通过性几何参数测量试验、汽车最大拖钩牵引力和行驶阻力测量试验、沙地通过性试验、泥泞地通过性试验、冰雪路通过性试验、凸凹不平路通过性试验、连续高速行驶试验、涉水性能试验和地形通过性试验等。

由于我国对汽车通过性，特别是对汽车与相接触的道路、土壤等介质之间的关系的研究，目前尚处于理论分析研究阶段，所以对地面通过性尚没有规范化的评价指标，主要采用比较试验方法。

比较试验就是根据试验车的特点，选用一辆车作比较车，试验车与其进行比较。在一般情况下，比较车多选用现生产车或市场上有竞争能力的新车。试验前应对车辆进行检查、维护，使试验车辆处于良好的技术状态下。按规定选用轮胎，最好采用全新轮胎，或使用新旧程度大体相同、花纹一样的轮胎。轮胎花纹中黏结的泥土应清除干净。试验时，风速不大于 5 m/s，晴天或阴天。

6.6.1 汽车通过性几何参数测量试验

汽车通过性几何参数包括最小离地间隙、纵向通过角、接近角、离去角、最小转弯直径、外摆值等。本节主要讨论最小转弯直径与外摆值的测量，其他几何参数的测量在第 3 章中已述及。

1. 基本定义

1）汽车最小转弯直径

汽车最小转弯直径是指汽车转向盘转到极限位置，前转向轮处于最大转角状态下行驶时，汽车前轴距离转向中心最远的车轮轮胎胎面中心在地面上形成的轨迹圆直径，亦即前外轮转弯最小直径 d_1，如图 6-14 所示。

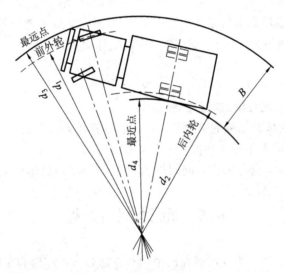

图 6-14 汽车最小转弯直径

2）外摆值

汽车或汽车列车以直线行驶状态停于平整地面上，过车辆最外侧的点向地面作与车辆纵向中心线平行的投影线。

汽车或汽车列车起步，由直线行驶过渡到转弯通道圆的外圆直径为 25 m 的圆周内行驶，直到车尾完全进入该圆，在此过程中车辆最外侧任何部位在地面上的投影形成一组外摆轨迹，这组轨迹与车辆静止时车辆外侧部位在地面上形成的投影线的最大距离即外摆值 T，如图 6-15 所示。

2. 试验条件

试验场地为平整的混凝土或沥青地面，其大小应能允许车辆作直径不小于 30 m 的圆周运动。

试验车辆的轮胎、车轮定位参数和转向轮的最大转角应符合该车技术条件规定。

汽车处于空载状态，只乘坐一名驾驶员。

测量所用钢卷尺量程不小于 30 m，精度不小于 0.1%。

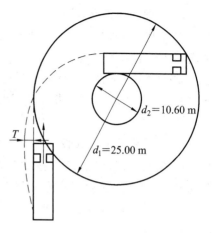

图 6-15　汽车外摆值示意图

3. 试验方法

1）最小转弯直径测量

汽车处于最低前进挡并以较低的车速行驶，转向盘转到极限位置并保持不变，稳定后启动轨迹显示装置，车辆行驶一周，使各测点分别在地面上显示出封闭的运动轨迹，然后将车开出测量区域。

用钢卷尺测量各测点在地面上形成的轨迹圆直径。

测量时应在相互垂直的两个方向测量，并向左、向右移动，读取最大值；取两个方向的测量值的算术平均值作为试验结果。

汽车向左转和向右转各测量一次，记录试验结果。如果左、右转方向测得的试验结果之差在 0.1 m 以内，则取左、右转试验结果的平均值作为该车的最终结果，否则以左、右转方向测得的试验结果的较大值作为最终结果。

2）外摆值测量

在平整地面上画一直径为 25 m 的圆周；在车辆尾部最外点和车体离转向中心最远点安装轨迹显示装置。

汽车或汽车列车处于最低前进挡并以较低的车速进入该圆周内行驶，调整转向盘转角，启动车体离转向中心最远点轨迹显示装置，使轨迹落在该圆周上，记下这时的转向盘转角位置。

6.6.2　特殊路面通过性试验

1. 沙地通过性试验

试验前，在试验车辆驱动上装上轮速传感器，在驾驶室底板及车厢前、中、后的车辆纵向中线处安装加速度传感器。

试验时，试验车辆以直线前进方向停放在试验路段的起点，然后从最低挡位起分别挂能起步行驶的挡位（包括倒挡），并且发动机分别以怠速转速、最大转矩转速和最大功率转速起步行驶，直至发动机熄火或驱动轮严重滑转、车轮不能前进为止。

2. 泥泞地通过性试验

泥泞地通过性试验一般要求试验场地表面有 100 mm 厚的泥泞层，长度不小于 100 m，宽度不小于 7 m。

试验时，在试验路段的两端做好标记，试验车辆以规定的发动机转速和变速器挡位驶入试验路段，从进入试验路段起点开始，驾驶员以最理想的驾驶操作进行驾驶，直至驶出测量路段。

3. 冰雪路通过性试验

试验时，试验车辆停放在试验场地一端，起步后，换挡、加速行驶至车速为 30～50 km/h，再在路面较宽处转向行驶，最后减速行驶至车速为 10 km/h 左右时停车。

试验反复进行数次，评价起步及加速稳定性、直线行驶稳定性、减速行驶稳定性及转向盘操纵性。

4. 凸凹不平路通过性试验

凹凸不平路通过性试验应在汽车试验场可靠性道路上进行，条件不具备时，也可选择公路或自然道路，但路面必须包括鱼鳞坑路、搓板路及扭转路等。

试验时以驾驶员能忍受的程度在保证安全的前提下，尽量以高速行驶，测定一定行驶距离的行驶时间，计算平均车速。

6.6.3 地形通过性试验

地形通过性是指汽车对某些特殊地形(如垂直障碍物、凸岭、水平壕沟、路沟等)的通过性能。一般情况下，只有越野车做该项试验。

1. 通过垂直障碍物试验

选择 3 种不同高度的垂直障碍物，高度 $h=(2/3～4/3)r_k$(r_k 为车轮滚动半径)，宽度不小于 4 m，长度 L 不小于被试车辆的轴距，如图 6-16 所示。

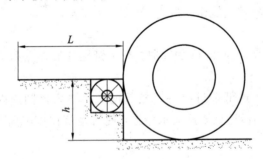

图 6-16　垂直障碍物示意图

试验时，试验车辆全轮驱动，变速器和分动器都置于低挡。当前轮靠近障碍物时，将加速踏板踩到底，爬越障碍物时不得猛冲，以免损坏传动系部件。试验从最低障碍物开始爬越，根据通过情况改变障碍物高度，直至试验车辆不能爬越为止，并将不能爬越的前一次所测值定为爬越的最大高度。

2. 通过水平壕沟试验

试验时，试验车辆全轮驱动，变速器和分动器都置于低挡。先选择最窄的壕沟，低速通过壕沟，然后根据通过情况，逐次加宽壕沟，直至车辆不能通过为止，并将车辆不能通过的前一次所测值定为能通过的壕沟的最大宽度，如图 6-17 所示。

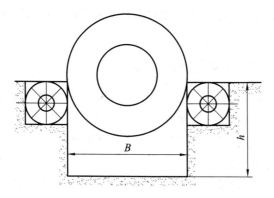

图 6-17　水平壕沟示意图

3. 通过凸岭能力试验

试验时，试验车辆全轮驱动，变速器和分动器都置于低挡。从坡度小的凸岭开始，低速驶过凸岭，然后根据通过情况，改变凸岭坡度，直至试验车辆不能通过为止，将试验车辆不能通过的前一次所测值定为能通过的最大坡度，如图 6-18 所示。

4. 通过路沟试验

试验时，试验车辆全轮驱动，变速器和分动器都置于低挡，低速行驶。通过路沟时，试验车辆以与路沟成 45°和 90°两个方向行驶，测定通过路沟的最大深度，如图 6-19 所示。

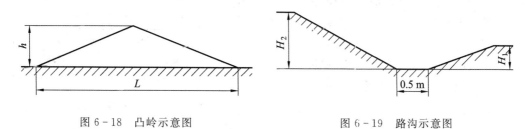

图 6-18　凸岭示意图　　　　　　　　图 6-19　路沟示意图

5. 涉水性能试验

涉水性能试验主要考核汽车的涉水能力。

试验最好在专用的涉水槽内进行，水深可以调整。对于中大型载货汽车，水深为 300～400 mm，水槽长度不小于 30 m，宽度不小于 4 m。如果没有专用的涉水槽，也可选择一般的自然河道。

试验时，变速器用Ⅰ挡或Ⅱ挡，以 5～10 km/h 的车速驶入水中，至水中央时停车熄火。5 min 后重新起动发动机，考核发动机是否可以起动，起动后是否工作正常。如果工作正常，则继续行驶至出水，然后再反方向进行一次。

6.7　汽车整车出厂检验

为了确保汽车产品质量，汽车制造公司除对汽车制造过程严加控制和管理外，汽车在出厂前还要进行全面的检测和调试，以避免存在质量问题的汽车产品流入市场。这种将各种不同功能的汽车检测设备组合在一起用于汽车整车质量控制的系统，称为汽车整车出厂检验系统。由于该系统采用的是流水式的检测方式，因此，有的汽车制造公司将其称为整车检测线。

6.7.1 汽车出厂检验的主要内容与设备

汽车整车出厂检验在欧、美、日等汽车发达国家早已形成了规范而统一的模式，检测设备大多采用美国宝克、德国杜尔、德国申克(已被杜尔收购)、日本自动车等厂商专门为汽车下线检测而开发的成套产品。我国的汽车公司采用的是汽车出厂检验通用模式。

1. 汽车出厂检验通用模式

汽车出厂检验通用模式的检验内容有四轮定位、灯光、制动性能、行驶性能、排放、淋雨、路试等。但在我国的合资公司，汽车出厂检验还额外增加了一项侧滑的检测内容。其原因是：我国相关法规规定，机动车必须经过"汽车安检线"检验合格后方可上路行驶，侧滑是汽车安检线的检验内容之一。

1) 四轮定位检验

通用模式中所用四轮定位检验设备兼有检测和调试两大功能。该试验台由 4 套独立的转鼓和 4 套测试系统组成。4 套转鼓的作用是将被试车辆摆正；4 套测试系统的作用是独立测试每个车轮的外倾角和前束角。关于四轮定位参数的调整，对于绝大多数车型而言，只调整前束角；对于少数在结构上设计为车轮外倾角可调的车型，则须对前束角和外倾角都作调整。调整的依据是所测得的前束角、外倾角及后轮推力角。后轮推力角是指两后轮共同确定的行驶方向与汽车纵轴线的夹角 φ (见图 6-20)，左偏为正、右偏为负，其大小为

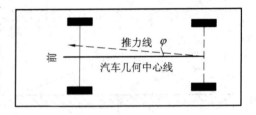

图 6-20 后轮推力角

$$\varphi = \frac{(\alpha_l - \alpha_r) - (\beta_l - \beta_r)}{2} \quad (6-44)$$

式中：φ——后轮推力角；

α_l、α_r——左后轮、右后轮外倾角；

β_l、β_r——左后轮、右后轮前束角。

在此需特别指出的是：汽车制造厂用于下线检测的四轮定位设备，几乎都不检测主销倾角(主销内倾角、主销后倾角)参数，其原因如下：一是主销倾角参数通常是不可调的；二是主销倾角参数由制造精度保证。

2) 灯光检验

灯光检验包括远光灯发光强度和远近光灯照射位置等内容，其目的是：指导远近光灯照射位置的调整；避免远光灯发光强度不符合国标要求的车辆流入市场。目前普遍采用的是一种新型光成像式灯光检测仪，具有测试汽车前照灯发光强度和灯光照射位置的双重测试功能。灯光检测仪大多安装在四轮定位参数测试与调整试验台的后端，四轮定位参数测试调整完后，紧接着进行灯光检测。为了提高灯光检测的效率，满足检测节拍的要求，通常在汽车下线检测线上安装 2 台性能完全相同的灯光检测仪，分别用于汽车左、右大灯的

检测。

3）制动性能检验

汽车制动试验台具有 4 套独立的转鼓组件，每套转鼓组件分别由各自的交流电机驱动，可提供附加的转矩使转鼓加速或附加阻力。其检验内容包括车轮阻滞力、每轮制动力、前后桥制动平衡系数、总制动力、驻车制动、ABS 与 ESP 系统性能测试、最大静态制动力测试、制动踏板力测试、手制动力测试等。

4）行驶性能检验

汽车行驶性能检验的设备是具有 4 套独立转鼓组件的汽车底盘测功机（又称转鼓试验台），由前轮测试和后轮测试两部分构成。在测试过程中，该试验台可以模仿汽车运行的实际工况。为了适应多车型的需要，汽车下线检测的汽车底盘测功机均配有车型选择器和操作表盘盒，测功机前、后转鼓的轴距按照车型预先设定，通过选择开关进行车型选择，计算机控制自动切换（车轮定位参数测试与调整试验台和制动试验台等都具有此功能）。汽车行驶性能检验的内容有前行、倒车、加速、离合器操纵、车速表校验等。

5）排放检验

汽车排放检验依据的是国标 GB 18285—2018《汽油车污染物排放限值及测量方法（双怠速法及简易工况法）》和 GB 3847—2018《柴油车污染物排放限值及测量方法（自由加速法及加载减速法）》。对于在用点燃式发动机汽车，排放检验的内容有怠速、高怠速及简易工况的排气污染物浓度。对于在用压燃式发动机汽车，排放检验的内容有发动机自由加速及加载减速过程的烟度。

6）淋雨检验

汽车密封性包括防尘密封性和防雨密封性两部分。由于高密度的扬尘环境在室内不易再现，且防尘密封性试验所需的时间较长，因此汽车下线检测常只检测汽车的防雨密封性，其方法是建造一个专用的淋浴试验台，模拟强降雨环境，检测汽车前后风窗、侧窗、车门、行李舱等各部分的密封性能。汽车下线防雨密封性检验设备主要由房体、喷淋系统、吹干系统和控制系统等组成。

7）路试检验

路试检验的主要目的是发现汽车存在的质量问题；主观评价汽车的操控性能。为了达到此目的，汽车合资公司均建有包含各种特征路面的专用汽车试验跑道。所生产的车型不同，典型路面的设置与试车跑道的长度会有所不同。对于轿车生产企业，试车跑道总长多为 1000～1500 m，设有高速直行路面、蛇形路段、涉水池、低附着系数路面（路旁有喷水设备）、高附着系数路面、起伏路面、鱼鳞坑路面、卵石路面、扭曲路面、冲撞路面等，检验内容包括汽车起动、灯光与信号装置的工作有效性、加速、制动、转向、ABS 与 ESP 系统性能、汽车跑偏等。

2. 汽车出厂检验通用模式的特点

汽车出厂检验通用模式的特点是将汽车出厂检验视为保证汽车产品质量和安全的客观需要。

6.7.2　汽车出厂检验工艺流程

从总体上看，各汽车制造公司汽车出厂检验流程的前半部分大多比较一致，后半部分略有差异。常见的汽车出厂检验流程有如下三类：

第一类：四轮定位→灯光→侧滑→制动性能→行驶性能→路试→排放→淋雨。

第二类：四轮定位→灯光→侧滑→制动性能→行驶性能→淋雨→路试→排放。

第三类：将第一类或第二类检验流程中的制动性能和行驶性能检测二者合在一起，用一个综合试验台完成相应的检测。

6.7.3　汽车出厂检验评价方法

汽车出厂检验具有两大功能：一是发现问题，解决问题；二是对汽车产品质量给出客观评价。

1.四轮定位检验评价

四轮定位检验评价的指标是厂定所检车型的车轮定位参数。值得注意的是，汽车的所有车轮都通过弹性环节与车身相连，这种结构的特殊性决定车轮定位参数需给它一个较大的公差范围。由此可见，要想出厂的新车具有良好的操纵稳定性，仅将汽车车轮定位参数调整到允许的误差范围内是不够的，而应将各定位参数调整到最佳的匹配状态。所以汽车前轮前束角应根据后轮推力角进行调整，且应在规定的公差范围内。

2.灯光检验评价

为了避免夜间会车时汽车灯光直照对方驾驶员的眼睛，使得对方驾驶员看不清路面而引发交通事故，汽车前照灯均作了防眩目设计。常用的方法是采取结构措施使近光灯投射出的光斑对着对方驾驶员眼睛的方向缺损一部分。若用传统光生伏特效应的大灯检测仪检测近光灯的照射位置，由于无法辨认光斑的明暗截止线，因此无法给出符合使用要求的测试结果。由此可见，较科学的检测与评价方法是：利用先进的 CCD 图像识别系统的大灯检测仪检测出近光灯光斑的明暗截止线，以此来确定近光灯的照射位置。

3.制动性能检验评价

制动性能是汽车法规规定的检验项目，其检验结果应符合法规的要求。制动性能检验的评价内容包括制动力总和与整车重量的百分比、轴制动力与轴荷的百分比、驻车制动力与整车重量的比、制动力平衡、车轮阻滞力和制动协调时间等。除此之外，还要对 ABS 及ESP 系统的工作有效性、调节速率、反应时间、动态特性、制动系统最大静态制动力、制动踏板力、驻车制动操纵力等给出评价，其评价方法主要是与企业相关标准作比较。

4.行驶性能检验评价

汽车行驶性能的评价对于汽车下线检测而言，设备供应商按照汽车生产企业的相关标准将评价指标与评价方法均固化到设备控制系统的软件中了，其评价内容包括汽车起动、换挡、前进、倒退、加速、车速表验证等。驾驶员的操作完全按照显示屏上的提示进行，汽车的运行过程由移动的光标实时显示在屏幕上，若光标的运行轨迹在给定两条曲线所辖的允许范围内，则汽车的行驶性能符合出厂要求。

5.路试检验评价

路试检验评价以试车员的主观评价为主。不少汽车公司已开始探讨开发汽车出厂路试检验专用设备，如东风本田汽车公司委托武汉理工大学开发的汽车跑偏自动在线检测系统已投入使用。路试检验评价的内容十分广泛，包括汽车各总成部件的运行状况、是否有异响、发动机的工作温度、机油压力、发电机的发电量与充电特性、汽车起动、加速、制动、操纵性能、汽车维持直行的能力与转向回正特性、悬架的缓冲与减振特性、车轮是否摆振等。

6. 淋雨检验评价

淋雨检验评价相对比较简单，其方法是目视检查所有有密封要求的部位（驾驶舱、行李舱、发动机舱），均不得有渗漏现象。

7. 排放检验评价

排放检验评价依据的是国家汽车污染物排放限值标准，各种有害气体及微粒的排放量均应低于国家规定的限值。

思 考 题

1. 简述车速测定试验的试验方法。
2. 简述汽车加速性能试验的试验方法。
3. 如何应用负荷拖车进行牵引性能试验和最大拖钩牵引力试验？
4. 简述汽车滑行阻力系数的测定方法。
5. 简述汽车燃料消耗量的测量方法。
6. 简述装有防抱死制动系统（ABS）的汽车附着系数利用率的测定方法。
7. 汽车操纵稳定性主要道路试验项目有哪些？主要用到哪些仪器设备？
8. 简述稳态回转试验的两种试验方法。
9. 简述转向回正性能试验的评价指标。
10. 简述转向轻便性试验的试验方法。
11. 简述蛇行试验的试验目的、待测变量和试验方法。
12. 简述使汽车悬架系统产生自由衰减振动的四种方法。
13. 汽车平顺性随机输入行驶试验的评价指标是什么？
14. 汽车通过性试验通常包括哪些试验项目？
15. 何谓汽车最小转弯直径？简述其测量方法。
16. 何谓汽车外摆值？简述其测量方法。
17. 汽车整车出厂检验的内容有哪些？

第7章 汽车可靠性试验

7.1 概 述

汽车可靠性是汽车最基本、最重要的性能之一，直接影响汽车的整车技术水平。汽车可靠性试验是一项必不可少的重要试验。

汽车可靠性与汽车及其零部件的失效、安全性、维修性等密切相关。以往汽车行业常将汽车及零部件能够行驶一定里程而不发生失效作为其评价指标，但汽车及其零部件的失效寿命是个随机变量。目前，很多汽车零部件的使用寿命为 16 万公里，这个设计寿命是所谓的 B_{10} 寿命，即要求汽车零部件达到这个寿命时发生失效的概率为 10％ 或可靠度为 90％。也可以这样理解：在一大批汽车零部件中，达到设计寿命（B_{10}寿命）时，要求有 90％ 的产品还能正常工作。

7.1.1 可靠性试验的定义和目的

产品可靠性是指产品在规定的条件下和规定的时间内完成规定功能的能力。

汽车在使用过程中承受多种负荷，评价车辆各个单元在这些负荷作用下和规定时间内是否完成目标功能的过程，称为汽车可靠性试验。

对汽车产品进行可靠性预测和可靠性验证，可发现汽车产品质量中存在的问题，以便及时采取措施进行改进。在汽车产品设计、制造和试用的各个阶段可能都需要进行可靠性试验。可靠性试验数据可由室内台架试验或整车可靠性行驶试验获得。室内台架试验可以严格控制试件载荷的加载情况，数据准确，重复性好，可在产品设计过程中及时发现设计缺陷。整车可靠性行驶试验更接近产品的实际使用情况，一般用于整车设计完成后的车辆定型试验，但受试验条件所限，试验样车数量不能太大。

7.1.2 汽车可靠性试验分类

汽车可靠性试验按试验方法的不同可分为常规可靠性试验、快速可靠性试验、特殊环境可靠性试验和极限条件可靠性试验。

（1）常规可靠性试验：在公路或一般道路上，使汽车以类似或接近汽车实际使用条件进行的试验。该试验是最基本的可靠性试验，试验周期较长，但试验结果最接近实际情况。

（2）快速可靠性试验：又分为强化试验、载荷谱浓缩试验和强化与载荷谱浓缩相结合的试验。对汽车寿命产生影响的主要条件集中实施（载荷浓缩），使其在尽可能短的时间获得相当于常规试验得到的试验结果，即在专门的汽车强化试验道路上进行的具有一定快速系数的可靠性试验。

（3）特殊环境可靠性试验：为评定汽车产品在各种恶劣环境条件下的性能及其稳定性而进行的试验，如高原试验、寒冷冰雪试验、盐雾试验及暴晒试验等。

（4）极限条件可靠性试验：对汽车在实际使用条件下施加可能遇到的少量极限载荷时所进行的试验，如发动机超速运转、冲击沙坑等试验，是为确定产品能承受多大应力（载荷）而进行的试验，主要针对车身及其附件。

7.1.3　汽车可靠性试验故障类型

产品在规定的条件下和规定的时间内丧失规定功能的事件称为故障（也称失效）。

已经发生但尚未被发现的，或者是维修、拆检过程中发现的故障称为潜在故障。

我国《汽车整车产品质量检验评定方法》是按其造成整车致命损伤（人身重大伤亡及汽车严重损坏）的可能性（概率）对故障进行分类的。

（1）致命损伤概率接近 1 的故障称为致命故障；

（2）致命损伤概率接近 0.5 的故障称为严重故障；

（3）致命损伤概率接近 0.1 的故障称为一般故障；

（4）致命损伤概率接近 0 的故障称为轻微故障或安全故障。

7.2　汽车可靠性行驶试验

1. 试验准备

汽车可靠性行驶试验周期长（通常为 10 000～30 000 km），试验项目多，试验中突发事件随时可能发生，且有一定危险性，因此要求试验准备充分，保障及时有力。

1）试验道路选择

可靠性行驶试验主要是车辆在各种路面上行驶，以全面考查其性能。试验用的各种道路及在每种路面上行驶的里程数因车型不同，其要求也有所不同。常规可靠性行驶试验规范见表 7-1。

表 7-1　常规可靠性行驶试验规范（微型货车）

序号	道路类别	行驶里程/km	占有比例/(%)	要　求
1	高速公路	11 000	50	应高于 85% 最高车速行驶，转绕时间不小于 1 h
2	山区道路	6600	30	配置 4 挡变速器的汽车，应以 2 挡行驶 660 km
3	平原公路	4400	20	平均速度 60 km/h 以上
	总计	22 000	100	

快速可靠性试验道路主要指汽车试验场设有的固定路形，通常有石块路、卵石路、鱼鳞坑路、搓板路、扭曲路、凸块路、沙槽、水池、盐水池以及高速环道、沙土路和坡道。

2）车辆准备

汽车可靠性行驶试验都在性能试验之后进行，而试验汽车的技术状况及装配、调整检查都在性能试验之前进行，因此，进行完基本性能试验的汽车，无须进行检查而直接进行可靠性行驶试验。对于仅进行可靠性行驶试验的汽车，应做如下准备：

（1）接到试验样车后，记录试验样车的制造厂名称、牌号、型号、发动机型号、底盘主要总成型号及出厂日期，并为试验样车编排试验序号。

（2）检查试验样车各总成、零部件、附件、附属装置及随车工具的装备完整性，紧固件的紧固程度，各总成润滑油（脂）及各润滑部位的润滑状况与密封状况，并使其符合 GB 7258—2017《机动车运行安全技术条件》的有关规定。

（3）检查蓄电池电压、点火提前角、风扇皮带张力、发动机汽缸压力、喷油泵齿条最大行程、发动机怠速转速、制动踏板与离合器踏板的自由行程、转向自由行程、轮毂轴承松紧程度、转向轮最大转角、轮胎气压，以及制动鼓（盘）与摩擦衬片（块）的间隙等装配、调整状况，使其符合该车技术条件及 GB 7258—2017《机动车运行安全技术条件》的有关规定。

3）试验仪器设备

在汽车可靠性行驶试验中，除了进行基本性能试验所需仪器外，还需要行驶工况记录仪、排挡分析仪、燃油流量计、半导体温度计、发动机转速表、坡度计、路面计、气象仪、秒表、精密测量量具、照相机等，以及特殊试验要求所选定的专用仪器及设备。

除做好上述准备工作外，还应准备好各种汽车备件、维修用的工具及人员的救护工作等。

2. 试验方法

可靠性行驶试验因车型及用途不同，试验方法和要求也不相同。常规可靠性行驶试验按国家标准 GB/T 12678—1990《汽车可靠性行驶试验方法》执行，试车场内快速可靠性试验按各试验场标准执行。

1）可靠性行驶试验中的驾驶操作

（1）在确保安全的前提下，尽可能调整行驶，同时避开不符合要求的异常路况，以免使试验车受非正常冲击挤压，造成零部件非正常损坏。

（2）试验中要正确选择挡位，不能空挡滑行。

（3）每 100 km 内至少应有 2 次原地起步连续换挡加速，1 次倒挡行车 200 m，至少制动 2 次。

（4）下坡行驶采用行车制动和发动机排气制动，发动机不能熄火。

（5）在城市道路行驶时，每 1 km 要制动 1 次。

（6）在山区道路行驶时，每 100 km 至少进行 1 次起步、停车。夜间行驶里程不少于试验里程的 10%。

2）试验中的故障判断与处理

汽车出现故障时，一般凭感官判断；对于不能凭感官判断的故障，可借助仪器测试判断。通常通过接车检查、停车检查（每行驶 100 km 停车检查 1 次）、行驶中检查、每天收车后检查、定期维护检查、性能测试、汽车拆检等方法发现车辆故障。当发现故障时，应立即查明原因并维修；如果发现的故障不影响正常行驶及车辆基本性能，并且不会诱发其他故障，可以继续行驶，到认为需要维修时再停车维修，故障的级别以最严重时为准。试验中，对故障发生次数、种类、时间、维修情况等进行如实记录。

3）试验中的汽车维修

（1）预防维修。预防维修是指为预防发生故障而安排的强制性维护和修理，包括对各总成、零部件进行紧固、调整、润滑、清洗及更换易损件等。

（2）故障后维修。故障后维修是指故障发生后进行的维修，维修范围仅限于与故障有直接关系的部位。应根据具体情况，采取最快、最经济的维修方式，其中包括更换零部件。试验中要进行故障维修记录，包括总成名称、故障里程、故障现象描述、故障原因分析、故障后果、处理措施、故障停车时间、维修用时、费用等。

（3）试验中汽车性能测试。除特殊要求外，在可靠性行驶试验初期和结束后各进行一次发动机外特性测试及汽车性能测试，以确定试验汽车经过规定里程的可靠性行驶试验后性能指标是否达到设计的要求或国家规定的限值，以及其性能的稳定程度。检测内容通常包括（检测项目根据试验类别与试验规程确定）动力性（最高车速、最低稳定车速及加速性能）、燃料经济性（等速燃料消耗量、多工况燃料消耗量及限定条件下的行驶燃料消耗量）、制动性（制动距离、制动减速度、制动稳定性及驻车制动）、排放、噪声、操纵稳定性、平顺性及车身密封性等。

（4）检验结束后汽车的拆检。

① 拆检。汽车可靠性行驶试验项目全部结束后，需要解体汽车进行检查，按预定的内容边拆检、边记录（或摄影），同时应按相应试验规程的规定对主要总成（包括发动机、离合器、变速器、转向器、驱动桥等）进行部分或全部拆检。对拆检发现的问题，应及时分析、判明原因，并记录拆检的详细情况。检测时可通过感官评价，也可根据实际需要进行测量。

② 确定主要零件磨损程度。可靠性行驶试验前后，要对试验汽车的主要零部件进行精密测量。测量精度由零件的制造精度确定，对于用磨、拉、铰加工的零件，测量精度为 0.002～0.005 mm；对于高精度零件及为了保证较高配合精度而分组选配的零件（如发动机部分运动件），其测量精度，外径为 0.002 mm，内径为 0.001 mm。

精密测量中，同一零件几次测量的量具精度、测量条件、方法及部件等应完全一致。对于高精度零件，两次测量时的室温应接近，并尽可能接近20℃。

另外，拆检中发现的潜在故障不计入故障指标统计，检验时间不计入维修时间。

3. 试验数据处理

1）行驶工况统计

可靠性行驶试验中，每日每班填写行车记录卡，试验员依据试验驾驶员填写的行车记录卡定期统计有关试验参数，包括实际行驶里程、平均技术车速、变速器各排挡使用次数及里程，或时间的占有比例、制动次数和时间等。上述项目可依据试验要求进行相应增减。

2）故障统计

可靠性行驶试验中，当日发生的故障应详细地填写在行车记录卡上，故障描述要真实详尽，并记录故障发生时间、里程、故障现象、故障判别及故障排除措施等，以备试验员能够将故障真实地反映在试验报告上。

试验中定期将行车记录卡上填写的故障按单车发现故障的里程顺序统计于故障统计表中，故障种类栏目中应填写"本质故障"或"误用故障"。"本质故障"为试验汽车正常试验状态下产生的，是试验车辆本身潜在的、非人为故障。"误用故障"为试验汽车在可靠性行驶试验中，因使用、维护、维修等未按规定执行而出现的故障，属于人为故障。

故障统计中，只考虑"本质故障"，"误用故障"不计入故障数。同一里程中不同零件发生时应分别进行统计，分别计入故障频次；同一零件同一里程出现不同故障时也分别统计，分别计入故障频次；如果同一零件发生几处模式相同的，则只统计一次故障，故障类别按最严重的统计。

3）汽车可靠性评价指标及其计算方法

（1）平均首次故障里程（MTTFF）：指汽车出厂后无须维修而能够持续工作的平均里程，即

$$MTTFF = \frac{s'}{n'} \tag{7-1}$$

式中：s'——无故障行驶总里程，km；

n'——发生首次故障车辆数，辆。

$$s' = \sum_{j=1}^{n'} s_j' + (n - n') s_e \tag{7-2}$$

式中：s_j'——第 j 辆汽车首次故障（只计 1、2、3 类故障）里程，km；

n——试验车辆数，辆；

s_e——定时截尾里程数，km。

（2）平均故障间隔里程（MTBF）：按指数分布进行计算，即

$$MTBF = \frac{s}{\gamma} \tag{7-3}$$

式中：s——总试验里程，km；

γ——总试验里程 s 内发生 1、2、3 类故障总数。

$$s = \sum_{j=1}^{k} s_j + (n - k) s_e \tag{7-4}$$

式中：k——中止试验车辆数，辆；

s_j——第 j 辆汽车中止试验里程，km。

平均故障间隔里程置信下限值 $(MTBF)_L$ 为

$$(MTBF)_L = \frac{2s}{\chi^2 [2(\gamma+1), \alpha]} \tag{7-5}$$

式中：$\chi^2 [2(\gamma+1), \alpha]$——自由度为 $2(\gamma+1)$、置信水平为 α 的 χ^2 分布值，推荐取值为 0.1 或 0.3。

平均故障间隔里程置信下限值也可通过查表得到系数 δ，然后按下式计算得到。

$$(MTBF)_L = \delta \cdot MTBF \tag{7-6}$$

（3）当量故障数 γ_D：

$$\gamma_D = \sum_{i=1}^{3} \varepsilon_i \gamma_i \tag{7-7}$$

式中：ε_i——第 i 类故障系数，其值依次为 $\varepsilon_1 = 100$，$\varepsilon_2 = 10$，$\varepsilon_3 = 0.2$；

γ_i——第 i 类故障数。

（4）当量故障率 λ_D：

$$\lambda_D = 1000 \frac{1}{s} \sum_{j=1}^{n} \gamma_{Dj} \tag{7-8}$$

式中：λ_D——当量故障率，次/1000 km；

γ_{Dj}——第 j 辆汽车当量故障数。

（5）千公里维修时间 MT_m：

$$MT_m = 1000 \frac{TR_m + TP_m}{s} \qquad (7-9)$$

式中：MT_m——千公里维修时间，$h/1000\ km$；

TR_m——总试验里程 s 内发生故障后维修时间总和，h；

TP_m——总试验里程 s 内预防维修时间总和，h。

（6）千公里维修费用 MC：

$$MC = 1000 \frac{C}{s} \qquad (7-10)$$

式中：MC——千公里维修费用，元$/1000\ km$；

C——总试验里程 s 内维修费用，元。

（7）有效度 A：产品在规定的使用与维修条件下，任意时刻维持其规定功能的概率。作为可维修系统的试验汽车，通常用有效度对其进行最终的综合评价，其计算式为

$$A = \frac{s}{s + s_D} \qquad (7-11)$$

式中：A——有效度，$\%$；

s_D——维修停驶里程，km。

$$s_D = \frac{1}{1000} v_a \cdot MT_m \cdot s \qquad (7-12)$$

式中：v_a——试验汽车平均技术速度，km/h。

4）威布尔分布的应用

汽车零件在工作过程中不断承受交变载荷的作用，其疲劳寿命可相差几倍甚至十几倍，因此汽车零件的疲劳寿命是一个随机变量，一般服从于对数正态分布和威布尔分布。特别是疲劳寿命的估计，以威布尔分布最为适用，因此威布尔分布在研究汽车零件方面获得了广泛应用。

对于不可维修产品，威布尔分布函数是应用最为广泛的可靠度函数，因为它具有很好的兼容性。在实际工程问题中累积故障概率 $F(t)$、可靠度函数 $R(t)$ 和概率密度函数 $f(t)$ 可以简化为

$$R(t) = \exp\left(-\frac{t^m}{t_0}\right) \qquad (7-13)$$

$$F(t) = 1 - \exp\left(-\frac{t^m}{t_0}\right) \qquad (7-14)$$

$$f(t) = \frac{mt^{m-1}}{t_0} \exp\left(-\frac{t^m}{t_0}\right) \qquad (7-15)$$

式中：t_0——定时截尾时间；

m——形状参数。

在汽车零部件可靠性试验数据处理中，除非确知属于某种分布，一般都采用威布尔分布，并常用以下几个寿命值来评价产品的可靠性。

（1）B_{10} 寿命：累积故障概率 $F(t)=10\%$ 时的寿命。

（2）特征寿命：可靠度为 36.8% 时的寿命。

（3）中位寿命：可靠度为 50% 时的寿命，也称 B_{50} 寿命。

威布尔分布的应用如下：

（1）零部件可靠性评价。用威布尔分布来评价汽车零部件的可靠性，目前已得到广泛应用。如可靠度为90%的寿命值，即B_{10}寿命，是最通用的评价指标，有时还采用B_{50}寿命。此外，额定寿命水平的可靠度也十分有用。形状参数表征寿命分布的性质。

（2）整车首次故障里程统计。汽车、发动机等复杂系统的首次里程或时间也可以用威布尔分布来进行统计分析。

（3）可靠性改进效果评价。将改进前后的两组试验数据画在同一张威布尔概率纸上，能够很明显地看出改进的效果，如图7-1所示。改进后的数据都在原设计数据惯例线的右侧。其中，B_{10}寿命改变系数为

$$\frac{\text{新设计的 } B_{10} \text{ 寿命}}{\text{老设计的 } B_{10} \text{ 寿命}} = \frac{210\text{h}}{100\text{h}} = 2.1$$

210h 可靠度为

$$\frac{\text{新设计}}{\text{老设计}} = \frac{0.9}{0.44} = 2.05$$

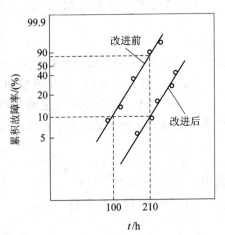

图 7-1　威布尔概率纸

由此可见，新设计比老设计有明显的改进。改良系数，以 B_{10} 寿命记为2.1，以210h可靠度记为2.05。

（4）确定快速试验的快速系数。对于某车型，同批后钢板弹簧在海南试验场进行快速可靠性试验与在其他地区某用户实际使用的失效数据进行分析，若用两组数据的 B_{10} 寿命比较，可计算出试验场和用户之间的快速系数 K：

$$K = \frac{\text{使用条件下的 } B_{10} \text{ 寿命}}{\text{快速试验条件下的 } B_{10} \text{ 寿命}} = \frac{28 \times 10^3 \text{ km}}{6.5 \times 10^3 \text{ km}} = 4.3$$

7.3　汽车可靠性室内试验

汽车道路试验不仅要花费大量的人力、物力和时间，而且结果十分分散，同时还受到大气的限制，这种方法对构件的疲劳寿命作出正确的评价是困难的。室内程序疲劳试验可避免上述一些不足，是研究构件疲劳寿命的一种行之有效的方法。

7.3.1　程序疲劳试验

程序疲劳试验能够较快、较准确地评价构件的疲劳寿命，它是对室外工况进行室内模拟的试验，以累积频次图法为加载依据。

1. 载荷级数的确定

目前还无法实现用累积频次图上的曲线连续加载，因此将连续的曲线改成阶梯形，便于程序控制的实现。对于扩展的载荷幅值累积频次曲线要进行分级，以得出试验程序载荷谱。

对于概括同一累积频次曲线分成不同的加载级数进行程序疲劳试验所得到的疲劳寿命

并不完全一致，这说明载荷级数对疲劳寿命有影响。对于同一载荷累积频次曲线，一般可以编成4～16级载荷谱。通常4级的载荷谱的试验寿命要比8级的试验寿命长，而超过8级的载荷谱则和8级的极为接近，因此通常以8个阶梯的载荷级来代表连续的载荷幅值累积频率曲线。如果载荷的波动不大，载荷幅值较小，也可采用低于8级的程序载荷频谱。

2. 试验周期的确定

试验周期是零部件在使用寿命期间内载荷程序的重复次数。若取 $N=9\times10^7$ 为一个试验周期的循环数，设实际1h的累积循环为 3.28×10^4，这相当于车辆一个周期工作约为 $9\times10^7/(3.28\times10^4)\approx3000$ h。车辆一个周期约为15万公里。

程序疲劳试验中，加载次序对疲劳寿命试验结果是有影响的，为了减少这种影响，需要对编制的载荷程序多次重复。重复次数一般选择 $\mu=10\sim20$ 次。若设每个程序块的循环数 $n_0=5\times10^6$，试验周期的循环数 $N=9\times10^7$，则一个试验周期的重复次数为

$$\mu=\frac{N}{n_0}=\frac{9\times10^7}{5\times10^6}=184（次）$$

将表7-2中各级的循环次数乘以5便得到每循环块的循环次数。

表 7 - 2　不同载荷级下的循环次数

载荷级	幅值比 M_{Ai}/M_{Amax}	载荷幅值 $M_{Ai}/(\text{kg}\cdot\text{m})$	每级循环次数	累积循环次数	每循环块每级循环次数	每循环块累积循环次数
1	1	360	1	1	5	5
2	0.95	342	14	15	70	75
3	0.85	306	1.2×10^2	1.35×10^2	600	675
4	0.725	261	1.685×10^3	1.82×10^3	8.425×10^3	9.1×10^3
5	0.575	207	1.398×10^4	1.58×10^4	6.99×10^4	7.9×10^4
6	0.425	153	7.02×10^4	8.6×10^4	3.61×10^5	4.3×10^5
7	0.275	99	2.541×10^5	3.4×10^5	1.27×10^6	1.7×10^6
8	0.125	45	6.6×10^5	1.0×10^6	3.3×10^6	5.0×10^6

在累积频次图中，最大幅值在 10^6 个极大值中出现一次。设某车辆载荷最大幅值为 360 kg·m。按8级分，各级幅值 M_{Ai} 与最大幅值 M_{Amax} 的比值（M_{Ai}/M_{Amax}）取1、0.95、0.85、0.725、0.575、0.425、0.275、0.125。8级累积频次图如图7-2所示。

在幅值为 360 kg·m 上，施加等幅值交变载荷，循环5次后，把幅值变成 342 kg·m，循环70次后，继续进行，直至幅值变化最小一级，并循环 3.3×10^6 次止，即完成了一个子样程序试验；重复进行下去，直至试样破坏为止。如果重复试验18次，仍未破坏，则表示使用寿命在3000 h以上。若重复试验到第11次时某级试样破坏了，则其寿命应是每个程序块上的循环数（$n_0=5\times10^6$）乘以前10个程序块的个数，再加上第11次的某级循环数：

$$N=10\times5\times10^6+\text{第11次某级循环数} \tag{7-16}$$

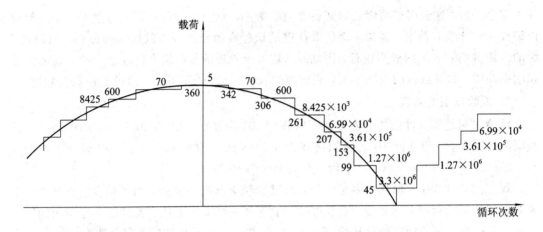

图 7-2 8级累积频次图

3. 低载荷级的略去

为节省试验时间，可忽略低幅工况对疲劳的影响。略去 $s/\sigma < 1.75$ 的应力级对试件的疲劳寿命没有影响或影响很小。因此，7、8 两个载荷级可以略去，可节省时间 90% 左右。

4. 加载次序的确定

不同的加载次序对试验结果影响很大，高—低次序的试验疲劳寿命最低，低—高次序的试验疲劳寿命最高，而低—高—低和高—低—高次序的试验疲劳寿命介于前面两个寿命之间，且比较接近于随机加载的情况，所以实际中常选用低—高—低的加载次序。加载次序阶梯图如图 7-3 所示。

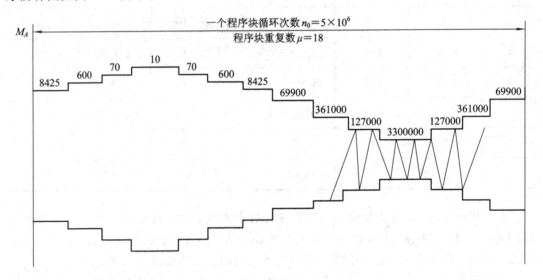

图 7-3 加载次序阶梯图

7.3.2 随机载荷的复现试验

1. 复现试验

将随机载荷的试验从室外改到室内进行复现，称为复现试验。复现试验可与实际情况非常符合，有助于寻找零部件损坏的原因，分析薄弱环节，为产品设计提供依据；便于对试验对象进行系统识别，分析系统的动力特性；可人为地施加各种随机输入，来测定动态特性；可节省人力、物力和大量的时间。

复现试验点的种类包括电源振动点、电动振动点、机械式振动点。用这种整车试验复现全部道路载荷是比较精确的，观察整车各零部件的载荷特性也很方便，研究随机疲劳问题也明显、真实。

2. 复现的等价条件

对一个随机载荷振动需要从三方面进行数学描述，即幅值域描述、时间域描述、频率域描述。若在室内振动复现台上要实现随机振动 $X_{台}(t)$ 与产品在真实环境中的随机振动 $X_{实}(t)$ 的统计特征一致，则复现台与产品的环境相等价。其具体条件如下：

1）幅值域等价条件

$E_{台}(X) = E_{实}(X)$，表示振动幅值的平均载荷统计相等。

$\sigma_{台}(X) = \sigma_{实}(X)$，表示振动峰值的离散程度必须统计相等。

如果以上两个等价条件都满足，则说明环境复现点的振动峰值随机变量和产品振动的随机变量是同一概念分布函数。因为大多数振动的随机变量是正态分布，而正态分布的性质完全取决于平均值 $E[X]$ 和标准差 $\sigma[X]$。

2）时间域等价条件

$\psi^2[X_{台}(t)] = \psi^2[X_{实}(t)]$，表示振动的总能量统计相等，振动台载荷的均方值与实际载荷的均方值相等。

当相关函数的时差 τ 为零时，则其等于均方值，即

$$R(0) = \psi^2[X(t)] \qquad (7-17)$$

3）频率域等价

由功率谱密度函数（如图 7-4 所示）可知：

（1）$\omega_{1台} = \omega_{1实}$，$\omega_{2台} = \omega_{2实}$，表示功率谱上两个主要的谱峰频率值统计相等。

（2）$S_{台}(\omega_1) = S_{实}(\omega_1)$，$S_{台}(\omega_2) = S_{实}(\omega_2)$，表示功率谱上两个主要的谱峰值统计相等。

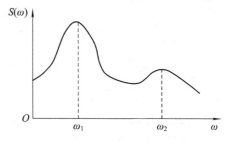

图 7-4 功率谱密度函数

对于有些问题，还会要求振动台与实际情况的功率谱的面积相等，形状相似。

7.4 汽车可靠性强化试验

7.4.1 可靠性强化试验理论

传统的汽车可靠性试验会耗费大量的人力、物力、财力和时间，为此汽车工业界研发出汽车可靠性强化试验（Reliability Enhancement Testing，RET）。RET 是考核汽车产品可靠性的基本试验方法，是汽车在比正常使用环境苛刻的条件下进行的寿命试验。其中强化是指采用增加工作应力的方法加速汽车零部件的失效，从而缩短试验时间。同时，需根据

加速寿命模型和强化试验的结果来推算正常使用条件下汽车的使用寿命。进行 RET 的理想时间是在设计周期的末期，此时设计、材料、元器件和工艺等都准备就绪，而生产尚未开始。RET 施加预定的环境应力和工作应力（单独加、顺序加或同时加），从小量级开始，然后逐步增加直至达到目的。

RET 技术的理论依据是故障物理学，将故障或失效当作研究的主要对象，通过发现、研究和根治故障来达到提高可靠性的目的。对当今高度复杂的电子或机电产品，要发现潜在故障并非易事，特别是一些"潜伏"极深的或间歇性故障，必须采用强化应力的方法强迫其暴露。实践证明，RET 法效果显著。

1. RET 的基本原理

1）应力与寿命的关系

根据强度理论，疲劳曲线在其有限寿命范围内的曲线方程为

$$S^m N = C \tag{7-18}$$

式中：C、m——材料常数，由疲劳试验确定；

N——应力幅值为 S 时的破坏循环数。

可见，提高应力幅值 S，N 可显著减少（由于 $m > 1$），故可尽快发现产品的潜在缺陷，大大节约试验时间。

2）温度与寿命的关系

温度循环属热疲劳，不同温度变化率与循环次数之间的关系见表 7-3。由表 7-3 可知，随着温度变化率的提高，产品的寿命（循环次数）和试验时间显著减少。

表 7-3　不同温度变化率与循环次数之间的关系

温度变化率/(℃/min)	5	10	15	20	30	40
循环次数	400	55	17	7	2.2	1
每次时间/min	66	33	22	16.5	11	8
试验时间/h	440	30	6	1.9	0.4	0.1

2. 工作极限和破坏极限

产品的工作极限是指施加时能引起产品故障，去除后能恢复正常工作的环境应力。产品的破坏极限是指产品出现永久性"硬"故障相对应的应力点。产品的破坏极限通过步进应力试验得到。

通常施加处于正常工作范围内的应力，若出现故障，则对产品进行分解并分析、归类故障模式；若未出现故障，则进行下一步。

逐步将单一或组合应力增大，直到出现下述三种情况之一时终止试验。

（1）全部零件失效；

（2）应力等级已经达到远超过为验证耐用产品设计所要求的水平；

（3）随着以更高的应力等级引入新的失效机理，不相关的失效开始出现。

一般取破坏极限的 80% 作为工作极限。工作极限与产品正常工作状态的应力之差称为工作裕度。破坏极限与产品正常工作状态的应力之差称为破坏裕度。工作裕度和破坏裕度越大，产品的耐环境能力越强，产品固有可靠性越高。

3. 试验剖面

在进行可靠性强化试验之前，必须合理确定试验剖面。试验剖面包括应力类型的选择、应力量级、试验时间和应力施加的顺序等。

1）应力类型的选择

不同应力可以诱发不同的失效机理，而同一失效机理也可由不同的应力所诱发。产品的失效与应力类型及其施加方式有密切关系：温度和振动应力对试件缺陷的激发效果明显，各占约40%；通过单一温度、振动应力激发不出的缺陷，可以采用综合应力激发出来。尽量选择综合应力进行试验，如温度-湿度-振动综合应力。若试验设备不允许，可选择引起失效比例较大的环境应力分别进行试验。

2）应力量级及试验时间

应力量级从施加破坏性最小的应力（一般略高于正常工作应力）开始。如对试件施加温度应力，一般从室温开始，以5℃间隔逐一施加，在每一台阶上允许稳定10 min，若产品功能通过性能测试，则继续升高温度；若出现故障，则停止试验，分解试件，进行故障分析。强化试验中的温度变化率不小于15℃/min，这是指试验箱内温度变化的平均速度，考虑产品本身的热惯性，产品实际的温度变化率远低于15℃/min。

对进行随机振动的步进应力，振动应力以3～5 Grms幅度增加，每一应力台阶上停留10 min；以2～10 Grms幅度增加，每一应力台阶上停留10 min。也有提出振动量级增加幅度为2～3 Grms，从2 Grms起至28 Grms止，每一应力台阶上停留10 min。应力幅值的取值以及每一级应力下的振动试验时间的确定没有统一的标准。

3）应力施加的顺序

不同的加载顺序对试件的失效有较大影响，通常按最容易引起试件失效的加载顺序进行，以尽快暴露故障。

4. 测试设备

测试设备包括快速检测受试产品失效的仪器、测量温度应力和振动应力的传感器等。在进行可靠性强化试验时，必须通过测试设备进行检测，以保证环境应力施加的准确性以及故障信息出现的及时性。

5. 试验设备

MVE/Hanse等公司开发的可靠性强化试验设备采用气锤反复冲击式激振和液氮制冷方式，可产生宽带全轴（3轴6自由度）随机振动激励，并具有大温变率试验能力。Entela公司推出的加速试验设备FMVT machine仍采用气锤激振器，但原理不同。FMVT machine设备的6自由度振动是可重复和控制的，能改变能量等级、低频带能量大小，在某些情况下可控制频谱形状。在我国，国防科技大学可靠性实验室和北京航空航天大学可靠性工程中心引进了相关的可靠性强化试验设备，能够实现3轴6自由度随机振动和大温变率（60℃/min）循环试验。

7.4.2 强化试验程序

在预测零部件的疲劳寿命时，必须具备载荷谱合适的累积损伤理论、材料的疲劳特性数据这两个条件。由疲劳特性数据获得 $S-N$ 曲线需要很多试样和很多时间。

把阶梯程序的每个程序都乘以相同的倍数增加载荷的幅值，如图7-5所示。

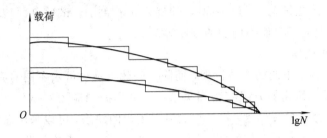

图7-5　强化试验

在常见的等幅疲劳试验中，应力水平越高，疲劳寿命越低，试验时间越短，即试验时间随着应力的强化而减少。因此，可以用施加强化应力的方法来加速。如果将程序疲劳试验加以强化，试样会在较短的时间内发生破坏。

1."混合循环"S-N曲线原理

如果对标准试样进行程序疲劳试验，且用不同的倍数对程序载荷加以强化，则会得到不同的破坏寿命。以此可画出一条类似等幅疲劳试验的S-N曲线，该曲线称为"混合循环"S-N曲线，如图7-6所示。

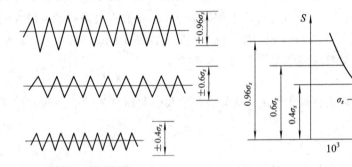

图7-6　"混合循环"S-N曲线

根据程序强化和破坏次数之间已知的关系，可以推断出在程序强化下的寿命，这样就能加速试验室试验；反之，根据经过缩短时间的试验室试验，用"混合循环"S-N曲线可以确定在它外载荷作用下的（室外）寿命。显然，在开始疲劳试验前，确定每个部件的"混合循环"S-N曲线是不可能的，也没有必要。对于带缺口和不带缺口的试样的研究以及实际汽车部件使用中所得的经验表现："混合循环"S-N曲线的斜率几乎不发生变化，主要取决于试件的材料，对于一般的铜零件指数k在6.5～7之间，即可推断出零件的程序载荷下的寿命。

2.寿命的推断方法

设强化应力为δ_1时，由试验得出的疲劳寿命为N_1，下面计算在应力δ_2时的寿命N_2。由图7-7可计算出直线斜率S：

$$S = \frac{\lg\delta_1 - \lg\delta_2}{\lg N_1 - \lg N_2} = -\frac{\lg\dfrac{\delta_1}{\delta_2}}{\lg\dfrac{N_2}{N_1}} \qquad (7-19)$$

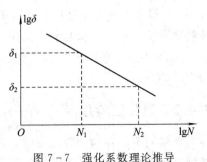

图7-7　强化系数理论推导

$$\lg \frac{N_2}{N_1} = -\frac{1}{S} \lg \frac{\delta_1}{\delta_2} = \lg \left(\frac{\delta_1}{\delta_2}\right)^{-\frac{1}{S}} \tag{7-20}$$

令 $k = \dfrac{1}{S}$，则得 $\dfrac{N_2}{N_1} = \left(\dfrac{\delta_1}{\delta_2}\right)^k$，故寿命推算公式为

$$N_2 = N_1 \left(\frac{\delta_1}{\delta_2}\right)^k \tag{7-21}$$

式(7-21)也称为快速模拟试验推算公式，它建立了室内强化试验与室外寿命的换算关系。载荷的强化系数取 1.4(即把试验载荷强化 40%)，若系数 k 取 6.8，则其寿命为

$$N_2 = N_1 \left(\frac{\delta_1}{\delta_2}\right)^k = N_1 (1.4)^{6.8} = 10N_1 \tag{7-22}$$

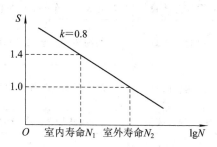

图 7-8　强化试验参数换算

表明室外寿命为室内寿命的 10 倍，即室内试验加速了 10 倍。如果试验载荷强化 60%，则

$$\left(\frac{\delta_1}{\delta_2}\right)^k = (1.6)^{6.8} = 24$$

表明试验加速了 24 倍。

强化试验利用"混合循环"$S-N$ 曲线法推算室外寿命的简图如图 7-8 所示。

7.5　特殊环境和极限条件下的可靠性试验

7.5.1　特殊环境下的可靠性试验

特殊环境是指特殊的气候环境。特殊气候对汽车的性能与可靠性都有影响。一般环境下可靠的汽车产品，在特殊气候下不一定可靠，因此要对汽车进行特殊环境下的可靠性试验。在我国，特殊气候条件主要有严寒地区、高原地区和湿热地区，这些地区的主要环境因素及主要可靠性问题见表 7-4。

表 7-4　特殊气候地区的主要环境因素及主要可靠性问题

地　区	环境因素	可　靠　性　问　题
严寒地区	低温 冰雪	冷起动、制动性 冷却液、润滑液、燃料的冻结、非金属零件的硬化失效，采暖除霜装置的性能、特殊维修性问题
高原地区	低气压 低温 长坡 辐射	冷却液沸腾、供油系气阻 动力性下降 制动性能恶化 增加维修困难
温热地区	高温 高湿度 高辐射(阳光) 雨水 盐雾 霉雾	冷却液沸腾 金属件腐蚀 供油系气阻 金属件腐蚀 非金属件老化、变质 电气件故障

7.5.2 极限条件下的可靠性试验

极限条件下的可靠性试验不考核产品与时间因素有关的可靠性指标,而是在较短的时间内观察汽车承受极限应力的能力,试验举例见表 7-5。

表 7-5　　极限条件下可靠性试验举例

试验项目	试验目的	说　　明
沙地脱出试验	判断传动系的强度	后轮置于沙槽,前进、后退使汽车冲出
泥泞路试验	判断驾驶室、车架、橡胶件的损坏程度	在深 300 mm、长 50 m 的泥水槽中行驶
急起步试验	判断传动、悬架、车架的强度	在平路及坡路上,拖带挂车,由发动机最大转矩转速急起步,反复操作
急制动试验	判断制动、前轴转向系的强度	在路面摩擦系数高的混凝土路面上直行及转弯时,以最大强度急制动
垂直冲击试验	判断悬架、车身的强度	汽车以较高速度驶过单个长坡或连续长坡
急转向试验	考核转向机构的强度	以可能的速度、最大的转向角进行前进、倒退,反复行驶操作
空转试验	考验传动系的振动负荷	原地将驱动桥支起,以额定转速的 110%～150% 连续运转,传动轴有一定的不平衡量

思　考　题

1. 汽车可靠性试验的定义和目的是什么?
2. 汽车可靠性试验按试验方法可分为哪几类?
3. 汽车可靠性评价指标有哪些?
4. 简述汽车可靠性室内试验方法。
5. 简述汽车可靠性强化试验理论。

第8章　汽车碰撞试验

8.1　概　　述

为了研究汽车在发生碰撞事故时的安全性以及乘员受伤情况，需要对汽车进行各种碰撞试验。碰撞试验要求能够真实地反映实际的碰撞事故，而且要求可重复性好且成本尽量低。在实际碰撞事故中，由于乘员位置和汽车状况的不同，车辆各部分的损伤和乘员的受伤情况也不一样。因此，为了对各种典型碰撞事故进行研究，需要进行多种类型的碰撞试验。

根据试验方法的不同，汽车碰撞试验可以分为实车碰撞试验和模拟碰撞试验。实车碰撞试验与典型代表性事故情况最接近，是综合评价车辆安全性能的最基本方法。这种验证性试验结果说服力最强，但试验费用非常昂贵。在试验中，为了研究人员的受伤情况，要在车辆上安装人体模型来测量人体各部位的减速度、伸缩和弯曲变形，承受的载荷和外伤等；同时，为了研究与受伤有关的车辆方面的因素，还要在车体上安装各种传感器，以检测车辆各部分的位移、减速度和承受载荷等参数。这些测量应该在碰撞开始到结束的很短的时间内完成。模拟碰撞试验是指模拟实车碰撞的试验，主要是模拟实车碰撞的减速度波形，以进行乘员保护装置的性能评价和零部件的耐惯性力试验，包括滑车模拟碰撞试验和台架试验。

8.1.1　实车碰撞试验分类

根据碰撞试验实施的目的不同，实车碰撞试验可分为以下 3 类：
（1）政府法规要求的强制性试验。
（2）汽车制造厂自己制订的碰撞试验。
（3）为消费者提供信息的试验。

8.1.2　伤害基准

伤害基准是指研究乘员死亡、重伤、轻伤等的伤害程度，反映人体对不同伤害的解剖学反应和生理反应，以及由此产生加减速度、负荷、变形量等物理量的基准，通常通过头部、颈部、胸部、腹部、腰部、大腿和小腿等位置在碰撞试验中的物理量变化来评判。

1. 头部

在试验过程中，如果头部与任何车辆部件不发生接触，则认为符合要求；若发生接触，则由下式计算头部性能指标（HPC）：

$$HPC = \left\{ (t_2 - t_1) \left[\frac{1}{t_2 - t_1} \int_{t_1}^{t_2} a(t) \, dt \right]^{2.5} \right\}_{max} \tag{8-1}$$

式中：$a(t)$——对应头部重心的 3 个方向合成加速度；

t_1、t_2——HPC 取得最大值的时间间隔的起始和终止时刻点，$t_2 - t_1 \leqslant 36$ ms。

2. 颈部

颈部的伤害值规定为上下方向的拉伸、压缩，前后方向的剪切力，向后的弯曲力矩，在新 FMVSS208 中，用 N_{ij} 来评价，其计算式为

$$N_{ij} = \frac{F_Z}{F_{ZC}} + \frac{M_{\alpha y}}{M_{yc}} \tag{8-2}$$

式中：F_Z——颈部上下方向的压缩、拉伸负荷；

$M_{\alpha y}$——颈部中心力矩；

F_{ZC}、M_{yc}——由假人类型决定的常数。

3. 胸部

胸部的伤害值用肋骨的变形量（胸挠度）脊椎上部测得的加速度，以及变形量与变形速度的乘积 VC(Viscous Criteria)来评价，其计算式为

$$VC = s \cdot \frac{D(t)}{c} \cdot \frac{dD(t)}{dt} \tag{8-3}$$

式中：$D(t)$——胸部变形量；

s、c——由假人类型决定的常数。

4. 大腿

正面碰撞时大腿的伤害值采用大腿骨轴向输入的负荷评价，在 FMVSS208 中通过人体骨折极限试验，定义负荷基准为 10 kN。

5. 小腿

正面碰撞时小腿的伤害值是胫骨的轴向负荷引起的膝关节大腿骨的变形量，用 TI 来评价，其计算式为

$$TI = \left| \frac{M_R}{M_C} \right| + \left| \frac{F_Z}{F_C} \right| \tag{8-4}$$

式中：M_R——$M_R = \sqrt{M_x^2 + M_y^2}$，$M_x$ 为绕胫骨前后轴的力矩，M_y 为绕胫骨左右轴的力矩；

F_Z——胫骨上下方向的负荷；

M_C——$M_C = 225$ N·m；

$F_C = 35.9$ kN。

8.2 碰撞试验假人技术

8.2.1 碰撞试验假人的作用及分类

1. 碰撞试验假人的作用

为了检验汽车碰撞时汽车结构的吸能性、人生存空间和约束系统对人体的保护能力，

了解碰撞伤害的机理，定量地描述人体组织响应，确定人体造成无法恢复的严重损伤的响应水平，开发了与人体生物力学特性相似的碰撞试验假人，用于精确地评价人体伤害、开发保护系统，以减少作用在人体上的碰撞能量。

碰撞试验假人（Dummy）又称拟人试验装置（Anthropomorphic Test Dummy），是用于评价碰撞安全性的标准人体模型。

假人的尺寸、外形、质量、刚度和能量吸收性能及动力学响应与相应的人体十分相似。在假人上装有传感器，可用于测量人体各部位的加速度、负荷、挤压变形量等。

2. 碰撞试验假人的分类

根据人体类型的不同，假人可分为成人假人和儿童假人。成人假人包括中等身材男性假人（汽车碰撞试验中最常用，代表欧美第 50 百分位男性成年人的平均身材）、小身材女性假人（代表欧美第 5 百分位女性成年人的体型）、大身材男性假人（代表欧美第 95 百分位男性成年人的体型）。儿童假人是指定年龄组儿童的平均身高和体重，不考虑性别。

根据碰撞试验的不同，假人可分为正面碰撞假人、侧面碰撞假人、后面碰撞假人和行人保护用假人。前三种为坐姿假人，最后一种为站姿假人。

（1）正面碰撞假人：最早用于评价乘员约束系统的牢固性，其结构结实，外形和体重与人体相似。主要缺点是碰撞响应与人体不同，也不能装备足够的测量传感器。1971 年开发了混合Ⅰ型假人 HybridⅠ，在此基础上通过对 HybridⅠ的头部、颈部、肩部、脊柱和膝部的改进，同时增强测试仪器的配置，1972 年开发了混合Ⅱ型 HybridⅡ假人；1976 年，通用汽车公司对 HybridⅡ的颈部、胸部、膝部等进行了大量改进，开发了接近人体特性的混合Ⅲ型假人 HybridⅢ，如图 8-1 所示，其可安装的数据采集通道可根据需要多达 100个以上，适应了更进一步的试验研究需要，而且对颈部等处的改进，使得假人测得的伤害指标值可能高于 HybridⅡ，从而对车辆的乘员保护性能提出了更高的要求，现已为世界碰撞基准和包含日美欧的 NCAP 广泛使用。

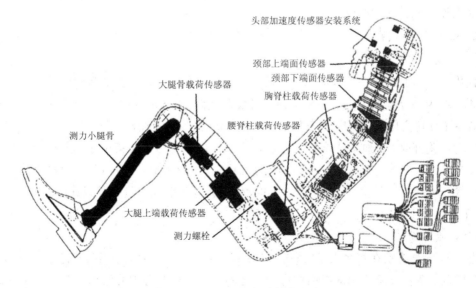

图 8-1　HybridⅢ假人结构示意图

（2）侧面碰撞假人：使用检测胸部横向冲击和变形的假人。美国开发了成年男性侧面碰撞假人 SID。欧洲国家也开发了 EuroSID-1 假人，用于欧洲地区、日本及 NCAP 的汽车碰撞试验。WorldSID 是一个侧面碰撞生物保真性能满足 ISO 标准要求的侧面碰撞假人。

（3）后面碰撞假人：可再现颈部的动作，模拟脊椎每一节的具有脊柱的假人，如 BioRID-Ⅱ。BioRID-Ⅱ被美国 IIHS 和英国 Thatcham 评价头颈碰伤时使用。

（4）行人保护用假人：再现行人事故时，使用站姿假人。目前的行人假人是 Polar Ⅱ。

8.2.2 碰撞试验假人的标定

实车碰撞试验是在 0.1 s 内完成的不可重复再做的试验，它综合了机械运动学、电子学、光学、计算机等科学技术，试验使用真实车辆和许多一次性消耗材料，成本很高。

为保证假人精度，试验前应对其头部、颈部、胸部和膝部等重要部位进行标定试验规范。

1. 头部标定试验

1）试验要求

头部从 376 mm 高度下落后，按规定在头形内部装好的加速度传感器的最大合成加速度应在 $225g \sim 275g$ 范围内。试验中加速度-时间历程曲线的主脉冲应为单峰值，且在主脉冲后的加速度振荡时间应不小于主脉冲时间的 10%，同时应保证横向加速度矢量不超过 $15g$。

2）试验过程

将头部总成在温度为 19℃～25℃、相对湿度为 10%～70% 的环境中至少放置 4 h；清洗头皮表面和碰撞板表面；悬挂头部，保证前额最低点低于鼻子最低点 12.7 mm，同时保证其中心对称面处于垂直状态；利用释放装置使头部从规定高度下落，保证一经释放，头部应立即落向表面平整、刚性支撑的水平表面，其光洁度应在 0.2～2.0 μm 范围内；同一头部两次连续试验时间间隔不应少于 3 h。

2. 胸部标定试验

1）试验要求

使用一个试验摆锤，摆锤是一个直径为 153 mm 的缸筒，安装仪器后质量为 23.4 kg。摆锤碰撞端为一个刚性平直的正交平面，圆角半径为 13 mm。在摆锤与碰撞表面相对的一端安装一个加速度传感器，其敏感轴线与摆锤的纵向中心线重合。摆锤以 (6.7 ± 0.122) m/s 的速度撞击胸部时，双脚均未穿鞋的完整假人总成的胸部由试验摆锤所测到的反作用力应为 (5.521 ± 366.7) N，其胸骨相对于脊椎的位移应为 (68.0 ± 4.6) mm。每次碰撞的内部滞后不应少于 69%，且不大于 85%，测量的反作用力等于摆锤质量与其减速度的乘积，如图 8-2 所示。

2）试验过程

将试验假人放置在湿度为 10%～70% 的环境中直至假人肋骨温度稳定在 20.6℃～22.2℃之间；调整试验摆锤的纵向中心线，使之低于 3 号肋骨中心线 (12.7 ± 1.0) mm，用试验摆锤撞击假人胸部，保证在碰撞瞬间，试验摆锤的纵向中心线与假人中心对称平面内的某一水平线重合，误差为 $\pm 2°$；碰撞时对试验摆锤加以导向；用胸骨内的电位计沿试验

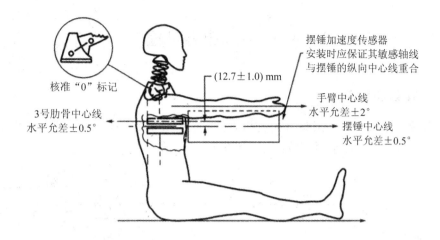

图 8-2　胸部标定试验

摆锤的纵向中心线测量胸骨相对胸椎水平方向上的偏移。

3. 膝部标定试验

1) 试验要求

当用符合规定要求的摆锤以 2.07～2.13 m/s 的速度冲击每个腿部总成的膝部时，膝部的最大冲击力，即摆锤质量和加速度的乘积，其最小值应为 4.7 kN，最大值应为 5.8 kN，如图 8-3 所示。

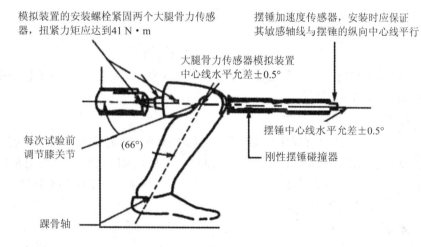

图 8-3　膝部标定试验

2) 试验过程

用腿部载荷传感器模拟装置紧固膝盖总成试件；将试件置于温度为 18.9℃～26.5℃、相对湿度为 10％～70％的试验环境中至少 4 h，然后进行试验；调整试验摆锤的纵向中心线，使得摆锤与膝部接触时，其纵向中心线与大腿骨力传感器模拟装置的纵向中心线重合，误差不大于±2 mm；对摆锤加以导向，保证在试验摆锤与膝部接触的时刻不发生明显的横向和垂直方向上的运动或转动。

8.3 实车碰撞试验

8.3.1 碰撞试验设备

一个较完善的实车碰撞试验室应包括碰撞区、牵引系统、浸车环境室、照明系统、假人标定室、测量分析室及车辆翻转台等，如图8-4所示。

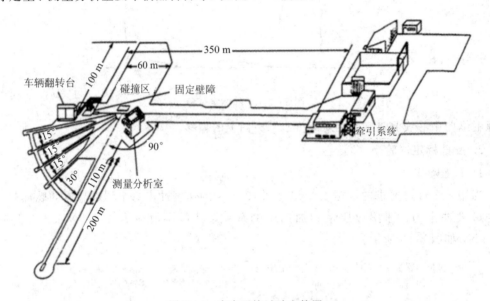

图8-4 实车碰撞试验室简图

实车碰撞试验室中的主要设备包括固定壁障、移动壁障、车辆动态翻滚试验装置、车辆静态翻滚试验装置和牵引系统。

1. 固定壁障

正面碰撞试验区域设置有固定壁障。SAEJ 850推荐，固定壁障表面至少宽3 m、高1.5 m，表面垂直于壁障前路面，覆盖19 mm厚的胶合板，壁障尺寸和结构应足以限制其表面变形量小于车辆永久变形量的1%。日本标准JISD 1060—1982中要求壁障宽3 m、高1.5 m、厚0.6 m，质量不低于70 t。

2. 移动壁障

侧面碰撞和追尾碰撞采用移动壁障对停放在碰撞区域中的试验车辆实施碰撞。移动壁障的质量、碰撞表面结构按照不同的试验要求是不同的，如图8-5所示。

3. 车辆动态翻滚试验装置

试验车辆放置在一个倾斜23°的平台上，平台以48.3 km/h的速度运动，到达动态翻滚。平台与地面冲击缓冲器碰撞，试验车辆脱离平台产生动态翻滚，如图8-6所示。

4. 车辆静态翻滚试验装置

碰撞试验后应测量0°、90°、180°和270°各位置的燃油泄漏情况。为此在碰撞区附近建造静态翻转试验台，对碰撞后的试验车辆进行燃油泄漏试验，如图8-7所示。

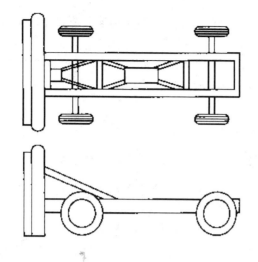

图 8 - 5　移动壁障

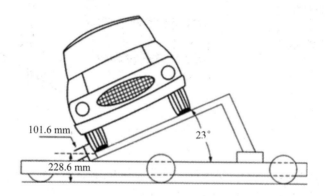

101.6 mm

228.6 mm

23°

图 8 - 6　车辆动态翻滚试验装置

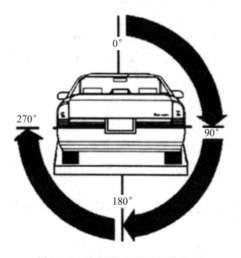

0°

90°

180°

270°

图 8 - 7　车辆静态翻滚试验装置

5. 牵引系统

牵引系统是将试验车辆或移动壁障由静止加速到所设定的碰撞初速度的装置。牵引系统的要求如下：

（1）准确的速度控制，以满足试验法规中规定的碰撞速度要求。

（2）对放置有假人的试验车辆，在牵引过程中，为防止加速过程中假人姿态发生变化，加速度不能过大。

（3）具有导向和脱钩装置。

8.3.2 正面碰撞试验

根据碰撞范围的不同，正面碰撞试验可分为全宽碰撞、40％偏置碰撞和30°斜碰撞，如图8-8所示。

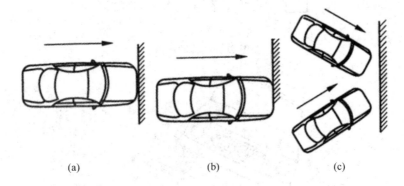

（a）　　　　　　　　　　（b）　　　　　　　　　（c）

图8-8　正面碰撞
（a）全宽碰撞；（b）偏置碰撞；（c）斜碰撞

美国和日本都比较注重100％重叠刚性固定壁障的碰撞试验（全宽碰撞），碰撞速度分别为56 km/h(美)和55 km/h(日)，以40％的偏置碰撞作为补充。

我国目前施行的强制性检验项目是100％重叠刚性固定壁障的碰撞试验，试验速度为48～52 km/h。

欧洲国家在碰撞试验方面比较注重对事故形态的模拟，而完全发生正面100％重叠的碰撞事故并不多见，所以欧洲国家并没有强制实施100％重叠的正面碰撞试验，相反，对40％重叠的偏置碰撞要求相当严格。

1. 试验方法

正面碰撞试验是将车辆加速到指定碰撞速度，然后与固定壁障进行碰撞的试验。通常情况下，汽车的碰撞方向与固定壁障垂直。

碰撞瞬间，车辆不再承受任何附加转向或驱动。试验车在撞击固定壁障之前处于匀速行驶状态。

试验车的纵向中心平面应垂直于固定壁障，其到达壁障的路线在横向任一方向偏离理论轨迹均不得超过15 cm。

2. 试验要求

1）试验场所

试验场地应足够大，以容纳跑道、壁障和试验必需的技术设施。在壁障前至少5m的跑道应水平、平坦和光滑。碰撞前区域应有地沟，以便拍摄汽车底部。

2）固定壁障

壁障由钢筋混凝土制成，前部宽度不小于 3 m，高度不小于 1.5 m。壁障厚度应保证其质量不低于 7×10^4 kg。壁障前表面应铅垂，其法线应与车辆直线行驶方向成 0°夹角，且壁障表面应覆以 2 cm 厚状态良好的胶合板。如果有必要，应使用辅助定位装置将壁障固定在地面上，以限制其位移。

3）汽车质量

试验车质量为整备质量，燃油箱应注入水，水的质量为制造厂规定的燃油箱满容量时的燃油质量的 90%，所有其他系统（制冷系、冷却系）应排空，排出液体的质量应予补偿。

4）前排座椅的调整

对于纵向可调节的座椅，应调整 H 点使其位于行程的中间位置或者最接近于中间位置的锁止位置，并处于制造厂规定的高度（假如高度可以单独调节）。对于长条座椅，应以驾驶员位置的 H 点为基准。

5）假人的安放

在每个前排外侧座椅上，安放一个符合 Hybrid Ⅲ 技术要求且满足相应调整要求的假人。为记录必要的数据以便确定性能指标，假人应配备满足相应技术要求的测量系统。

6）测试设备

（1）车体加速测量：加速度传感器应安装在车身地板、车架或者车身部件上，但不能安装在有变形或振动的位置。

（2）车速测量：应在固定壁障之前进行。

（3）摄影测量：应在车辆侧面、上面、底面进行。另外，在车厢内部还应安装一个耐冲击的摄像机，以记录乘员的运动。

3. 评价标准

（1）正面撞击壁障时，转向柱管和转向轴的上端允许沿着平行于汽车纵向中心线的水平方向向后窜动，窜动量不得大于 127 mm。

（2）撞击后以最快速度检查燃油箱及燃油管有无泄漏，并检查泄漏处状况及泄漏总量。燃油泄漏总量在 5 min 内不得大于 200 mL。

（3）试验过程中，车门不得开启，前门的锁止系统不得发生锁止。碰撞试验后，不使用工具应能打开每排座位对应的门，至少有一个门能打开。必要时，改变座椅靠背位置使得所乘人员能够撤离。若将假人从约束系统中解脱时发生了锁止，通过在松脱位置上施加不超过 60 N 的压力，该约束系统应能被打开，从车辆中完好地取出假人。

4. 安全评价指标

（1）头部性能指标（HPC）小于等于 1000。

（2）胸部变形的绝对值应小于等于 75 mm。

（3）沿轴向传递至假人每条大腿的压力应小于等于 10 kN。

8.3.3 侧面碰撞试验

在对车辆侧面撞车进行安全性评价时，广泛采用的实车碰撞试验是移动变形壁障（MDB）侧面碰撞试验，如图 8-9 所示。

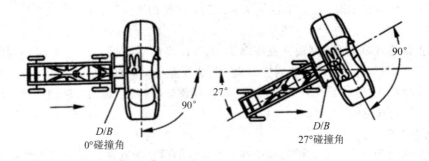

图 8-9 侧面碰撞试验

1. 试验方法与要求

试验时,试验车辆静止,移动变形壁障正面中垂线对准试验车辆驾驶员座椅 R 点,以一定的速度垂直撞击车身侧面。

我国规定的碰撞瞬时移动壁障的速度为 (50 ± 1) km/h,且该速度至少在碰撞前 0.5 m 内保持稳定。

2. 评价标准

(1) 乘员损伤评价指标包括头部、胸部、腹部和腰部各损伤值。

(2) 在试验过程中车门不得开启。

(3) 碰撞试验后,不使用工具应能打开足够数量的车门,使乘员能正常进出。必要时可倾斜座椅靠背或座椅,以保证所有乘员能够撤离;能将假人从约束系统中解脱;能将假人从车辆中移出。

(4) 所有内部构件在脱落时均不得产生锋利的突出物或锯齿边,以防增加伤害乘员的可能性。

(5) 在不增加乘员受伤危险的情况下,允许出现因永久变形产生的脱落。

(6) 碰撞试验后,如果燃油供给系统出现液体连续泄漏,其泄漏速度不得超过 30 g/min;如果燃油供给系统泄漏的液体与其他系统泄漏的液体混合,且不同的液体不容易分离和辨认,则在评定连续泄漏的泄漏速度时记入所有收集到的液体。

8.3.4 追尾碰撞试验

在追尾碰撞事故中,虽然汽车因燃油箱及管路渗漏爆炸而起火的事故仅占 1%,但此类事故一旦发生,后果十分严重。

我国于 2006 年发布了汽车追尾碰撞的强制性试验标准 GB 20072—2006《乘用车后碰撞燃油系统安全要求》。

1. 试验方法

在进行汽车后碰撞安全性评价时,采用碰撞装置与试验车辆后部碰撞的方式,模拟与另一行驶车辆发生后碰撞的情况。碰撞装置可以为移动壁障或摆锤。试验时,碰撞装置以一定速度与试验车辆后部碰撞,根据燃油系统的泄漏情况评价汽车后碰撞的安全性。

2. 试验要求

1) 试验场地

试验场地应足够大,以容纳碰撞装置驱动系统、被撞车辆碰撞后移动及试验设备的安装。车辆发生碰撞和移动的场地应水平、平整，路面摩擦系数不小于0.5。

2）碰撞装置

碰撞装置应为一刚性的钢制结构，其表面应为平面，宽度不小于2500 mm，高度不小于800 mm，棱边圆角半径为40~50 mm，表面装有厚为20 mm的胶合板。碰撞装置移动方向应水平，并平行于被撞车辆的纵向中心平面；碰撞装置表面中垂线和被撞车辆的纵向中心平面间横向偏差不大于300 mm，并且碰撞表面宽度应超过被撞车辆的宽度；碰撞表面下边缘离地高度应为(175±25)mm。

3）碰撞装置的驱动型式

碰撞装置既可以固定在移动车上（移动壁障），也可以为摆锤的一部分。

4）使用移动壁障的要求

移动壁障作为"平均车"撞击被试车辆，它由移动车、碰撞装置、制动系统三部分组成。移动壁障的设计有严格的质量要求，移动车和碰撞装置总质量为(1100±20)kg。

5）使用摆锤的要求

碰撞装置的碰撞表面中心与摆锤旋转轴线间距离不应小于5 m；碰撞装置应固定在刚性臂上并通过刚性臂自由地悬挂，摆锤结构不能因碰撞而变形；摆锤应装有制动器，以防止摆锤二次碰撞试验车；摆锤撞击中心的转换质量 m_τ 与总质量 m、撞击中心与旋转轴间距离 a 和系统重心与旋转轴距离 l 之间的关系为

$$m_\tau = m \times \frac{l}{a} \qquad (8-5)$$

转换质量 m_τ 应为(1100±20)kg。

3. 评价标准

（1）在碰撞过程中燃油装置不应发生液体泄漏。

（2）碰撞试验后，燃油装置若有液体连续泄漏，则在碰撞后前5 min平均泄漏速率不应大于30 g/min；如果从燃油装置中泄漏的液体与从其他系统泄漏的液体混淆，且这几种液体不容易分开和辨认，则应根据收集到的所有液体评价连续泄漏量。

（3）不应引起燃料的燃烧。

（4）在碰撞过程中和碰撞试验后，蓄电池应由保护装置保持自己的位置。

8.3.5 C-NCAP 碰撞试验

C-NCAP(China New Car Assessment Program，中国新车评价规范)是将在市场上购买的新车型按照比我国现有强制性标准更严格和更全面的要求进行碰撞安全性能测试，评价结果按星级划分并分开发布，旨在为消费者提供系统、客观的车辆信息，促进企业按照更高的安全标准开发和生产，从而有效减少道路交通事故的伤害及损失。各国NCAP测试程序不尽相同，可包括正面碰撞、侧面碰撞、侧面柱碰撞、追尾测试、18个月儿童动态测试、3岁儿童动态测试、行人保护等项目。

公认最严格的是欧盟实施的EURO-NCAP测试。

在碰撞试验中，根据对假人头部、胸部、腿部等主要部位的伤害程度对试验车的安全性进行分级，评价共分五个星级，五星级表示碰撞试验中该车的安全性最好。

对于C-NCAP和EURO-NCAP试验，前排驾驶员和乘员位置分别放置Hybrid Ⅲ

型第 50 百分位男性假人，第二排最右侧座位放置 Hybrid Ⅲ型第 5 百分位女性假人，试验时假人佩戴安全带，考核安全带性能。

每项最高得分 18 分(共 36 分)，星级评分标准见表 8-1。

表 8-1 星级评分标准

总分	≥60分	≥52 且<60分	≥44 且<52分	≥36 且<44分	≥28 且<36分	<28分
星级	5+(★★★★☆)	5(★★★★★)	4(★★★★)	3(★★★)	2(★★)	1(★)

8.4 碰撞试验测量系统

测量系统由电测量系统和光学测量系统构成。

电测量系统用于精确地测量碰撞过程中汽车各部位的加速度响应、对固定壁障的碰撞力以及乘员伤害评价用的各种响应信号。

光学测量系统用于获取直观的二维影像，分析碰撞过程中车体的变形及其乘员的运动形态，适用于从总体上了解碰撞全过程。

8.4.1 电测量系统

电测量系统包括传感器、放大器、低频滤波器、数据采集系统和数据处理器等。各种仪器配置线路如图 8-10 所示。

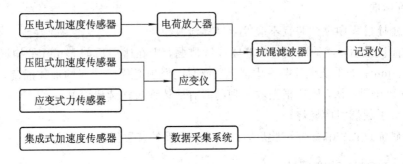

图 8-10 电测量系统框图

用于碰撞试验的电测量系统由于碰撞试验的特殊性，因此有特殊的要求。碰撞试验中所测量的信号主要是脉冲信号，对电测量系统的低频性能要求比较高。碰撞试验对测量仪器的耐冲击特性要求较高。测量项目大体可分为车体加速度响应信号、固定壁障碰撞力和假人动力学响应等三个方面。

8.4.2 光学测量系统

实车碰撞试验是在 100 ms 内完成的不可重复的试验，在碰撞过程中碰撞车辆车身变形、假人运动形态、气囊展开形态等具有不可预见性，电测量法很难全面了解碰撞过程。从全面掌握转瞬即逝的汽车碰撞过程这一点上看，光学测量是实车碰撞试验中十分重要的环节。

1. 光学测量系统组成

实车碰撞试验中光学测量系统主要由高速摄像机和灯光照明两部分构成。高速摄像机是光学测量系统的核心部分。

2. 分析方法

序列影像运动分析方法可全面掌握转瞬即逝的汽车碰撞过程。

定性分析：指对二维影像中记录的运动过程的序列影像缓慢回放、逐帧分析，看出对于人眼来说发生得太快的事件，从而分析运动过程中的细节。

定量分析：指在拍摄前，将运动物体的相关点设置为醒目的标志点，对所摄取的运动过程的序列影像在像平面内逐帧进行像平面坐标判读，应用摄影测量学的理论，求解待测量点的位置，从而获取运动物体的特征参数。

思 考 题

1. 简述碰撞试验假人的分类。
2. 简述实车碰撞试验所用的主要试验设备。
3. 简述汽车正面碰撞试验方法。
4. 简述汽车侧面碰撞试验方法。
5. 简述汽车追尾碰撞试验方法。
6. 简述汽车碰撞试验测量系统的构成。

第9章 汽车总成与零部件试验

9.1 发 动 机 试 验

9.1.1 发动机台架试验系统

工程实际中，发动机试验主要包括发动机台架试验和实车试验两大类。

实车试验一般针对已生产定型的发动机，开展实车动态性能试验、标定试验等，试验目的是检测发动机性能或进行改进试验，试验结果较真实。

发动机台架试验是将发动机测功设备和各种测试仪表组成一个测试系统，按照规定的方法和要求模拟发动机实际使用的各种工况而进行的试验。

1. 发动机台架试验系统的基本要求

（1）安装在试验台上的发动机能模拟实际的使用条件或尽可能地接近实际使用条件；

（2）便于安装、调整、检查和更换发动机零部件；

（3）具有广泛的适应能力，能完成不同机型和不同试验目的的试验项目；

（4）具有发动机正常工作的监测仪表和测定发动机各项性能参数的精密测量仪表；

（5）操作简便、可靠，尽量采用先进技术，提高自动化水平，减轻试验人员的劳动强度；

（6）具有良好的通风、消音、消烟、隔振设施，尽可能改善试验人员的工作条件。

2. 发动机台架试验系统的基本组成

发动机台架试验系统是一个集机械、仪器仪表和试验技术为一体的综合性系统。

发动机台架试验系统包括测试系统和试验室环境系统。测试系统由对发动机进行加载与测量的装置组成；试验室环境系统主要包括通风系统、发动机进排气系统、消声与隔振系统，以确保发动机在所需的正常环境中运行。

9.1.2 发动机主要性能参数测量

发动机的性能参数，有的可以直接测量获得，有的则需通过间接测量获得。如与发动机动力性、经济性直接相关的参数有转速、扭矩、功率、油耗，进排气流量、温度、压力，润滑油和冷却液的流量、温度、压力，排放性能参数，试验环境参数，发动机汽缸内的平均有效压力、噪声、振动等。

1. 发动机扭矩测量

发动机的性能试验中，扭矩是个很重要的参数，是评价发动机性能指标的重要依据。

根据扭矩测量原理的不同，发动机扭矩测量方法分为平衡力法和传递法两种。

（1）平衡力法：根据作用力与反作用力相等的原理，通过测量测功机浮动外壳测点的受力间接测量发动机的扭矩。其计算式为

$$M_e = WL \qquad (9-1)$$

式中：M_e——实测有效转矩，N·m；

    W——作用在载荷单元上的力，N；

    L——力臂长度，m。

（2）传递法：在主、从力矩传递路线上安装力矩传感器，以测量发动机的扭矩。其测量原理如图9-1所示。

2. 发动机转速测量

发动机转速是指单位时间内曲轴的平均旋转次数。

对于发动机转速的测量，可用的传感器有很多种，目前主要用磁电式转速传感器、光电式传感器和霍尔（Hall）传感器。

测功机大都采用磁电式转速传感器，如图9-2所示。在转轴上装有测速齿盘1和装在支架4上的磁电传感器。磁电传感器由绕有线圈2的永久磁铁3制成。齿盘一般制有60个齿。当轴旋转时，每转一周，磁电传感器能产生60个脉冲信号。设脉冲信号的频率为f（Hz），n为发动机的转速（r/min），z为齿数，则

$$f = \frac{n \times z}{60} = \frac{n \times 60}{60} = n \qquad (9-2)$$

当齿数为60时，磁电传感器脉冲信号的频率与转速的数值相同。磁电式转速传感器结构简单，工作安全可靠，转速精度高，测速范围广，绝大多数测功机都采用此结构。

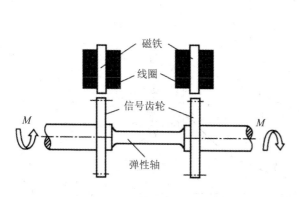

图9-1　传递法测量扭矩原理

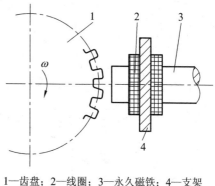

1—齿盘；2—线圈；3—永久磁铁；4—支架

图9-2　磁电式转速传感器

3. 发动机燃料消耗量测量

燃料消耗量是评价汽车发动机燃料经济性的重要指标。发动机每小时消耗燃料的数量称为小时耗油量，可用容积或质量来表示。

在评价发动机经济性时多采用燃料消耗率，以发动机输出固定功率时所消耗的燃料量来表示，即

$$g_e = \frac{1000G}{P_e} \qquad (9-3)$$

式中：g_e——燃料消耗率，g/(kW·h)；

  G——燃料消耗量，g/h；

  P_e——发动机功率，kW。

9.1.3 发动机基本性能试验

国家标准 GB/T 18297—2001《汽车发动机性能试验方法》与 GB/T 19055—2003《汽车发动机可靠性试验方法》对发动机的性能试验和可靠性试验的试验条件和试验方法作出了明确的规定。

发动机性能试验一般在发动机试验台上进行。

1. 功率试验

发动机功率试验也称测功试验，目的是评定发动机在全负荷工况下的动力性、经济性和排放性。

发动机功率试验分为总功率试验和净功率试验。

在进行发动机功率试验时，使发动机节气门全开或供油齿条处于最大位置，在发动机转速范围内均匀地选择不少于 8 个点的稳定工况点，其中必须包括最大转矩点。

测量各稳定工况点的转速、转矩、油耗量、压燃机的排气可见污染物、点燃机的空燃比等，并计算功率和燃料消耗率等，绘制发动机性能曲线，如图 9-3 所示。

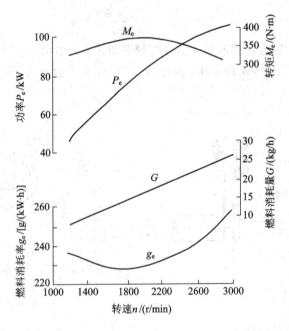

图 9-3 发动机性能曲线

2. 负荷特性与万有特性试验

负荷特性是指当转速不变时，发动机的性能指标随负荷而变化的关系。

发动机部分负荷性能试验方法可分为以下三种：

（1）在发动机转速不变的条件下，测量不同功率时的燃料消耗率和燃料消耗量，以评价发动机的燃料经济性，有时还要测定排放值。这种方法多用于柴油机。

（2）在节气门位置保持不变的条件下进行试验，即所谓部分速度特性。这种方法多用于汽油机。

（3）根据计算或道路试验获得的使用特性数据进行试验，它代表汽车的使用工况，用于评价汽车使用的燃料经济性，具有实用意义。

3. 机械效率测量试验

发动机的摩擦副在运动中要产生摩擦阻力，形成摩擦损失功率。评价机械摩擦损失大小的指标有摩擦损失功率及机械效率。

机械效率用公式表示为

$$\eta_m = \frac{P_e}{P_e + P_m} \times 100\% \tag{9-4}$$

式中：η_m——机械效率；

P_e——发动机功率，kW；

P_m——摩擦损失功率，kW。

测量摩擦损失功率的常用方法如下。

1）单缸熄火法

当发动机调整到给定工况稳定工作后，先测出其有效功率 P_e，之后在喷油泵齿条位置或节气门位置不变的情况下，停止向某一汽缸供油或点火，并用减少制动力矩的方法迅速将转速恢复到原来的数值，并重新测定其有效功率 P'_{e1}。

如果灭缸后其他各缸的工作情况和发动机的机械摩擦损失没有变化，则被熄火的汽缸原来所发出的指示功率 P_{i1} 为

$$P_{i1} = P_e - P'_{e1} \tag{9-5}$$

依次将各缸熄火，有

$$P_{i2} = P_e - P'_{e2}$$

$$P_{i3} = P_e - P'_{e3}$$

从而整台发动机的指示功率 P_i 为

$$P_i = nP_e - \sum_{k=1}^{n} P'_{ek}$$

整台发动机的摩擦损失功率 P_m 为

$$P_m = (n-1)P_e - \sum_{k=1}^{n} P'_{ek} \tag{9-6}$$

采用这种方法时，只要停止一缸的燃烧不致引起进、排气系统的异常变化，测量结果就会相当准确，适用于低速发动机。

2）油耗线延长法

油耗线延长法也称 Williams 法。

在做负荷特性试验时，可将低负荷时燃料消耗量多测几个点，在绘制负荷特性曲线时，将油耗线延长至与功率坐标相交，交点到坐标原点的负值即为摩擦损失功率，如图 9-4 所示。

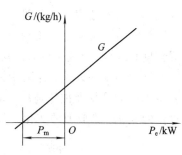

图 9-4　油耗线延长法测量发动机的摩擦损失功率

此法只适用于柴油机。

3) 倒拖法

在电力测功机试验台上，先使发动机在给定工况下稳定运转，当冷却液、机油温度到达正常数值时，立即切断对发动机的供油或停止点火，同时将电力测功机转换为电动机，倒拖发动机到同样转速，并且维持冷却液和机油温度不变，这样测得的倒拖功率即为发动机在该工况下的摩擦损失功率。

在低压缩比发动机中，误差大约 5%，在高压缩比发动机中，误差有时高达 5% ～ 15%，因而此法在测定汽油机机械损失时得到较广泛的应用。

采用此法可以分解发动机，测量每一对摩擦副的摩擦损失功率，为了解发动机摩擦损失的根源和降低摩擦损失提供了依据。

4) 示功图法

运用各种示功器录取汽缸的示功图，算出指示功率值，从测功机和转速计读数可算出发动机的有效功率，从而可以算出摩擦损失功率值。

这种方法是在真实的试验工况下进行的，从理论上讲完全符合机械损失定义，但试验结果的正确程度往往决定于示功图测录的准确程度。

5) 角加速度法

通过测量发动机加速瞬间的指示转矩、有效转矩、曲轴角速度，可计算出摩擦损失转矩：

$$M_m = \frac{(M_i - M_e - I)\mathrm{d}\omega}{\mathrm{d}t} \tag{9-7}$$

式中：M_m——摩擦损失转矩；

M_i——指示转矩；

M_e——有效转矩；

I——惯性力矩；

ω——角速度；

t——时间。

4. 发动机可靠性试验

1) 试验项目及评价方法

可靠性试验依据不同的考核要求可分为零部件可靠性试验及整机可靠性试验。典型的试验项目有活塞快速磨合试验、活塞可靠性试验、缸套冷态磨损试验、缸盖热变形试验、配气部件的快速疲劳试验等。

整机台架可靠性试验规范依据不同的机型及不同的考核目的一般分为交变负荷试验、混合负荷试验、全速全负荷试验、冷热冲击试验等。试验需要同型号的 A 与 B 两台发动机。

试验结果的评价，各国相关标准的规定略有不同，但所评价的主要项目大致相同，主要有机件的磨损及损坏情况、动力性下降及燃料经济性恶化的程度、机油消耗量及活塞漏气量的变化、排放值的变化，以及机能率及故障平均间隔时间。

$$机能率 = \frac{运行时间}{运行时间 + 维护时间 + 故障时间} \times 100\%$$

$$故障平均间隔时间 = \frac{运行时间}{故障停车次数}（h/次）$$

2）发动机可靠性试验规范

不同最大总质量汽车用发动机可靠性试验规范及运行持续时间见表9-1。

表9-1　不同最大总质量汽车用发动机可靠性试验规范及运行持续时间

装机汽车类别*	负荷试验规范 （在A发动机上进行）			冷热冲击试验规范 （在B发动机上进行）
	交变负荷	混合负荷	全速全负荷	
汽车最大总质量≤3500 kg	400	—	—	200
3500 kg＜汽车最大总质量≤12 000 kg	—	1000	—	300
汽车最大总质量＞12 000 kg	—	—	1000	500

注：* 装乘用车和商用车的发动机均按本表分类。

（1）发动机交变负荷试验规范。

发动机交变负荷试验规范如图9-5所示。节气门全开，从最大净转矩的转速（n_M）均匀地升至最大净功率的转速（n_p），历时1.5 min；在n_p稳定运行3.5 min；随后均匀地降到n_M，历时1.5 min；在n_M稳定运行3.5 min。重复上述交变工况，运行到25 min。

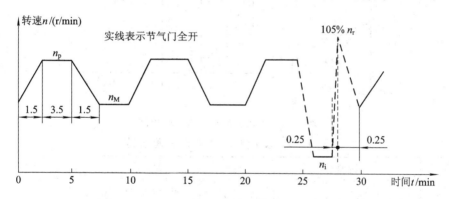

图9-5　发动机交变负荷试验规范

节气门从全开位置减小开度，转速下降至怠速（n_i）运行到29.5 min；节气门开度增大，无负荷，使转速均匀上升到105%额定转速（105%n_r）或上升到发动机制造厂规定的最高转速，历时(0.25±0.1)min；随即均匀地关小节气门，使转速降至n_M，历时(0.25±0.1)min。

至此完成了一个循环，历时30 min。运行800个循环，运行持续时间400 h。

（2）发动机混合负荷试验规范。

发动机混合负荷试验规范如图9-6所示。不同工况间转换在1 min内完成，均匀地改变转速负荷。每循环历时60 min，共1000个循环，运行持续时间1000 h。

（3）发动机全速全负荷试验规范。

发动机节气门全开，在额定转速下持续运行1000 h。

（4）发动机冷热冲击试验规范。

发动机冷热冲击试验规范如图9-7所示。工况1到2，2到3的转换在5 s以内完成；工况3到4，4到1的转换在15 s以内完成，均匀地改变转速及负荷。每循环历时6 min。不同最大总质量汽车用发动机运行持续时间见表9-2。

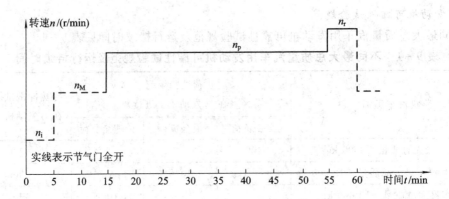

图 9-6　发动机混合负荷试验规范

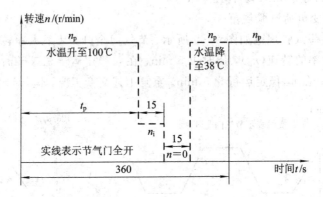

图 9-7　发动机冷热冲击试验规范

表 9-2　发动机冷热冲击试验规范

工况序号	转速	负荷	冷却水出口温度	工况时间/s
1（热）	最大净功率转速 n_p	节气门全开	升至(105±2)℃① 或(112±2)℃②	t_p③
2	怠速 n_i	0	自然上升	15
3	0	0	自然上升	15
4（冷）	最大净功率转速或高怠速	0	降至 38℃以下	$360-t_p-15-15$

注：① 散热器盖在 150 kPa 放气时；

② 散热器盖在 190 kPa 放气时；

③ t_p 为发动机自行加热至规定温度的时间。

9.2　传　动　系　试　验

汽车传动系可用于动力传递性能评价、变速性能评价、操纵性评价、振动与噪声等安静性能评价以及扭转强度和耐久性评价等。

9.2.1　离合器试验

目前汽车上用的离合器大多属于干摩擦式离合器。干摩擦式离合器的台架试验可参见行业标准 QC/T 27—2014。

离合器的主要试验项目包括盖总成功能特性试验、从动盘总成功能特性试验和离合器耐久性及可靠性试验。

1．盖总成功能特性试验

离合器盖总成功能特性试验包括分离指(杆)安装高度及其端面跳动量的测定、盖总成分离特性试验、盖总成负荷特性试验等。

1）分离指(杆)安装高度及其端面跳动量的测定

试验目的是测定分离指(杆)的安装高度及其端面跳动量。

测试台架必须能使载荷均匀作用于分离指(杆)端，并与压盘工作面垂直。

2）盖总成分离特性试验

试验目的是测定离合器盖总成的分离特性曲线。分离特性试验装置如图 9-8 所示。

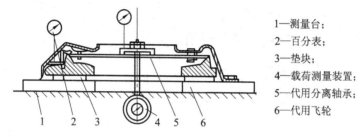

1—测量台；
2—百分表；
3—垫块；
4—载荷测量装置；
5—代用分离轴承；
6—代用飞轮

图 9-8　分离特性试验装置

盖总成的分离特性是指使离合器处于模拟安装状态，分离和接合离合器时作用于分离指(杆)端的载荷及压盘位移随分离指(杆)端行程变化的关系。

3）盖总成负荷特性试验

试验目的是测定离合器盖总成的负荷特性曲线。负荷特性试验装置如图 9-9 所示。

负荷特性是指对压盘加载和随后减载过程中，作用于压盘上的载荷与压盘位移之间的关系。

负荷特性试验台必须能使载荷均匀作用于压盘表面，并与压盘工作表面垂直。

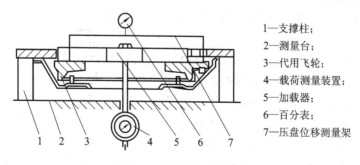

1—支撑柱；
2—测量台；
3—代用飞轮；
4—载荷测量装置；
5—加载器；
6—百分表；
7—压盘位移测量架

图 9-9　负荷特性试验装置

2．从动盘总成功能特性试验

从动盘总成功能特性试验包括从动盘总成轴向压缩特性、夹紧厚度、平行度的测定，从动盘总成扭转特性的测定，离合器摩擦性能测定试验，以及防黏着试验。

1）从动盘总成轴向压缩特性、夹紧厚度、平行度的测定

试验主要测定从动盘总成在规定的压紧力作用下的夹紧厚度、平行度及轴向缓冲变形量与压紧力之间的关系，并将测得的结果与产品图纸或有关规定的技术要求进行比较，确定被试离合器从动盘总成是否符合要求。

如图 9-10 所示，试验时，将从动盘总成装于轴向压缩特性试验装置上。按规定工作压紧力压缩从动盘总成数次，直至轴向压缩量读数稳定。施加规定的预载荷 70 N，然后开始测量。

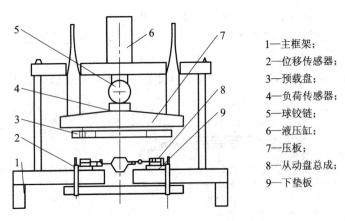

1—主框架；
2—位移传感器；
3—预载盘；
4—负荷传感器；
5—球铰链；
6—液压缸；
7—压板；
8—从动盘总成；
9—下垫板

图 9-10　轴向压缩特性试验装置

对从动盘总成加载，直到从动盘总成上的载荷达到规定工作压紧力，记录轴向压缩量和所对应的垂直压力。

达到规定工作压紧力时，测量上下夹板间沿外圆周均布 3 点处的距离，其平均值为从动盘总成的夹紧厚度，最大值与最小值之差即为平行度。

绘制从动盘总成上的垂直压力与轴向压缩量间的轴向压缩特性曲线。

2）从动盘总成扭转特性的测定

从动盘总成的扭转特性对变速器的"咔嗒"声以及"闷鼓"声等振动噪声影响很大。在此试验中重点确定扭转减振器的扭转刚度及阻尼转矩，以判断其减振性能对车辆振动噪声的影响。

扭转特性试验装置如图 9-11 所示。将从动盘总成装到试验台与之相适应的花键轴上，并将摩擦衬片部分夹紧。装转角指针或角位移传感器，使之能随盘毂一起转动并处零位。对盘毂施加扭转力矩，转动盘毂，直到与限位销接触为止。卸载为零，反向加载，直到与另一侧限位销接触为止。卸载至零，重复上述步骤两次。在加载与卸载过程中，需记录转角与扭转力矩的对应数值，同时，在零位置检查并调整转角及扭转力矩零位。绘制扭转特性曲线，并确定减振器极限扭转角 α_{max}、极限转矩 M_{max}，规定转角处的摩擦阻尼力矩 M_h，规定转角范围的扭转刚度 C_d 对应发动机最大转矩时的转角 α。

扭转刚度的计算式为

$$C_d = \frac{M_e - M_h}{\alpha} \tag{9-8}$$

式中：M_e——发动机最大转矩，N·m；

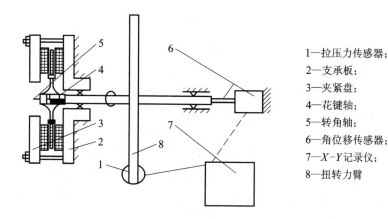

图 9-11　扭转特性试验装置

1—拉压力传感器；
2—支承板；
3—夹紧盘；
4—花键轴；
5—转角轴；
6—角位移传感器；
7—X-Y 记录仪；
8—扭转力臂

M_h——规定转角处摩擦阻尼力矩，N·m；

α——规定转角至发动机最大转矩之间的转角，(°)。

3）离合器摩擦性能测定试验

离合器摩擦性能测定试验用于确定模拟汽车起步工况下，离合器平均结合一次的滑磨功及连续起步时的发热情况。滑磨功是指离合器在滑磨过程中有多少机械能变成热能。离合器的滑磨功越大，说明变成热能的量值越多，即离合器摩擦副的发热和磨损越严重。

离合器综合性能试验台如图 9-12 所示。以新的从动盘总成及盖总成作为试件。试验输入转速为 730 r/min，惯量盘的惯性矩为 5.25 kg·m²，离合器的离合周期为 30 s。在压盘表面中径位置、距工作表面以下 0.2 mm 处测量压盘温度。

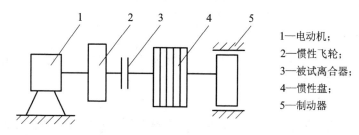

1—电动机；
2—惯性飞轮；
3—被试离合器；
4—惯性盘；
5—制动器

图 9-12　离合器综合性能试验台

按规定配装当量惯量，施加道路阻力矩。当量惯量的计算式为

$$J_K = \frac{WR_T^2}{i_K^2 i_0^2} \tag{9-9}$$

式中：J_K——变速器 K 挡的当量惯量，kg·m²；

　　W——汽车总质量，kg；

　　R_T——车轮滚动半径，m；

　　i_0——驱动桥减速比；

　　i_K——变速器 K 挡速比（半挂车或主车带拖挂变速器用 Ⅰ 挡；单车，四挡或四挡以上变速器用 Ⅱ 挡；重型车，根据具体情况由有关方面确定）。

道路阻力矩为

$$M_T = \frac{Wg\varphi R_T}{i_K i_0} \qquad (9-10)$$

式中：M_T——作用于离合器输出轴上的道路阻力矩，N·m；

φ——道路阻力系数，$\varphi = f\cos\alpha + \sin\alpha$，$f$ 为滚动阻力系数（轻型车：$f = 0.015$），α 为坡度角度，$\tan\alpha = 8\%$；

g——重力加速度，m/s^2。

试验样品需经磨合，接触面积需达 80% 以上，磨合表面温度不超过 100℃。复验磨合后的盖总成和从动盘总成，确定夹紧厚度和对应的工作压紧力。安装连接好温度、转矩、转角或转速的测量记录装置。启动电动机，模拟起步工况，进行 10 次离合器接合试验，记录 3 次接合过程的各参数，如转矩、主从动部分转速、温度和滑磨时间等，以便计算滑磨功。其余各次仅记录温度变化，并观察发热情况。

滑磨功为

$$A = \int_{t_0}^{t} M_c(\omega_m - \omega_t)\mathrm{d}t \qquad (9-11)$$

式中：A——滑磨功，J；

M_c——滑磨力矩，N·m；

ω_m、ω_t——主从动分角速度，rad/s；

t_0、t——接合过程的起、止时间，s。

4）防黏着试验

试验目的是用于测定离合器总成在恒温、恒湿环境中放置一定时间后，在压紧元件无作用力的状态下，离合器主、从动部分之间的分离力或分离转矩，以评价离合器的耐锈蚀、抗黏着性能。

3. 离合器耐久性及可靠性试验

离合器耐久性及可靠性试验包括盖总成耐高速试验、从动盘总成轴向压缩耐久性试验和从动盘总成扭转耐久性试验等。

1）盖总成耐高速试验

盖总成耐高速试验用于测定在规定的转速下离合器盖总成与从动盘总成工作的可靠性或测定连续加速时盖总成与从动盘总成的破坏转速。

试验加速度为 10.47~31.42 rad/s^2（每秒加速度控制在 100~300 r/min）。

盖总成耐高速试验在室温下进行。试验要求盖总成不平衡量应满足技术文件规定，盖总成与夹具装配后的不平衡量应满足试验机的要求。

盖总成耐高速试验台如图 9-13 所示。试验时，首先在平衡机上检验盖总成的不平衡量。然后，将盖总成按规定装于代用飞轮上，使之处于接合状态，再安装于试验台上。启动并加速试件至规定转速，在该转速下连续运转至按技术文件规定的时间，或直至发生爆破为止，记录爆破时的转速。

2）从动盘总成轴向压缩耐久性试验

从动盘总成轴向压缩耐久性试验在室温下进行。试验前，先确定盖总成的工作压紧力是否符合要求，并测量从动盘总成轴向压缩特性，确定试验前的轴向压缩量。然后，将被试从动盘总成和盖总成装于试验台上，调整试验台，使之满足试验要求。

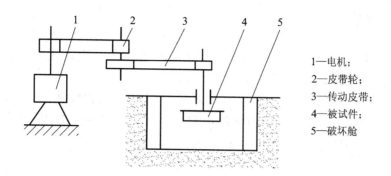

1—电机；

2—皮带轮；

3—传动皮带；

4—被试件；

5—破坏舱

图 9-13　盖总成耐高速试验台

按规定的分离行程完成离合器分离、接合一次，此为一次循环。接着，使离合器依此循环往复进行至规定的循环次数。最后，从试验台上取出从动盘总成，直观检查有无裂纹、松动或破裂零件，并测量从动盘总成轴向压缩特性，确定试验后的轴向压缩量。

3）从动盘总成扭转耐久性试验

加载方式有按扭矩加载和按相应扭转角加载两种方式。从动盘总成扭转耐久性试验台如图 9-14 所示。

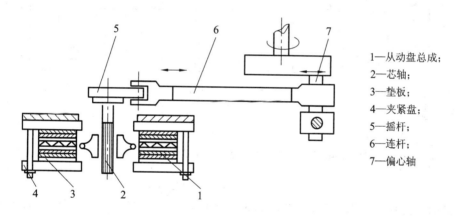

1—从动盘总成；

2—芯轴；

3—垫板；

4—夹紧盘；

5—摇杆；

6—连杆；

7—偏心轴

图 9-14　从动盘总成扭转耐久性试验台

试验前先测定从动盘总成的扭转特性。然后，将从动盘总成装于试验台的花键轴上，将摩擦片固定。按上述加载方式扭转从动盘总成至规定的次数或试件发生损坏。最后，测定试验后从动盘总成的扭转特性，并检查有无损坏、松动及磨损情况。

9.2.2　变速器总成试验

1. 机械式变速器台架试验

每种类型变速器的具体试验项目和试验方法都不尽相同。

对于机械式变速器，标准 QC/T 568《汽车机械式变速器总成台架试验方法》根据变速器输入扭矩的不同分为四个部分，即第 1 部分微型、第 2 部分轻型、第 3 部分中型和第 4 部分重型。

此处仅介绍标准 QC/T 568.1—2011 中涉及的第 1 部分微型变速器的部分试验项目。

1) 变速器传动效率试验

（1）试验方法。

根据标准 QC/T 568.1—2011 的规定：试验输入扭矩为发动机最大扭矩的 50％、100％，扭矩控制精度为±2％，测量精度为±0.5％。

变速器开式与闭式试验台如图 9-15 和图 9-16 所示。试验转速要求：从 1000 r/min 到发动机最高转速范围内均匀取 5 种转速，其中应包括发动机最大扭矩点的转速，其控制精度为±5 r/min，测量精度为±1 r/min。

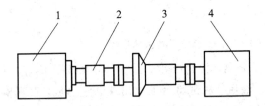

1—电动机；
2—扭矩转速传感器；
3—被试变速器；
4—测功机

图 9-15 变速器开式试验台

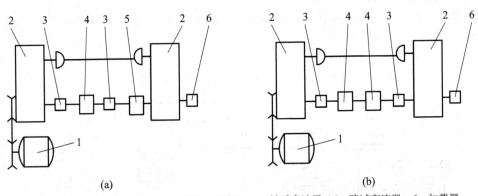

(a)   (b)

1—电动机；2—辅助齿轮箱；3—扭矩转速传感器；4—被试变速器；5—陪试变速器；6—加载器

图 9-16 变速器闭式试验台

试验油温控制在 40℃±5℃、60℃±5℃、80℃±5℃、100℃±5℃范围内，油温测量精度为±1℃。

试验按从低挡到高挡的挡位顺序，结合转速、扭矩、油温组合的要求依次测定。在闭式试验台上进行传动效率试验时，所用闭式试验台的加载器应能在试验运转过程中随时按要求改变扭矩，闭式试验台的驱动部分应能变速，被试变速器的输入轴与输出轴均应接入扭矩转速传感器。

变速器传动效率可通过以下几种方式测定：

① 采用高精度转矩法测量一个变速器的输入转矩（M_1）和输出转矩（M_2）。M_1 和 M_2 的测量试验可在开式试验台上进行，也可在闭式试验台上进行；可都用高精度转矩仪，也可借助测功机和转矩仪。由测得 M_1 和 M_2 的值，求得变速器的机械效率为

$$\eta = \frac{M_2}{M_1 i} \tag{9-12}$$

式中：η——变速器传动效率；

M_1——作用在变速器第一轴上的输入转矩，N·m；

M_2——作用在变速器第二轴上的输出转矩，N·m；

i——变速器所测挡位传动比。

② 采用对接法测量两个变速器的第一轴转矩$(M_1$和$M_1')$。采用测量两个输出轴对接的变速器第一轴转矩的方法测定变速器的传动效率，如图 9-16 所示。实质是同时测定两个变速器的效率，即

$$\eta^2 = \frac{M_1'}{M_1} \tag{9-13}$$

则一个变速器的传动效率为

$$\eta = \sqrt{\frac{M_1'}{M_1}} \tag{9-14}$$

式中：M_1'——变速器第一轴上的输出转矩，N·m。

③ 采用平衡转矩法测量一个变速器的输入转矩 M_1（或输出转矩 M_2）及壳体上的平衡转矩 M_p。预先将被试变速器利用滚动轴承平衡地支承在地面（或平板）上，如图 9-17 所示。

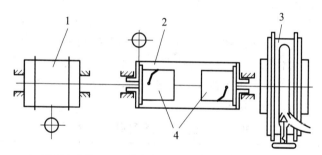

1—平衡电动机；2—平衡框架；3—测功机；4—被试变速器

图 9-17　变速器平衡转矩法测量转矩

对于汽车通用的同心轴结构式变速器，测出 M_1 和 M_p 之后，变速器的效率计算式为

$$\eta = \frac{1 - \dfrac{M_p}{M_1}}{i} \tag{9-15}$$

或测出 M_2 和 M_p 之后，变速器的效率计算式为

$$\eta = \frac{M_2}{M_2 + M_p i} \tag{9-16}$$

④ 采用平衡框架法测量一对变速器的第一轴输入转矩 M_1 和壳体上的平衡转矩 M_p。将一对变速器安装在平衡框架上，应用开式试验台测定变速器传动效率，如图 9-15 所示。在测得第一轴输入转矩 M_1 和作用在其上的反作用力矩转矩 M_p' 之后，可计算变速器（一个变速器）的传动效率：

$$\eta = \sqrt{1 - \frac{M_p'}{M_1}} \tag{9-17}$$

（2）试验数据处理。

将所测得的结果绘制成各挡在各温度下效率与转速、扭矩的关系曲线。

变速器Ⅲ、Ⅳ、Ⅴ挡的效率，按温度为 80℃ 时，在发动机最大扭矩点转速和最大扭矩

条件下测得的效率评价；变速器综合效率以试件的Ⅲ、Ⅳ、Ⅴ挡效率平均值表示。

2）变速器噪声试验

（1）试验方法。

试验要求：在半消声室或本底噪声和反射声影响较小的试验室内进行。

在非半消声室内进行试验时，应使测量场地周围 2 m 之内不放置障碍物，且测量试验台与墙壁之间的距离不小于 2 m。

在正式测量变速器噪声之前应先测量本底噪声。按表 9-3 规定，在变速器的上、左、右、后四处布置声级计或麦克风，试验台按表规定转速测得的噪声即为本底噪声。

表 9-3　变速器噪声测量参数

挡位	测试距离/mm	输入转速/(r/min)	输入转矩/(N·m)
前进挡	1000±10	4000±10	发动机最大转矩的(10%～40%)±5
倒挡	1000±10	2000±10	发动机最大转矩的(10%～40%)±5

（2）试验数据处理。

① 使用"A 计权网络"。

② 对于声级计，当使用"快挡"或"慢挡"，表头指针摆动小于 3 dB 时，应取上、下限读数的平均值。当使用"慢挡"，表头指针摆动大于 3 dB 时，应取上、下限读数的均方根值。

③ 当被测变速器各测点所测的噪声值与该点的本底噪声值之差小于 3 dB 时，该测量值无效；当等于 3～10 dB 时，按表 9-4 修正。

表 9-4　变速器噪声测量值的修正

声级差/dB	3	4	5	6	7	8	9	10
修正值/dB	-3	-2			-1			0

④ 以四测点中最大读数并经修正后的值作为变速器各挡的噪声值。

3）变速器静扭强度试验

（1）试验方法。

试验要求：输出轴固定，输入轴扭转转速不超过 15 r/min；输入轴和输出轴只承受扭矩，不允许有附加的弯矩作用；变速器的轮齿受载工作面与汽车行驶工况相同。

试验时，将变速器挂入某一挡位，开机加载，直至损坏或达到规定的扭矩为止，记录出现损坏时或达到规定的扭矩时输入轴的输入扭矩及转角。若试验过程中出现轮齿折断，转过 120°后再试验。一个齿轮测三点，取其平均值。

（2）试验数据处理。

变速器静扭强度后备系数 K_1 的计算式为

$$K_1 = \frac{M}{M_{emax}} \tag{9-18}$$

式中：M——试验结束记录的扭矩值，N·m；

M_{emax}——发动机的最大输出扭矩，N·m。

若静扭强度后备系数 K_1 大于等于规定值，则判定试验合格。

4）变速器疲劳寿命试验

（1）试验方法。

试验要求：油温为 80℃±5℃；输入转速为发动机最大扭矩点转速±10 r/min；输入扭矩为发动机最大扭矩±5 N·m；倒挡扭矩为二分之一的发动机最大扭矩±5 N·m；各挡试验时间按 QC/T 568.1—2011 中相应要求确定，或根据整车厂的要求确定，若整车厂没有要求，应根据齿轮和轴承的设计寿命进行试验。

试验前，按相应规范对变速器进行磨合。试验按从低速挡开始向高速挡及倒挡的各挡位顺序进行。

整个试验可分为 10 个循环进行。

（2）试验数据处理。

在试验期间，若变速器没有漏油等故障，且主要零部件无断裂、齿面严重点蚀（点蚀面积超过 4 mm²，或深度超过 0.5 mm）、剥落、轴承卡滞等现象，则判定试验变速器合格。

5）同步器寿命试验

（1）试验方法。

将变速器安装在试验台上，按规定加注润滑油。试验中润滑油的温度不予控制，但不得超过 90℃。

从变速器输出端驱动变速器，在相邻两挡间交替换挡，并保证挂上相邻低挡位时输入轴转速为发动机最大功率点转速的 65%～70%。

各工况的循环次数按表 9-5 规定执行。也可根据变速器的设计寿命对循环次数进行相应调整。调整换挡力为设计规定值。按 10 次/min 的频率进行试验。

表 9-5　同步器耐久循环寿命表

换挡挡位	循环次数	换挡挡位	循环次数
Ⅰ-Ⅱ-Ⅰ挡间	≥40 000	Ⅲ-Ⅳ-Ⅲ挡间	≥100 000
Ⅱ-Ⅲ-Ⅱ挡间	≥75 000	Ⅳ-Ⅴ-Ⅳ挡间	≥100 000

注：倒挡带同步器的Ⅰ-R-Ⅰ挡间循环次数≥15 000，其中Ⅰ挡不作考核。试验时设置输出轴转速，使输入轴在倒挡时转速为 1000 r/min。输出轴旋转方向与车辆前进时的旋转方向相同。

（2）试验数据处理。

试验时应定时检查、监听运转声音，如发生异常（如同步器发生撞击故障，油温过高，换挡时间过长或不能挂挡等），应及时停机。试验过程中，任一挡不得出现换挡失效和连续 5 次撞击声。

6）变速器换挡性能试验

（1）试验方法。

试验时，从变速器输出端驱动变速器；在相邻两挡间交替换挡，并保证挂上相邻低挡位时输入轴转速为发动机最大功率点转速的 65%～70%；换挡力设定为设计规定值，油温设定为 60℃，控制精度为±5℃，测量精度为±1℃；测量并记录各挡同步力和同步扭矩。

（2）试验数据处理。

在满足设计同步时间和同步力的情况下，二次冲击力的峰值不应高于同步力的 70%。

2. 自动变速器试验

1）台架性能试验

台架性能试验项目如下：

（1）测定传动状态下各变速挡性能的一般性能试验；

（2）测定在发动机节气门全开状态下的转矩性能试验；

（3）测定定速行驶时道路负载性能试验；

（4）测定逆驱动时的惯性行驶性能试验；

（5）测定输出轴无负载状态时各变速挡损失转矩的无负载损失试验。

对装有锁止机构的自动变速器，要在锁止离合器接合状态下进行测定。

除自动变速器总成试验外，还有与此相关的各构成元件的传递性能和损失试验；除变速器的单件性能试验外，还有油泵的驱动转矩、摩擦接合装置的打滑转矩以及润滑油的搅拌阻力的评价试验。自动变速器台架试验装置如图9-18所示。

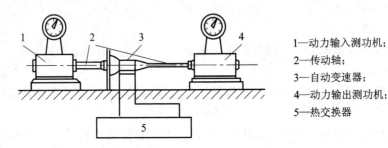

1—动力输入测功机；
2—传动轴；
3—自动变速器；
4—动力输出测功机；
5—热交换器

图9-18　自动变速器台架试验装置

2）变速性能试验

变速性能试验用于评价变速时和锁止离合器接合与分离时的过渡特性（冲击和迟滞），包括变速器的测功机台架试验和整车行驶试验。前者一般最终还要通过整车进行行驶试验确认。

3）摩擦元件试验

摩擦元件试验一般在专用试验机上进行，试验机和试验方法由厂家自行决定。

4）油压制动系统性能试验

油压制动系统性能试验在取出阀本体总成后进行。该试验使用可控制压力和流量的油压装置，评价阀的静特性、动特性以及油压控制回路稳定性等。

5）油泵性能试验

对油泵单件进行油泵性能试验。通过可控制转矩和转速的转矩仪在其运转中评价喷油性能、脉动和噪声的大小等。

6）变速杆操纵感觉试验

变速杆操纵感觉试验通过变速杆的操纵力或自动变速器外杆的操纵力来评价变速杆的操纵性等。

7）停车试验

停车试验用于评价停车装置输出轴的固定和松开功能，一般采用整车行驶方式进行试验。

8）其他性能试验

在自动变速器的性能试验中还有有关冷却系统、油量测定系统、润滑性能以及对使用环境的适应性、振动噪声等安静性的评价试验。

9.2.3 驱动桥总成试验

1. 驱动桥总成静扭试验

1）试验目的

检查驱动桥总成中抗扭的最薄弱零件，计算总成静扭强度后备系数。

2）试验方法

试验需要 3 件试样。试验装置主要有扭力机、$X\text{-}Y$ 记录仪、传感器等。

将装好的驱动桥总成的桥壳牢固地固定在支架上。驱动桥总成输入端与扭力机输出端相连，驱动桥输出端（即半轴输出端或轮毂）固定在支架上。调整扭力机力臂，并校准仪器。开动扭力机缓慢加载，通过 $X\text{-}Y$ 记录仪记录扭矩 M 与扭角 θ 间的关系曲线（$M\text{-}\theta$ 曲线），直至一个零件扭断为止，记录扭断时的扭矩和扭角。

3）试验数据处理与评价

（1）计算静扭强度：取 3 件试样的扭断扭矩的算术平均值。

（2）计算静扭强度后备系数 K_k：

$$K_k = \frac{M_k}{M_p} \tag{9-19}$$

式中：M_k——试验结束时记录的扭矩值，N·m；

$\quad M_p$——试件所承受的额定扭矩，N·m。

（3）对试验后损坏零件的断口、金相和数据进行分析。

（4）根据 QC/T 534—1999《汽车驱动桥台架试验评价指标》的规定，驱动桥总成静扭试验最薄弱零件应是半轴，如不是半轴，需查明原因。静扭强度后备系数 K_k 应满足 $K_k > 1.8$。

2. 驱动桥桥壳的刚度试验与静强度试验

1）试验目的

该项试验只适用于非独立悬架、全浮式半轴结构的驱动桥桥壳。

试验目的是检查驱动桥桥壳的垂直弯曲刚性和垂直弯曲强度，计算其抗弯后备系数。

2）试验方法

试验需要 3 件试样。

如图 9-19 所示，试验装置主要有液压疲劳试验机或材料试验机、液压千斤顶、百分表或位移传感器、应变仪、应变片等。

（1）桥壳垂直弯曲刚性试验。在施力点缓慢加载，从零开始记录百分表或位移传感器的读数，用应变仪监测负荷。在负荷从零增长至试验最大负荷值的过程中，记录不得少于 3 次，且必须记录满载轴荷与试验最大负荷时各测点的位移量。每根桥壳最少测 3 遍。每次试验开始时都应将百分表或位移传感器调至零位。

（2）桥壳垂直弯曲静强度试验。加载至上述试验最大负荷时，取下百分表或位移传感器，一次加载至破坏，中间不得反复，记录失效（断裂或严重塑性变形）载荷。

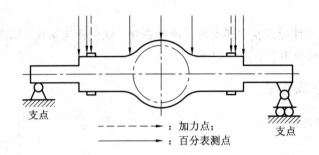

支点　　　　　　　　　　　　　　　支点

------> ：加力点；
——————> ：百分表测点

图 9-19　驱动桥刚度试验台

3）试验数据处理与评价

（1）驱动桥桥壳垂直弯曲刚性试验：计算桥壳最大位移点与轮距之比的数值，并画出满载轴荷和试验最大负荷下各测点的位移量，将其连成折线。

（2）驱动桥桥壳垂直弯曲静强度试验：失效（断裂或严重塑性变形）后备系数 K_n 的计算式为

$$K_n = \frac{P_n}{P} \qquad\qquad (9-20)$$

式中：P_n——试验结束时记录的变形值，mm；

　　　P——驱动桥桥壳满载时的变形值，mm。

（3）对桥壳垂直弯曲静强度试验的样品断口、金相和数据进行分析。

（4）根据 QC/T 534—1999 的规定，驱动桥满载轴荷时每米轮距最大变形不得超过 1.5 mm；失效（断裂或严重塑性变形）后备系数 K_n 必须满足 $K_n > 6$。

3. 驱动桥桥壳垂直弯曲疲劳试验

1）试验目的

该项试验只适用于非独立悬架、全浮式半轴结构的驱动桥桥壳。

试验目的是测定驱动桥桥壳垂直弯曲疲劳寿命。

2）试验方法

试验需要 5 件试样。试验装置为液压疲劳试验机或同类型的油压机、液压千斤顶、应变仪、光线示波器和应变片等。

试验加载的最大负荷选取原则与桥壳垂直弯曲刚性试验一样；最小负荷为应力等于零时的载荷。

先加静载荷，用测定计、应变仪及光线示波器分别对试验机标定并测出最小和最大载荷所对应的应变值。测试精度要求控制在±3％内。然后加脉动载荷，加载时用应变仪、光线示波器控制最大和最小载荷并监测至桥壳断裂。记录损坏时的循环次数和损坏情况。

3）试验数据处理与评价

（1）桥壳垂直弯曲疲劳寿命遵循对数正态分布，取其中值疲劳寿命。

（2）根据 QC/T 534—1999 要求，桥壳垂直弯曲疲劳寿命的中值疲劳寿命不应低于 80×10^4 次，试验样品中最低寿命不得低于 50×10^4 次。

9.3 车轮性能试验

9.3.1 动态弯曲疲劳试验

1. 试验方法

车轮动态弯曲疲劳试验也称动态横向疲劳试验，该试验是使车轮承受一个旋转的弯矩，模拟车轮在行车中承受弯矩负荷的能力。试验弯矩 M 为强化了的实车中承受的弯矩，可表示为

$$M = (\mu R + d)F_v S \tag{9-21}$$

式中：μ——轮胎与道路的摩擦因数；

R——静载半径，mm；

d——车轮的内偏距或外偏距，mm；

F_v——规定的车轮上的最大垂直静负荷或车轮的额定负荷，N；

S——强化试验系数。

试验在专用试验机上进行，车轮动态弯曲疲劳试验台如图 9-20 所示。试件为一全新车轮。

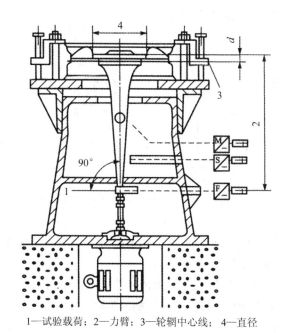

1—试验载荷；2—力臂；3—轮辋中心线；4—直径

图 9-20　车轮动态弯曲疲劳试验台

2. 失效判定依据

车轮试验最低循环次数完成后，出现下列情形之一即判定该试验车轮失效：

（1）车轮不能继续承受载荷。

（2）原始裂纹产生扩展或出现应力导致侵入车轮断面的可见裂纹。

（3）在达到规定的循环次数之前，对于乘用车钢制车轮，加载点的偏移量已超过初始全加载偏移量的 10％；对于乘用车轻合金车轮，加载点的偏移量已超过初始全加载偏移量的 20％；对于商用车辐板式车轮和可拆卸式轮辋的车轮，自动传感装置偏移增量超过 15％。

9.3.2 动态径向疲劳试验

1. 试验方法

车轮动态径向疲劳试验是使车轮承受一个径向压力而进行旋转疲劳的试验，它模拟车轮在行车中承受车辆垂直负荷的能力。试验负荷为强化了的实车中车轮承受的垂直负荷，即

$$F_r = F_v K \tag{9-22}$$

式中：F_v——规定的车轮上的最大垂直静负荷或车轮的额定负荷，N；

K——强化试验系数。

如图 9-21 所示，试验在专用的试验机上进行，试验机应具有在车轮转动时向其传递恒定径向负荷的能力，此功能一般采用转鼓来实现。采用标准转鼓旋转来带动车轮旋转，同时施加规定负荷。转鼓具有比承载轮胎断面更宽的光滑表面，加载方向垂直于转鼓表面且与车轮和转鼓的中心连线在径向方向上一致，转鼓轴线和车轮轴线应平行。推荐转鼓直径为 1700 mm。

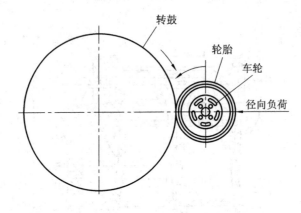

图 9-21 转鼓试验原理图

2. 失效判定依据

车轮试验最低循环次数完成后，出现下列情形之一即判定该试验车轮失效：

（1）车轮不能继续承受载荷或轮胎压力。

（2）原始裂纹产生扩展或出现应力导致侵入车轮断面的可见裂纹。

（3）对于商用车辐板式车轮和可拆卸式轮辋的车轮，自动传感装置偏移增量超过 15％。

9.3.3 车轮冲击试验

1. 试验方法

车轮冲击试验需在车轮冲击试验机上完成。

试验选用的轮胎应为车辆制造厂规定的轮胎，如果没有规定轮胎，应采用车轮适用的最小名义断面宽度的无内胎子午线轮胎。充气压力为车辆制造厂规定的值，若无规定，则

应为(200±10)kPa。在整个试验过程中，环境温度应保持在10℃～30℃范围内。将试验车轮和轮胎总成安装到试验机上时，应使冲击载荷可以施加到车轮轮缘。安装后应保证车轮的轴线与铅直方向成(13±1)度角，车轮最高点正对冲锤。应保证车轮在试验机上的固定装置在尺寸上与车辆上使用的固定装置相当。由于车轮中心部分设计的多样性，因此在车轮轮缘圆周上应选择足够的位置进行冲击试验，以确保中心部分评价的完整性。每次试验都应使用新的车轮。试验时，保证冲锤在轮胎的上方，并与轮缘重叠(25±1)mm。提升冲锤到轮缘最高点上方(230±2)mm处，然后释放冲锤，进行冲击。

2. 试验评价

车轮冲击试验完成后，检查车轮，如果出现下述任何一种情形，则认为试验车轮失效。

(1) 可见裂纹穿透车轮中心部分的截面。

(2) 车轮中心部分与轮辋分离。

(3) 在一分钟内，轮胎气压全部泄漏。

如果车轮变形，或者被冲锤直接冲击的轮辋断面出现断裂，则不能认为试验车轮失效。

9.4 减振器台架试验

9.4.1 示功特性试验

示功特性试验是指减振器在规定的行程和试验频率下，两端作相对简谐运动，其阻尼力随位移的变化关系的阻力特性试验。该项试验的目的是测取试件的示功图和速度图。

1. 试验设备

减振器示功特性试验在示功试验台上进行，示功试验台可采用机械式或液压式。

2. 测试条件

(1) 试件温度为(20±2)℃，测试前需将减振器在(20±2)℃的温度下至少存放1.5 h。

(2) 运动方向：如没有特别说明，为垂直方向。

(3) 减振器活塞位置：减振器行程的中间区域。

(4) 排气过程：要求5个排气过程，行程100 mm和试验频率1.67 Hz($v=0.524$ m/s)或0.83 Hz($v=0.262$ m/s)。如减振器行程不够，建议采用行程50 mm和试验频率3.33 Hz。

3. 额定阻力及其测试要求

做减振器示功特性试验时，额定阻力是指活塞速度为0.52 m/s时的阻力，一般定义为行程100 mm和试验频率为1.67 Hz下的速度。若减振器行程小于100 mm，则可以选用行程为50 mm和试验频率为3.33 Hz下的速度。必要时，制造厂可与用户协商确定试验条件。

4. 数据处理

根据试验结果得到减振器示功图与速度特性曲线，如图9-22和图9-23所示。

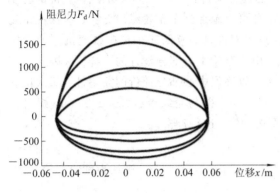

图9-22 减振器示功图

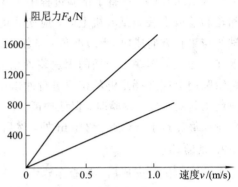

图9-23 减振器速度特性曲线

9.4.2 温度特性试验

温度特性试验是指减振器在规定的速度下，并在多种温度条件下，测取阻力随温度的变化关系的特性试验。该项试验的目的是测定温度特性 F_d-T 曲线及计算热衰减率。

试验在减振器示功试验台上进行，并配以电热鼓风箱及电冰箱或等效的升温、降温装置。

试验时，先将试件升温到试验温度并保温 1.5 h，然后取出试件，立即按示功特性试验方法进行试验。记录各温度下的复原阻力 F_f 和压缩阻力 F_y 值，并处理生成温度特性 F-T 曲线，如图9-23所示。

按 0.52 m/s 速度的试验结果计算复原（或压缩）工况的热衰减率：

$$\varepsilon_{f(y)} = \frac{F_{20} - F_{100}}{F_{20}} \times 100\% \quad (9-23)$$

式中：$\varepsilon_{f(y)}$——复原（或压缩）工况下的热衰减率，下标 f 和 y 分别表示复原工况和压缩工况；

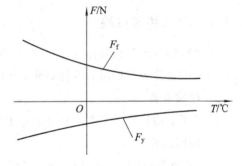

图9-24 减振器温度特性曲线

F_{20}、F_{100}——减振器在试验温度20℃和100℃时的阻尼力，N。

9.4.3 耐久性试验

减振器耐久性试验是指减振器在规定的工况、规定的运转次数后测取其特性变化的试验。

1. 试验设备

减振器耐久性试验在减振器耐久性试验台上进行，耐久性试验台可采用机械式或液压式。

2. 试验准备

试验前应尽可能地去除连接件，以增大冷却面积。测量试件的阻力特性，并称重量，作为耐久性试验前的数据保存。试件的活塞位置位于减振器工作行程的中间区域；上下位置应对中良好，垂直方向安装。安装强制冷却装置及温度测量仪。

3. 试验方法

（1）测试时温度控制符合要求。

（2）叠加运动可按以下两种方式进行：

① 低频为 $f_1 = 1$ Hz，$A_1 = 80$ mm；高频为 $f_2 = 12$ Hz，$A_2 = 20$ mm；工作循环次数为 5×10^5 次。

② 低频为 $f_1 = 1.67$ Hz，$A_1 = 100$ mm；高频为 $f_2 = 10.33$ Hz，$A_2 = 16$ mm；工作循环次数为 5×10^5 次。

（3）加载规定要求的侧向力。

4. 试验结果评判

（1）耐久性试验前后阻尼力变化不得超过 $20\% F_d + 50$N。

（2）示功图应保持正常，当 $v \leqslant 0.524$ m/s 时，波动不得超过 20%；当 $v = 1.048$ m/s 时，波动不得超过 40%。

（3）减振器无可视的泄漏，减振器油雾化不超过加油量的 15%。

（4）试验后，拆开试件进行目测检查，各零件不能出现影响减振器功能的损坏。

9.5　车身水密封试验

车身水密封试验主要考核车辆在雨天、洗车环境中，关闭门、窗及孔盖时防止水进入车厢、行李箱舱的能力，通常在人工淋雨试验条件下进行检验。

1. 试验条件

1）环境条件

试验时，气温在5℃～35℃之间，气压在99～102 kPa之间。在室外淋雨试验台上进行试验，应选择晴天或阴天，且风速不超过 1.5 m/s。

2）车体受雨部位及其降雨强度

试验时，客车车体受雨部位及其降雨强度见表9-6。

表9-6　客车车体受雨部位及其降雨强度　　　　　　　　　mm/min

客车	前围上部	侧围上部、后围上部、顶部	底部
有行李舱	8～10	4～6	8～10
无行李舱	8～10	4～6	不要求

注：① 前围上部是指车体前部，风窗下周边密封胶条下沿至车顶的部分。

　　② 侧围上部是指车体侧面，侧窗窗框下沿至车顶的部分。

　　③ 后围上部是指车体后部下周边密封胶条下沿至车顶的部分。

3）喷嘴布置要求

前、后部喷嘴的轴线与客车 Y 基准平面平行，与铅垂方向的夹角为30°～45°，喷嘴朝向车体。侧面喷嘴的轴线与客车 X 基准平面平行，与铅垂方向的夹角为30°～45°，喷嘴朝向车体。顶部喷嘴的轴线与客车 Z 基准平面垂直，喷嘴朝向车体。底部喷嘴位于客车 Y 基准平面两侧，其轴线与客车 X 基准平面平行，与铅垂方向的夹角为30°～45°，喷嘴上仰且朝向另一侧车体。

底部喷嘴与地板下表面距离为300～700 mm，其余部位喷嘴与车体外表面距离为500～1300 mm。

喷嘴布置应保证规定的车体外表面都被人工雨均匀覆盖，不存在死区。

4）淋雨要求

喷嘴的喷射压力为69～147 kPa，淋雨时间为15 min。

2. 淋雨设备

1）淋雨设备的组成和工作原理

淋雨设备主要由水泵及其驱动电动机、底阀、压力调节阀、节流阀、截止阀、水压表、流量计、输水管路附件、喷嘴、蓄水池、支架和喷嘴架驱动调整装置等组成，如图9-25所示。

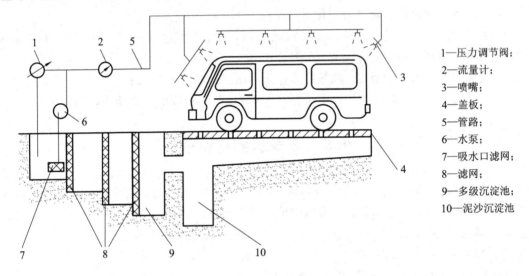

1—压力调节阀；
2—流量计；
3—喷嘴；
4—盖板；
5—管路；
6—水泵；
7—吸水口滤网；
8—滤网；
9—多级沉淀池；
10—泥沙沉淀池

图9-25 淋雨设备

淋雨时，水泵由电动机驱动，水从蓄水池内不断泵入主管路，经过压力调节和流量调节，进入淋雨管路，通过喷嘴射向车体表面。喷射出的水被收集流入蓄水池，经过多级沉淀、过滤后，循环使用。

2）淋雨设备的性能和参数

（1）淋雨面积：应保证被试车的外表面让喷嘴喷出的人工雨均匀覆盖，不存在死区。

无行李舱的客车淋雨面积计算方法如下：

① 顶部淋雨面积应大于车体在 Z 基准平面上的投影面积，其尺寸为

$$L = A + (0.5 \sim 1.0)$$
$$M = B + (0.4 \sim 0.8)$$

式中：L——顶部淋雨面长度，m；

　　　A——车长，m；

　　　M——顶部淋雨面宽度，m；

　　　B——车宽，m。

② 侧面淋雨面积应大于侧窗窗框下沿以上车体部位在 Y 基准平面上的投影面积，其尺寸为

$$L = A + (0.5 \sim 1.0)$$
$$N = H - D + (0.4 \sim 0.6)$$

式中：L——顶部淋雨面长度，m；

A——车长，m；

N——侧面淋雨面高度，m；

H——车高，m；

D——地面至侧窗窗框下沿高度，m。

③ 前部淋雨面积应大于风窗下周边密封胶条下沿以上车体部位在 X 基准平面上的投影面积，其尺寸为

$$M = B + (0.4 \sim 0.8)$$
$$P = H - E + (0.4 \sim 0.6)$$

式中：M——前部淋雨面宽度，m；

B——车宽，m；

P——前面淋雨面高度，m；

H——车高，m；

E——地面至风窗下周边密封条下沿高度，m。

④ 后部淋雨面积应大于后窗下周边密封条下沿以上车体部位在 X 基准平面上的投影面积，其尺寸为

$$M = B + (0.4 \sim 0.8)$$
$$Q = H - F + (0.4 \sim 0.6)$$

式中：M——后部淋雨面宽度，m；

B——车宽，m；

Q——后部淋雨面高度，m；

H——车高，m；

F——地面至后窗下周边密封条下沿高度，m。

有行李舱的客车淋雨面积计算方法如下：

① 顶部、底部淋雨面积应大于车体在 Z 基准平面上的投影面积，其尺寸为

$$L = A + (0.5 \sim 1.0)$$
$$M = B + (0.4 \sim 0.8)$$

式中：L——顶部淋雨面长度，m；

A——车长，m；

M——顶部淋雨面宽度，m；

B——车宽，m。

② 侧面淋雨面积应大于车体部位在 Y 基准平面上的投影面积，其尺寸为

$$L = A + (0.5 \sim 1.0)$$
$$T = H - R + (0.4 \sim 0.6)$$

式中：L——顶部淋雨面长度，m；

A——车长，m；

T——侧面淋雨面高度，m；

H——车高，m；

R——轮胎自由半径，m。

③ 前部、后部淋雨面积应大于车体部位在 X 基准平面上的投影面积，其尺寸为

$$M = B + (0.4 \sim 0.8)$$

$$T = H - R + (0.4 \sim 0.6)$$

式中：M——前部淋雨面宽度，m；

B——车宽，m；

T——前部、后部淋雨面高度，m；

H——车高，m；

R——轮胎自由半径，m。

（2）降雨强度：应满足表 9 - 6 所示的要求。

（3）喷射压力：69～147 kPa。

（4）水泵流量与扬程：水泵流量应比实际所需最大流量大 5%～10%，扬程不小于 40 m。

（5）喷嘴布置：应保证规定的车体外表面被人工雨均匀覆盖，不存在死区并符合相应的降雨强度。若需经常对外廓尺寸差别较大的多种车型进行车身水密封试验，则应将淋雨管路的喷嘴架设置成可移动调节的。

（6）喷嘴结构和参数：尼龙喷嘴的喷射孔径为 $\phi 2.5$ mm，为偏心式；专用喷嘴的喷射孔径为 $\phi 2 \sim \phi 3$ mm，水流通过双头或三头螺纹产生旋转后喷出。

3. 试验程序

1）降雨强度测定

试验前应对淋雨室的降雨强度进行测定，使其符合表 9 - 6 所示的要求。强度测量方法主要有自身测定法和外部测定法两种。

（1）自身测定法。自身测定法适用于淋雨管路上安装有流量阀的系统。对于降雨强度规定值不同的受雨部位的管路应分别安装，通过调节管路的节流阀控制流量。降雨强度计算式为

$$Q_Y = \frac{3F_0 A_0}{50} \qquad (9 - 24)$$

式中：Q_Y——流量，m^3/h；

F_0——车体待测部位规定降雨强度，mm/min；

A_0——车体待测部位对应标准面积，m^2。

（2）外部测定法。外部测定法中采用降雨强度测定容器测定降雨强度。将容器的软管与待测淋雨喷嘴连接，被连接的喷嘴应间隔选取；进水阀和放水阀都处于开启状态，启动淋雨设备开始喷水，状态稳定后，关闭进水阀，待容器内的水放尽后，关闭放水阀。开启进水阀，同时计时，2 min 后立即关闭进水阀，再关闭淋雨设备。用量杯测量容器内积存的水量。降雨强度计算式为

$$F = \frac{QK}{6A} \times 10^3 \qquad (9 - 25)$$

式中：F——降雨强度，mm/min；

Q——容器内积存水量，mL；

K——被测淋雨管路中全部喷嘴个数；

A——被测淋雨管路对应的淋雨面积，m^2。

2）喷嘴喷射压力测定

试验前，应对喷射压力进行测定，使其压力在 69～147 kPa 之间。试验时，选择任意喷嘴，用橡胶软管与水压表连接，开启淋雨设备喷水，即可测定喷射压力。

3）试验

测定工作完成后，将试验车辆停放在淋雨场地指定位置。试验人员进入车内，关闭所有门窗，启动淋雨设备，待淋雨设备喷水进入稳定状态时即为试验开始，5 min 后观察车室内渗漏水情况，填入表 9-7 中。

表 9-7 渗漏情况记录表

检查部位	渗漏处数计扣分值				
	渗（每处扣1分）	慢滴（每处扣3分）	快滴（每处扣6分）	流（每处扣14分）	小计
风窗					
侧窗					
顶盖（包括天窗）					
后窗					
驾驶员门					
乘客门					
行李舱					
前围					
后围					
侧围					
地板					
其他					
合计					

4. 评价标准

每辆试车的初始值为 100 分，按每出现一处"渗"扣 1 分，每出现一处"慢滴"扣 3 分，每出现一处"快滴"扣 6 分，每出现一处"流"扣 14 分，减去全部所扣分值即是实得分值，如出现负数，仍按零分计。各种车型的密封限值见表 9-8。

表 9-8 各种车型的密封限值

客车类型		限值/分	客车类型		限值/分
轻型客车		≥93	特大型客车	铰接式	≥84
中型客车	旅游客车	≥92	大型客车	旅游客车	≥90
	团体客车	≥90		团体客车	≥88
	城市客车	≥88		城市客车	≥87
	长途客车	≥80		长途客车	≥87

思 考 题

1. 简述发动机功率的测量方法。
2. 简述发动机摩擦损失功率的常用方法。
3. 简述汽车离合器的主要试验项目。各个试验项目用于测定离合器的什么特性?
4. 简述汽车变速器传动效率试验方法。
5. 简述驱动桥桥壳的刚度试验与静强度试验方法。
6. 简述驱动桥桥壳垂直弯曲疲劳试验方法。
7. 简述汽车车轮动态弯曲疲劳试验方法。
8. 汽车减振器台架试验项目有哪些? 简述其试验方法。

第10章 汽车虚拟试验技术

10.1 概　　述

虚拟试验技术是一种先进的计算机试验仿真技术,利用它可以在虚拟试验环境下,借助交互式技术和试验分析技术,使设计者在汽车设计阶段就能对产品的性能进行评价或试验验证。

10.1.1 虚拟试验的定义

从广义上讲,虚拟试验是指任何不使用或部分使用实际硬件来构成试验环境,完成实际物理试验的方法和技术。

虚拟试验是在计算机上采用软件代替部分或全部硬件实现各种虚拟试验环境,使试验者如同在真实的环境中一样完成各种预订试验项目,取得接近或等价于真实试验的数据结果。

虚拟试验系统包括软件型系统和硬件在环型系统两种。

软件型系统将试验环境、对象全部抽象为数学模型,把抽象的数学模型和软件技术作为侧重点,仅利用软件完成整个系统的仿真。

硬件在环型系统是在计算机软硬件技术发展到一定阶段之后才出现的一种集多种技术于一体的综合系统。它将硬件实物嵌入仿真系统,可同时完成大量运算、数据处理和执行多任务。

10.1.2 虚拟试验的特点

虚拟试验的特点如下:

(1) 试验成本低。虚拟试验可以大幅度减少样机制造试验次数,缩短新产品试验周期,同时降低实际试验的费用。

(2) 试验可重复。虚拟试验技术代替实际试验,实现了试验不受场地、时间和次数的限制,可对试验过程进行回放、再现和重复。

(3) 虚拟试验技术应用于复杂产品的开发中,可以实现设计者、产品和用户在设计阶段信息的相互反馈,使设计者全方位吸收、采纳对新产品的建议。

(4) 虚拟试验技术代替实际试验,实现了试验安全可靠、试验可控性好以及信息量大而丰富。

10.1.3 虚拟试验常用软件

1. Adams 软件

Adams(机械系统动力学自动分析)软件除用于机械系统静力学、运动学和动力学分析外，还可作为虚拟样机分析的二次开发平台，供用户进行特殊功能样机的开发。

Adams 软件提供零件库、约束库和力库等建模模块，将拉格朗日乘子法作为其求解器，由基本模块、接口模块、扩展模块、专业领域模块和工具箱组成。

2. Matlab 软件

Matlab 软件用于数值分析、矩阵计算、算法开发、数据分析、非线性动态系统的建模与仿真等，主要包括 Matlab 模块和 Simulink 模块两大部分。

Matlab 模块主要用于工程计算，数学、统计与优化，测试与测量，图像与声音处理，信号检测、处理与通信，控制系统设计与分析，模型预测和金融分析等领域。

Simulink 模块是 Matlab 软件的扩展，能实现系统可视化建模、动态仿真和分析。

3. Advisor 软件

Advisor(Advanced Vehicle Simulator)即高级车辆仿真器，是基于 Matlab/Simulink 环境的仿真软件，由美国能源部(DOE)开发。Advisor 软件可用于分析传统汽车、纯电动汽车和混合动力汽车的动力性、燃料经济性以及排放性等性能。

Advisor 软件提供整车、离合器、发动机、变速器、主减速器、车轴、车轮、道路循环和机械负载等模块。

4. Cruise 软件

Cruise 软件采用模块化的建模方法，可以搭建和仿真任何一种配置的汽车系统。Cruise 软件可用于汽车开发过程中的动力系统、控制系统、传动系统、排放系统开发，汽车性能预测、整车仿真计算以及控制参数和驾驶性能的优化；可实现发动机、轮胎、电动机、变速箱等部件的选型及其与车辆的匹配优化；与 Matlab/Simulink 模块有接口，可以实现联合仿真。

5. MSC.Fatigue 软件

MSC.Fatigue 软件是由 nCode 和 MSC 公司合作开发的疲劳寿命有限元分析软件，在产品生产制造之前进行疲劳寿命分析，可极大地降低生产原型机和进行疲劳寿命测试所带来的巨额费用。

MSC.Fatigue 软件可用于结构的初始裂纹分析、裂纹扩展分析、振动疲劳分析、电焊疲劳分析、疲劳优化设计、多轴疲劳分析和应力寿命分析等。

6. nSoft 软件

nSof 软件是由 nCode 公司开发的一套专门解决工程系统疲劳问题的软件，主要由数据分析、数据显示、疲劳分析等模块组成，主要应用于汽车、铁路、能源、国防等工业领域。

10.1.4 汽车虚拟试验场技术

VPG(Virtual Proving Ground, 汽车虚拟试验场)是专门针对整车分析而开发的仿真工具，可以进行整车的防撞性、安全性、NVH 和耐久性等分析。VPG 提供的模型库、工具库及固化专家经验的自动化技术可将整车仿真过程中的人员数量及其工作量降到最低。

VPG 具有强大的建模能力，为用户提供了多个标准模型数据库。用户只需要调用VPG 中的标准模型，并在必要时修改或者调整所需的参数就可快速方便地得到所需模型并进行相应的分析。VPG 模型如图 10 - 1 和 10 - 2 所示。

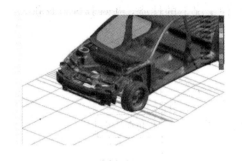

图 10 - 1　VPG 车身模型

图 10 - 2　VPG 悬架模型

10.2　虚拟试验在汽车工程领域的应用

10.2.1　汽车主要使用性能虚拟试验

1. 动力性与经济性虚拟试验

汽车的动力性和燃料经济性对汽车的运输效率和运输成本有直接的影响。传统试验方法受外界因素影响较大。采用虚拟试验技术，具有使用方便、快捷、重复性强等优点，能消除实车试验中驾驶员、气候条件和道路环境等外界因素对试验的影响。

基于 Cruise 软件的动力性与经济性虚拟试验的步骤如下：

（1）建立整车仿真模型。

① 建立结构模型；

② 输入各模块参数；

③ 选择仿真计算模式。

（2）实现动力性与经济性虚拟试验。

（3）验证试验。

2. 制动性能虚拟试验

目前，汽车制动性能虚拟试验主要由 Adams 软件和 Matlab 软件联合仿真来实现。

通常在 Adams/View 模块或在 Adams/Car 模块中建立多自由度的整车仿真模型，在 Matlab/Simulink 模块中建立防抱死制动系统（ABS）控制模型，然后将 ABS 控制模型的仿真数据文件导入到 Adams 软件中进行整车多体动力学仿真。

基于 Cruise 软件的制动性能虚拟试验步骤如下：

（1）建立整车仿真模型。

（2）实现制动性能虚拟试验，包括直线制动和转弯制动虚拟试验、防抱死制动系统（ABS）虚拟试验。

（3）验证试验。

3. 操纵稳定性虚拟试验

汽车操纵稳定性虚拟试验是用汽车动力学分析数据驱动虚拟环境中的汽车模型，将其在试验过程中的各种状态变化映射到计算机屏幕上，借助于虚拟现实技术的交互手段，使研究人员产生"身临其境"的感觉，体验车辆在各种工况下的性能，并对其进行评价。

1）汽车操纵稳定性虚拟试验系统流程

汽车操纵稳定性虚拟试验系统流程如图 10-3 所示。

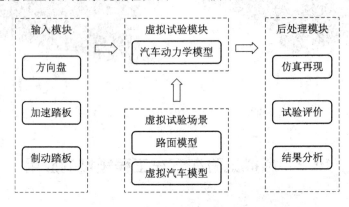

图 10-3 汽车操纵稳定性虚拟试验系统流程

2）汽车动力学模型

汽车动力学模型是虚拟试验系统中的关键部分，要考虑尽可能多的自由度建立整车模型。

可利用多体动力学软件 Adams/Car，采用参数化建模方法建立汽车操纵稳定性的动力学模型。将整车分为多个子模块分别建立虚拟样机模型，再将其装配成整车模型，建立整车动力学分析模型。

3）汽车实体模型

实体结构建模就是赋予汽车模型三维实体结构、材质、颜色等外观特征。可采用 3D MAX 或其他 CAD 软件建立汽车整车和部件的三维实体模型。

4）虚拟试验场模型

虚拟试验场是与用户最直接的接触部分。对场景进行光照、雾化、纹理映射等描述，可以形成较好的视觉感受。虚拟场景主要包括两部分：一是虚拟汽车模型；二是路面模型。

5）汽车操纵稳定性虚拟试验

汽车操纵稳定性虚拟试验的基本原理及数据映射流程如图 10-4 所示。

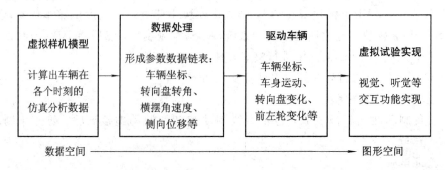

图 10-4 汽车操纵稳定性虚拟试验的基本原理及数据映射流程

4. 平顺性虚拟试验

平顺性虚拟试验包括：建立包括乘员在内的试验汽车的三维实体模型；建立虚拟试验场的场景模型，场景模型的范围大小要满足试验车辆行驶距离的要求；获取平顺性的动力学数据；在虚拟试验开发平台上对虚拟试验的各种资源进行编程调用，实现车辆平顺性的虚拟再现；显示汽车平顺性试验数据，考察指标，评价性能。

10.2.2　碰撞安全性虚拟试验

汽车碰撞安全性虚拟试验结合了结构力学、运动学、工程力学和计算数学等学科的先进技术，可以避免实车试验成本高、时间长的缺点，还可以逼真地反映试验过程。

根据汽车碰撞安全性的要求，试验方法可以分为实车碰撞试验、滑车模拟碰撞试验和台架试验三类。其中实车碰撞试验和真实汽车碰撞事故情形最为接近，其试验结果说服力最强，是综合评价汽车碰撞安全性能的最基本方法。其他两类试验都是以实车碰撞的结果为基础，模拟碰撞环境的零部件试验。

汽车碰撞安全性虚拟试验就是检验汽车在上述各种碰撞条件下整车及主要零部件的耐撞性以及汽车碰撞乘员保护系统的性能状况。汽车碰撞乘员保护系统主要包括安全带系统、气囊系统、座椅系统和转向机构系统等。传统的虚拟碰撞试验主要是通过制造若干辆同种型号的样车，在每辆样车上安装配备各种传感器的假人，再通过计算机采集车辆在各种碰撞过程中传感器的信号，最后对数据进行分析得到假人身体各部分的受力情况。这种碰撞试验的破坏性很大，很多昂贵的传感器及汽车零件可能会一次性报废，耗资巨大。

2001 年美国 ETA 公司开发出了虚拟试验场软件 VPG，是典型的汽车碰撞安全性虚拟试验软件。该软件分为 VPG/PrePost、VPG/Structure 和 VPG/Safty 三大模块。

1. 碰撞安全性虚拟试验研究内容

碰撞安全性虚拟试验研究内容包括汽车零部件碰撞模拟、汽车结构耐撞性模拟、整车碰撞安全性模拟和行人保护。

2. 碰撞安全性虚拟试验的实施

（1）开发虚拟原型。

① 创建被测汽车的有限元模型；

② 建立假人的有限元模型。

（2）建立汽车碰撞虚拟试验场。

（3）在虚拟试验场中调用各种虚拟原型。

10.2.3　汽车零部件疲劳寿命虚拟试验

目前，用于评价汽车零部件疲劳寿命的方法主要是台架试验和道路耐久性试验，试验周期长、耗费大、安全性低且易受试验方案影响。

汽车零部件疲劳寿命虚拟试验现已发展为在样车制造前就对零部件进行疲劳寿命分析并以此来修正设计方案，大大缩短了产品研制周期，避免了设计不合理引起的浪费。

汽车零部件的结构疲劳破坏是其主要失效形式，结构的疲劳寿命和疲劳强度是实现结构强度校核和抗疲劳设计的重要内容。

适用于汽车零部件疲劳寿命的虚拟试验软件有 MSC. Fatigue 软件、nSoft 软件和 Ansys/FE-safe 模块。

疲劳寿命分析由材料疲劳行为的描述、循环载荷下的结构响应和疲劳累计损伤法则组成。

(1) 采用有限元模态分析可以得到材料疲劳行为的描述。

(2) 应用动力学分析可以得到循环载荷下的结构响应。

(3) 要进行疲劳损伤方面的分析就要用到疲劳分析软件。

汽车零部件疲劳寿命虚拟试验流程：首先根据设计图建立零部件的三维实体模型，将其导入到有限元前处理软件中进行有限元网格划分，生成模态分析软件所识别的数据文件；然后采用模态分析软件计算得到模态模型；接着在多体动力学软件中对模型进行动力学仿真；最后在疲劳分析软件中读取多体动力学软件导出的文件，对零部件进行疲劳寿命分析。

VPG 疲劳寿命分析是通过建立整车有限元模型(包括轮胎、底盘和悬架)，应用非线性动力显示分析程序，在虚拟的三维道路表面上进行道路试验仿真，从而得到应力应变随时间历程的响应，在此基础上可精确进行结构疲劳寿命评估。疲劳寿命的评估精度除了依赖于整车模型以外，关键在于应力-应变响应的正确描述，VPG 可充分考虑材料和几何非线性及阻尼的影响，如对计算中出现的车身支撑、发动机支撑，悬架、转向系统连接的非线性因素，车轮轮胎的非线性因素，车轮与地面接触的非线性因素等，给予了充分真实的描述。

10.2.4 整车系统 NVH 分析

NVH 是噪声(Noise)、振动(Vibration)和声振粗糙度(Harshness)的英文缩写。声振粗糙度是指噪声和振动的品质，是描述人体对振动和噪声的主观感觉，不能直接用客观测量方法来度量。由于声振粗糙度描述的是振动和噪声使人不舒适的感觉，因此又称之为不平顺性。

车辆乘员在汽车中的一切触觉和听觉感受都属于 NVH 研究的范畴，此外，还包括汽车零部件由于振动引起的强度和寿命等问题。从 NVH 的观点来看，汽车是一个由激励源(发动机、变速器等)、振动传递器(由悬架系统和边接件组成)和噪声发射器(车身)组成的系统。汽车 NVH 特性的研究应该以整车作为研究对象，但由于汽车系统极为复杂，因此经常将它分解成多个子系统进行研究，如底盘子系统(主要包括前、后悬架系统)、车身子系统等，也可以研究某一个激励源产生的或某一种工况下的 NVH 特性。

1. 汽车 NVH 特性研究的建模和评价方法

研究汽车的 NVH 特性首先必须利用 CAE 技术建立汽车动力学模型，目前有多体动力学方法、有限元方法和边界元方法等几种比较成熟的理论和方法。

多体动力学方法将系统内各部件抽象为刚体或弹性体，研究它们在大范围空间运动动力学特性。在汽车 NVH 特性的研究中，多体动力学方法主要应用于底盘悬架系统、转向传动系统低频范围的建模与分析。

有限元方法(FEM)是把连续的弹性体划分成有限个单元，通过在计算机上划分风格建立有限元模型，计算系统的变形和应力以及动力学特性。由于有限元方法的日臻完善以及相应分析软件的成熟，使它成为研究汽车 NVH 特性的重要方法。一方面，它适用于车身结构振动、车室内部空腔噪声的建模分析；另一方面，与多体动力学方法相结合，分析汽车底盘系统的动力学特性，其准确度也大大提高。

与有限元方法相比，边界元方法(BEM)降低了求解问题的维数，能方便地处理无边界区域问题，并且在计算机上可以轻松地生成高效率的网格，但计算速度较慢。汽车车身结构和车室内部空腔的声固耦合系统就采用边界元方法进行分析，因为它在处理车室内吸声材料建模方面具有独特的优点。

2. NVH 分析

应用 VPG 技术，可在时域分析的基础上进行汽车的振动、噪声和舒适性分析评价，获得模态/频率、噪声和声学响应分析的解决方案。

汽车在调试及使用过程中经常出现一些不愉快的尖叫声，如制动器设计欠妥的汽车在制动时，制动衬块与制动盘之间会发出刺耳的噪声，这种噪声在以前几乎无法准确测试，因为即使是使用已经非常成熟的测试方法，也由于制动衬块与制动盘之间的可用空间太小而难以进行测试，若采用激光测试，又难以保证测试结果的可靠性。而用 CAE 方法可非常方便地进行这类复杂问题的 NVH 分析，即只要建立了 CAE 模型，再利用 LS - DYNA 进行分析，将分析结果 FFT 变换后即可判定产生噪声的频率，然后得到对应的振型，从而确定消除噪声的方法，改进制动器的设计，并进行两次 CAE 分析，验证改进效果。由此可知整个分析过程的内容包括 NVH 分析模型的建模方法、分析结果的 FFT 转换、关键频率的确定、对应振型的显示方法、原设计的改进方法、改进效果的评估等。

用 VPG 进行 NVH 分析的特点和优势如下：

(1) 时域内获得的数据是试验场测量的真实数据，各种试验工况可由路面数据库模拟实现，还可组合复杂真实的载荷条件。

(2) 从时域到频域的过程与试验场测量程序完全一致，即从时域到频域应用 FFT 变换。

(3) 考虑了阻尼特征，包括结构非线性(结构阻尼)、内摩擦(材料阻尼)、黏性影响(轴衬、冲击、轮胎)、外摩擦(部件间接触)。

(4) 复杂实用的轮胎模型。轮胎是传递道路载荷的关键部件，它的响应特征会直接影响分析求解的正确性和精度。VPG 有多种真实轮胎模型，包括复合材料轮胎模型，所以能建立真实的轮胎模型，为 NVH 分析提供了强大的技术保证。

10.2.5　汽车运动学及动力学仿真试验

Adams 软件使用交互式图形环境和零件库、约束库、力库，创建完全参数化的机械系统几何模型，其求解器采用多刚体系统动力学理论中的拉格朗日方程法，建立系统动力学方程，对虚拟机械系统进行静力学、运动学和动力学分析，输出位移、速度、加速度和反作用力曲线。Adams 软件的仿真可用于预测机械系统的性能、运动范围、碰撞检测、峰值载荷以及计算有限元的输入载荷等。

Adams/Car 是专门用于汽车建模的仿真环境。在 Adams 的产品线里，它属于面向专门行业和基于模板的建模和分析工具，另外两个类似产品是 Adams/Rail 和 Adams/Aircraft，分别是用于铁道车辆和飞机的建模仿真工具。

在 Adams/Car 里模型由 3 级组成：模板（Template）、子系统（Subsystem）和总成（Assembly）。

1. 模板

Adams/Car 的一个主要特点是基于模板。模板定义了车辆模型的拓扑结构。例如，对于前悬架模板，它定义了前悬架包含的刚体数目、刚体之间的连接方式（球铰还是转动铰或其他）以及与其他总成交换信息的方式。前两者和 Adams/View 没有区别，而最后一部分则是基于模板的产品特有的。例如，前悬架总成在装配到整车模型时，Adams/Car 的共享数据库里提供了包括各种悬架、转向系统、动力总成以及车身的模板。因此，用户建立整车模型时，无须从零开始，而是从现有的模板出发开始建模工作。

2. 子系统

子系统是基于模板创建的，也可以认为它是特殊的模板，即调整模板的某些特性。例如，选择悬架刚度特性文件以及弹簧和阻尼的特性文件。

3. 总成

一系列的子系统加上一个试验台（Test rig）就构成了整车或者悬架总成。Test rig 的作用是给模型施加激励。它非常特殊，可以与模型中所有的子系统连接。

在 Adams/Car 中，整车模型必须包含的子系统有前后悬架、转向系统、前后轮胎、车身（刚性或柔性）。

单移线仿真（Single Lane Changing）的具体步骤如下：

（1）从菜单选择 File/Open/Assembly。

（2）右键单击 Assembly Name 文本框，选择 Search/shared database/MDI_Demo_Vehicle.asy。

（3）选择 OK，打开整车模型。

（4）从主菜单选择 Simulate/Full-Vehicle Analysis/Open-loop steering event/Single Lane Change。

（5）设定仿真参数，选择 OK。

（6）Adams/Car 开始求解。在求解过程中，首先根据特征文件更新力元（Force-Element），包括弹簧、阻尼。作为整车模型的一部分，Driver test rig 会按照设定的输入对整车施加输入。在这里输入的是转向盘转角。

（7）仿真结束后选择 Close。

在单移线仿真中，首先要考虑的是车身的侧向加速度和车身的侧倾角。当有试验数据来验证模型时，这两项是考察模型正确与否的两个重要指标。

（1）从菜单选择 Review/Post processing。

（2）从 Source 选择 Requests，从 Filter 选择 User Defined。

（3）从 Request 选择 Chassis Accelerations，从 Component 选择 Later sl。

（4）选择 Add Curces，注意纵坐标的单位为"g"。

（5）以车身的侧向加速度为横坐标，考察车身的侧倾位移。

思 考 题

1. 简述汽车虚拟试验的特点。
2. 虚拟试验常用软件有哪些？
3. 虚拟试验在汽车工程领域有哪些应用？
4. 碰撞安全性虚拟试验的研究内容主要有哪些？

参 考 文 献

[1] 余志生. 汽车理论 [M]. 4 版. 北京：机械工业出版社，2007.

[2] 郭应时，袁伟. 汽车试验学[M]. 北京：人民交通出版社，2006.

[3] 关强，杜丹丰. 汽车试验学[M]. 北京：人民交通出版社，2009.

[4] 黄世霖，张金换，王晓东，等. 汽车碰撞与安全[M]. 北京：清华大学出版社，2000.

[5] 王国权. 虚拟试验技术[M]. 北京：电子工业出版社，2004.

[6] 钟志华. 汽车碰撞安全技术[M]. 北京：机械工业出版社，2005.

[7] 《汽车工程手册》编辑委员会. 汽车工程手册：试验篇[M]. 北京：人民交通出版社，2001.

[8] 王丰元. 汽车试验技术[M]. 北京：北京大学出版社，2008.

[9] 许广举. 柴油机颗粒排放基础[M]. 镇江：江苏大学出版社，2017.

[10] 戴耀辉，于建国. 汽车检测与故障诊断[M]. 北京：机械工业出版社，2016.

[11] 张建俊. 汽车检测设备应用技术[M]. 北京：机械工业出版社，2003.

[12] 陈焕江. 汽车检测与诊断：上[M]. 北京：机械工业出版社，2001.

[13] 陈焕江. 汽车检测与诊断：下[M]. 北京：机械工业出版社，2002.

[14] 臧杰，阎岩. 汽车构造：上[M]. 北京：机械工业出版社，2005.

[15] 臧杰，阎岩. 汽车构造：下[M]. 北京：机械工业出版社，2005.